Lehrstuhl für Leichtbau
Technische Universität München

Elastische Kopplungen in aktiven und passiven Laminaten sowie dünnwandigen Faserverbundbalken

Clemens Kaiser

Vollständiger Abdruck der von der Fakultät für Maschinenwesen
der Technischen Universität München zur Erlangung des akademischen Grades eines

Doktor-Ingenieurs (Dr.-Ing.)

genehmigten Dissertation.

Vorsitzender: Univ.-Prof. Dr.-Ing. Eduard Igenbergs

Prüfer der Dissertation:
1. Univ.-Prof. Dr.-Ing. Horst Baier
2. Univ.-Prof. Dr. mont. habil. Ewald Werner
3. Univ.-Prof. Dr.-Ing. Reimer J. Meyer-Jens em.

Die Dissertation wurde am 23.6.1999 bei der Technischen Universität München
eingereicht und durch die Fakultät für Maschinenwesen am 5.10.1999 angenommen.

Clemens Kaiser

Elastische Kopplungen in aktiven und passiven Laminaten sowie dünnwandigen Faserverbundbalken

2, unveränderte Neuauflage

Herbert Utz Verlag · München

Leichtbau

Zugl.: Diss., 1999

Bibliografische Information der Deutschen Nationalbibliothek:
Die Deutsche Nationalbibliothek verzeichnet diese Publikation in der Deutschen Nationalbibliografie; detaillierte bibliografische Daten sind im Internet über http://dnb.d-nb.de abrufbar.

frühere Ausgabe: ISBN 978-3-89675-669-5

ISBN 978-3-8316-8056-6

Printed in EU
Herbert Utz Verlag GmbH, München
www.utzverlag.de

Vorwort

Die vorliegende Arbeit entstand in den Jahren 1993 bis 1999 während meiner Tätigkeit als wissenschaftlicher Assistent am Lehrstuhl für Leichtbau der Technischen Universität München.

Mein besonders herzlicher Dank gilt dem ehemaligen Ordinarius Herrn Prof. Dr.-Ing. R.J. Meyer-Jens em. und seinem Nachfolger im Amte Herrn Prof. Dr.-Ing. H. Baier für die Begleitung und Betreuung der Arbeit. Die Anregungen in den zahlreichen Fachgesprächen und die kritische Durchsicht der Dissertation waren eine wesentliche Stütze für das Gelingen dieser wissenschaftlichen Arbeit trotz der Belastungen durch den Ordinarienwechsel und den Umzug der Fakultät für Maschinenwesen von München nach Garching.

Herrn Prof. Dr. mont. habil. E. Werner möchte ich für das entgegengebrachte Interesse an meiner Arbeit und die Übernahme des zweiten Gutachtens danken.

Ferner gilt mein Dank Herrn Prof. Dr.-Ing. E. Igenbergs für die Übernahme des Vorsitzes in der Prüfungskommission, aber auch für die vielen Diskussionen und Fachgespräche im Laufe der letzten Jahre und seinen Zuspruch nach Beendigung meines Studiums, mich weiter in der wissenschaftlichen Arbeit zu engagieren.

Das Gelingen der Arbeit war nur möglich durch die vielfältige Unterstützung aller KollegInnen am Lehrstuhl. Tatkräftige Hilfe wurde mir dabei nicht nur aus dem wissenschaftlichen Bereich zuteil sondern auch maßgeblich durch die Mitarbeiter der Werkstatt und des Versuchslabors. Einen wesentlichen Anteil hatten auch die Diplomanden, Semestranden und studentischen Hilfskräfte. Zu nennen sind hier vor allem Herr Dott. Ing. D. Francescatti für seine engagierte und dauerhafte Mitarbeit sowie Herr Dott. Ing. P. Paracchini und Herr Dipl.-Ing. T. Pühlhofer.

Ein wesentlicher Bestandteil einer Dissertation ist das Erstellen eines druckreifen Manuskripts. Hier gilt mein Dank Frau C. Rolfes, Herrn R. Schilling, Herrn M. Kaiser und Herrn J. Sauer für die vielen Stunden, die sie mit der für sie sicherlich recht abstrakten Thematik verbracht haben. Zuletzt gilt mein Dank meiner Frau Maria für den Rückhalt und ihre liebevolle und kritische Unterstützung in all den Jahren in der Hoffnung, mich einmal entsprechend revanchieren zu dürfen.

Lohhof, im Dezember 1999 Clemens Kaiser

Inhaltsverzeichnis

Formelzeichen

	Symbole	Einheit
A	Querschnittsbezugspunkt	[-]
A_{ij}	Scheibensteifigkeiten	[N/mm]
B_{ij}	Koppelsteifigkeiten	[N]
B_{WT}	Wölbbimoment	[Nmm²]
C_{ij}	Steifigkeiten der anisotropen Einzelschicht	[N/mm²]
$\overline{C}_{ij}$	Nachgiebigkeiten der anisotropen Einzelschicht	[mm²/N]
D_{ij}	Plattensteifigkeiten	[Nmm]
D_{el}	elektrische Verschiebungsdichte	[C/mm²]
E	Elastizitätsmodul	[N/mm²]
E_{el}	elektrische Feldstärke	[V/mm]
$F(s)$	Querschnittsgeometriefunktion	[mm²]
G	Schubmodul	[N/mm²]
$G_s(s)$	Schubverteilungsfunktion	[N]
$G_{y,z}$	Schubmomente um die y- bzw. z-Achse	[Nmm]
K_{ij}	Balkensteifigkeiten	(unterschiedlich)
$M_{y,z}$	Biegemomente um die y- bzw. z-Achse	[Nmm]
M_T	allgemeines Torsionsmoment	[Nmm]
M_{STV}	St. Venant'sches Torsionsmoment	[Nmm]
M_{WT}	Wölbkrafttorsionsmoment	[Nmm]
N	Normalkraft	[N]
P	Querschnittspol	[-]
Q_{ij}	Steifigkeiten der unidirektionalen Einzelschicht	[N/mm²]
$\overline{Q}_{ij}$	Nachgiebigkeiten der unidirektionalen Einzelschicht	[mm²/N]
$Q_{y,z}$	Querkraft in y- bzw. z-Richtung	[N]
$S_{y,z}$	Schubkraft in y- bzw. z-Richtung	[N]
T	Temperatur	[°C]
$T^{\sigma,\varepsilon}$	Transformationsmatrizen	[-]
U_i	elektrische Spannung	[V]
U	Balkenverschiebung in x-Richtung	[mm]
V	Balkenverschiebung in y-Richtung	[mm]
W	Balkenverschiebung in z-Richtung	[mm]
W_e	virtuelle Arbeit	[Nmm]
b	Breite	[mm]
d_{ij}	piezoelektrische Ladungskonstante	[mm/V]

	Symbole	Einheit
e_{ij}	piezoelektrische Spannungsskonstante	[C/mm²]
h	Höhe	[mm]
k_{12}	Anisotropiegrad	[-]
l	Länge	[mm]
m_i	Plattenmomente	[N]
m_{pi}	aktorische Ersatzmomente	[N]
m_{ti}	thermische Ersatzmomente	[N]
n_i	Scheibenkräfte	[N/mm]
n_{pi}	aktorische Ersatzkräfte	[N/mm]
n_{ti}	thermische Ersatzkräfte	[N/mm]
$q(s)$	Querschnittskonturfunktion	[mm]
$r(s)$	Querschnittskonturfunktion	[mm]
t	Wandstärke, Dicke	[mm]
u	Platten- bzw. Balkensegmentsverformung in x-Richtung	[mm]
v	Platten- bzw. Balkensegmentsverformung in y-Richtung	[mm]
w	Platten- bzw. Balkensegmentsverformung in z-Richtung	[mm]
α	Faserorientierungswinkel	[deg]
β	Orientierung der orthotropen Aktoren	[deg]
γ_{ij}	Schubverzerrung	[-]
ε_{ij}	Dehnung	[-]
ε_0	Dielektrizitätskonstante	[C/Vmm]
ε_r	Permittivitätszahl	[-]
$\theta(s)$	Querschnittskonturfunktion	[deg]
κ_{ij}	Krümmungen	[1/mm]
Λ	Flügelpfeilung	[-]
ν	Querkontraktionszahl	[-]
$\varphi_{x,y,z}$	Balkenrotationen um die x-, y- bzw. z-Achse	[rad]
σ_{ij}	Normalspannungen	[N/mm²]
τ_{ij}	Schubspannungen	[N/mm²]
ψ	Kopplungsparameter	[-]
ω	Querschnittsverwölbung	[mm²]
Π	Formänderungsenergie pro Längeneinheit	[N]

	Koordinatensysteme
1,2,3	KOS der unidirektionalen sowie piezoelektrischen Einzelschicht
x,y,z	allgemeines KOS
x,s,n	KOS des Balkensegmentes bzw. der geschichteten Platte
s	Profil-KOS
	Indizes
$(\ )_{1,2,3}$	im KOS 1,2,3
$(\ )_{ij}$	Zähler
$(\ )_{p}$	aktorische Größe
$(\ )_{x,s,n}$	im KOS x,s,n
$(\ )_{x,y,z}$	im KOS x,y,z
$(\ )^{\mathrm{ind}}$	induzierte Größe
$(\ )^{C}$	bei behinderter Querkontraktion
$(\ )^{*}$	modifizierte Steifigkeiten

1 Einleitung

Wesentlicher Motor der Entwicklung von Faserverbundwerkstoffen und -bauweisen war und ist die Luft- und Raumfahrt. Mittlerweile haben sich Faserverbundstrukturen allerdings ein breitgefächertes Anwendungsgebiet erschlossen und sind in beinahe jedem Bereich des Maschinenbaus anzutreffen, so z.B. in der Automobilindustrie, in der Medizintechnik, der Robotik und sogar im Schwermaschinenbau. Darüber hinaus findet sich eine breite Palette von Anwendungen in der Sport- und Freizeitartikelindustrie, die in der Öffentlichkeit für eine positive Akzeptanz der neuartigen Materialien gesorgt hat. In letzter Zeit gibt es auch im Bereich des Bauingenieurwesens Entwicklungen, die positiven und zum Teil konkurrenzlosen Eigenschaften von Faserverbundmaterialien zu nutzen. Als Beispiel sei hier die Stützung erdbebengefährdeter Brückenpfeiler in Kalifornien durch umlaufende unidirektionale Faserverbundtapes genannt, oder die Sanierung der weltbekannten, durch ein Erdbeben schwer beschädigten Basilika des Franz von Assisi in Italien mittels massiver unidirektionaler Faserverbundstränge.

Während sich in der Raumfahrt, in der Militärluftfahrt und in Klein- und Segelflugzeugen die Faserverbundbauweise durchgesetzt hat, ist im Bereich der Verkehrsflugzeuge ein Durchbruch noch nicht erfolgt. Einige durchaus kritische Problemfelder gilt es noch zu überwinden, um die in diesem Sektor noch übliche klassische Metallbauweise der großen Primärstrukturen - abgesehen von wenigen Ausnahmen wie dem Airbus-Leitwerk - zu substituieren. Diese Bereiche sind meist geprägt von Fragen und Problemen der täglichen Handhabung, des Langzeitverhaltens und der Entsorgung. Als konkrete Beispiele seien die Schadenserkennung und Reparaturfähigkeit, die Beständigkeit unter korrosiven Umgebungsbedingungen oder Aspekte der Umweltverträglichkeit und des Recyclings genannt.

Der vordergründige Vorteil von Faserverbundmaterialien liegt in ihrem günstigen Steifigkeits- bzw. Festigkeits/Gewichtsverhältnis. Dies hat die meisten Entwicklungen in den genannten Bereichen vorangetrieben. In diesen Werkstoffen liegt aber ein weit größeres Potential, das nur vereinzelt genutzt wird und bei weitem noch nicht ausgeschöpft ist. Der Einsatz von CFK-Strukturen in der Raumfahrttechnik ist zum Beispiel durch die Tatsache motiviert, daß solche Bauteile bei entsprechender Konstruktion eine thermale Stabilität in Form von äußerst geringen Wärmedehnungen aufweisen können. Hier wird aus der Materialeigenschaft des negativen Temperaturausdehnungskoeffizienten von CFK-Fasern, die dann durch eine entsprechende Lagenanordnung zu Wärmeausdehnungskoeffizienten bis zu 10^{-7} K^{-1} im Verbund führen, in Verbindung mit den guten mechanischen Eigenschaften und dem geringen Gewicht ein entscheidender Vorteil gegenüber anderen quasi-thermalstabilen, homogenen Werkstoffen gezogen.

Kaum genutzt wird bisher der dem Werkstoff inhärente anisotrope Charakter. Auch wenn gerichtete Materialeigenschaften in Faserverbundbauteilen gezielt konstruiert werden können, wird oft bewußt eine orthotrope, zum Teil sogar eine quasiisotrope Bauweise bevorzugt, um Effekte aus der Anisotropie zu vermeiden, die in dem auszulegenden Laminat weniger oder gar nicht erwünscht sind. Bei geschichteten Faserverbundstrukturen wird die Orthotropie durch die Symmetrie in der Lagenanordnung und den Lagenorientierungen erreicht. Zusätzlich vorliegende ausgeglichene Winkelverbunde bewirken in der Struktur ein Materialverhalten, das dem von isotropen Bauteilen sehr nahe kommt. Diese quasiisotrope Bauweise hat ihre Ursache allerdings oftmals darin, daß unterschiedlichste Lastfälle bei der Laminatauslegung zu berücksichtigen sind.

In der Anisotropie solcher Strukturen liegt aber ein weiteres Potential, das es zu nutzen gilt, wo es sich anbietet. Anisotrope Faserverbundstrukturen zeichnen sich durch sogenannte elastische Kopplungen zwischen ihren unterschiedlichen Verformungen aus, die im anisotropen Elastizitätsgesetz begründet liegen. Es ist daher möglich, ein Bauteil zu konstruieren, das durch sein anisotropes Verhalten das Strukturverhalten durch zusätzlich auftretende Verformungen positiv beeinflußt. Das klassische Beispiel eines solchen Konstruktionsprinzips und gleichzeitig Vorreiter in der Umsetzung solcher anisotroper Bauweisen ist das sogenannte Aeroelastic Tailoring an aerodynamischen Flächen zur Leistungsverbesserung des Fluggeräts. In Bild 1.1 ist die prinzipielle Funktionsweise dieses Vorgehens am Beispiel der Verbesserung des Auftriebsverhaltens eines gepfeilten Tragflügels dargestellt.

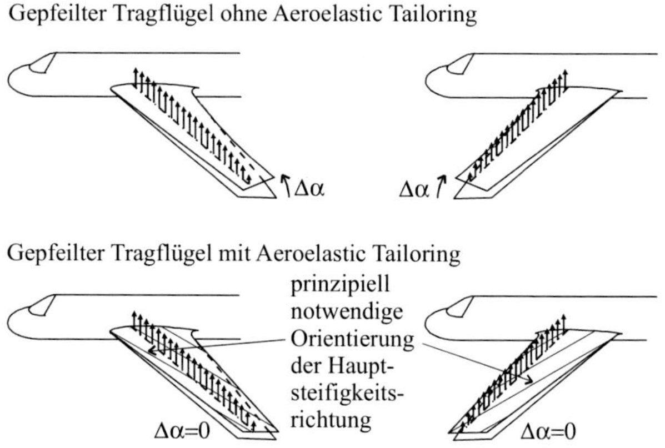

Bild 1.1: Einfluß des Aeroelastic Tailoring auf das Auftriebsverhalten eines Tragflügels.

Die resultierenden aerodynamischen Lasten und eine Flügelpfeilung nach hinten verursachen in der Regel eine Verdrehung der Tragflügelspitze aus der Strömung heraus; im Falle einer Pfeilung nach vorne dreht sich der Tragflügel an seiner Spitze in der Regel in die Strömung hinein. Beide Effekte haben negative Einflüsse auf das Flugverhalten. Diese ungewollte Verdrehung des Flügels kann durch eine Biege-Torsionskopplung kompensiert werden. Hierzu wird die Hauptsteifigkeitsrichtung beim rückwärts gepfeilten Tragflügel in eine weiter nach hinten gedrehte Orientierung, beim vorwärts gepfeilten Tragflügel entsprechend in eine weiter nach vorne gedrehte Orientierung gebracht, was zu einem anisotropen Strukturverhalten des Tragflügels führt. Biegt sich der Tragflügel durch, erfährt er durch die Biege-Torsionskopplung automatisch eine Tordierung. Durch geschickte Konstruktion der Anisotropie kann so ein verbessertes Auftriebsverhalten elastischer Tragflügel erreicht werden.

Dieses Prinzip der elastischen Kopplung - im genannten Beispiel zwischen Biegung und Torsion - kann zwischen beliebigen Verformungsarten erzeugt werden, so auch in Form einer Zug-Torsions- oder einer Zug-Biegekopplung. Bei dieser vorgestellten Bauweise hängt der Grad der Kopplung jedoch direkt auch von der äußeren Belastung ab; es handelt sich also um eine Art reaktiven Strukturverhaltens. Im Zuge der in letzter Zeit aktueller werdenden Thematik der Adaptronik gibt es Bestrebungen, solche elastischen Kopplungen direkt über in das Bauteil integrierte Aktoren anzuregen. Eine solche aktive Struktur vermag nun Lastspitzen durch ein aktives Verformungsverhalten abzufangen oder zu mindern. Es ist aber auch möglich, gezielt bestimmte Bewegungen ohne lagernde oder gelenkige Teile zu erzeugen. Das Anwendungsgebiet adaptiver Strukturen erstreckt sich über diesen speziellen Anwendungsfall hinaus auch auf andere Bereiche, wie zum Beispiel aktive Dämpfung, Oberflächen- und Lagekontrolle.

Der Einsatz der oben erwähnten Aktuationskonzepte wird zur Zeit intensiv im Zusammenhang mit der dynamischen Steuerung und Regelung von Rotorblättern untersucht. Die Ideen reichen von aktiven Nasen- oder Hinterkantenklappen bis hin zur adaptiven Gesamtverwindung eines Rotorblatts an seiner Spitze, jeweils angesteuert durch lokale piezoelektrische Stellelemente oder integrierte piezoelektrische Schichtaktoren. Die Erzeugung einer Torsionsverformung kann hierbei auch durch eine induzierte Normalkraft über eine Zug-Torsionskopplung des anisotropen Rotorblatts erzeugt werden. Dieses Konzept der adaptiven formvariablen aerodynamischen Fläche - auch für einen Tragflügel - verspricht eine wesentliche Verbesserung der Leistungen bezüglich Manövrierbarkeit, Steuerwirksamkeit, Stabilität und Kraftstoffverbrauch.

Analytische Methoden zur Strukturberechnung solcher passiven und aktiven dünnwandigen anisotropen Faserverbundstrukturen auf der Basis von Balkenmodellen stehen bisher nur bedingt zur Verfügung. Mit ihrer Hilfe könnten die grundlegenden Effekte auch mit einfachen parametrischen Analysen eingehender studiert werden, und sie würden eine erste Auslegung und Dimensionierung solcher Bauteile erleichtern.

Gegenstand dieser Arbeit ist die Untersuchung des Strukturverhaltens von dünnwandigen anisotropen Laminaten und Balken als typische Faserverbundstrukturen, in denen auch piezoelektrische Schichten als integrierte Aktoren enthalten sein können, und der dabei auftretenden besonderen Effekte der elastischen Kopplungen. Eine bewährte Balkentheorie soll bezüglich des Einflusses der Querkontraktion und Querkrümmung sowie der flächigen Aktuation durch eingebettete isotrope und orthotrope Schichtaktoren erweitert und diskutiert werden.

1.1 Problemstellung

Die bestehenden Theorien zur Berechnung dünnwandiger anisotroper Balken sind alle aus entsprechenden Theorien für dünnwandige isotrope Balken hergeleitet worden. Ausgangspunkt bildet hierbei meist *Wlassows* Theorie dünnwandiger Stäbe. Die in dieser Theorie enthaltenen Annahmen und Voraussetzungen haben sich in der Technik vielfach bewährt. Das Strukturverhalten dünnwandiger isotroper Balken kann daher heute als geklärt betrachtet werden. Auch die Behandlung der sogenannten nicht-klassischen Balkenverformungen wie Schubdeformation oder Querschnittsverwölbung sind Stand der Technik.

Die Voraussetzungen aus der klassischen Balkentheorie dürfen grundsätzlich nur unter bestimmten einschränkenden Bedingungen auf anisotrope und inhomogene Balken übertragen werden. Zumindest für inhomogene Balken mit Vollquerschnitten haben entsprechende Arbeiten dies bereits gründlich belegt. Dies hat seinen Grund vor allem in dem im Vergleich zu isotropen Strukturen deutlich unterschiedlichem Querkontraktions- und Querkrümmungsverhalten. Im Falle dünnwandiger anisotroper Balken ergibt sich hier eine Diskrepanz, da eine wesentliche Voraussetzung der bekannten Theorien die Unverformbarkeit des dünnwandigen Querschnitts in seiner Ebene ist. Bei unsymmetrischen Schichtungen kommen darüber hinaus die erwähnten elastischen Kopplungen hinzu. Sind flächige Aktoren in den Balken integriert, so wird es auch zu einer Aktuation in der Konturrichtung und somit erst recht zu einer Deformation der Kontur kommen.

Im Hinblick auf die integrierten Aktoren interessieren vor allem die Fragen, welche Verformungen mit konkreten Strukturen überhaupt erreicht werden können, welche Kombination von Aktortyp, Laminatschichtung, Querschnittsgeometrie und Faserverbundmaterial zu einer bestmöglichen Aktuation beiträgt und welche Kräfte und Momente in solchen aktiven Bauteilen wirken. Zur Klärung dieser Fragen und als Basis für grundsätzliche Parameterstudien wäre eine einfache Berechnungsmethode hilfreich, die die genannten Effekte berücksichtigt und die aufgeworfenen Fragestellungen mittels einfacher analytischer Methoden beantworten kann. Dem großen Potential der Anisotropie kann man sich mit vereinfachten analytischen Rechenverfahren gezielt nähern, um dann so auch die Anisotropie von Faserverbundwerkstoffen auf positive Weise konstruktiv nutzbar zu machen.

1.2 Stand der Technik

Der in diesem Jahrhundert entwickelte Leichtbau - bedingt auch durch die Entwicklungen im Flugzeugbau - hat dafür gesorgt, daß analytische Methoden zur Berechnung von dünnwandigen Strukturen entstanden sind. Diese unterscheiden sich von den bis zu diesem Zeitpunkt bekannten Balkentheorien dadurch, daß aufgrund der geringen Wandstärke ein ebener Spannungszustand in den einzelnen Teilen der Struktur zu Grunde gelegt werden kann. Eine der ersten umfassenden Theorien für dünnwandige Stäbe, die bereits in den 30er Jahren entstand, aber erst zwanzig Jahre später durch Übersetzungen aus dem Russischen ins Englische und Deutsche weithin bekannt geworden ist, wurde von *Wlassow* entwickelt [1]. Dieses Werk bildet auch heute noch eine elementare Grundlage für Arbeiten zu dünnwandigen Stäben und Balken. In den 80er Jahren entstanden hieraus zwei Monographien von *Gjelsvik* [2] und *Murray* [3], die als umfassende Standardwerke zur Theorie dünnwandiger isotroper Balken beliebiger Querschnittsform gelten. So finden sich insbesondere bei *Gjelsvik* neben der linearen Theorie auch Ausführungen zu Stabilitätsfragen und zum plastischen Verformungsverhalten.

Die Einführung und Verbreitung von Faserverbundwerkstoffen haben zu einem neuen, weiten Betätigungsfeld geführt. Die neuartigen Materialeigenschaften haben für eine Fülle von Weiterentwicklungen der bestehenden Theorien gesorgt. Die Inhomogenität der Eigenschaften innerhalb des Querschnitts läßt die analytische Erfassung des Verformungsverhaltens der Struktur und des Spannungszustands in seinem Querschnitt wesentlich komplizierter werden. Als erstes Standardwerk diesbezüglich muß vor allem die Monographie von *Lekhnitskii* [4] genannt werden, aber auch die Arbeiten aus den 70er Jahren von *Pagano*, die vor einigen Jahren von *Reddy* [5] in gesammelter Form herausgegeben wurden, sowie von *Librescu* [6] geben einen umfassenden Einblick in die frühen Arbeiten zur Thematik des besonderen Verhaltens anisotroper und inhomogener Strukturen.

Speziell mit dem Thema elastischer Kopplungen in anisotropen Stäben befaßte sich als einer der ersten *Berkowitz* [7]. Er untersuchte die Kopplung zwischen der Normalkraft und den beiden Querkräften an einem anisotropen Stab mit Vollquerschnitt. *Johnson* [8] analysiert die Kopplung zwischen Biegung und Torsion in anisotropen Balken mit rechteckigem Vollquerschnitt. Da anisotrope Stäbe und Balken mit Vollquerschnitten nicht Thema dieser Arbeit sind, wird auf eine Auflistung der weiteren diesbezüglichen Veröffentlichungen im wesentlichen verzichtet. Vielmehr soll im folgenden der Stand der Technik in bezug auf anisotrope dünnwandige Strukturen herausgestellt werden.

Die vielen seit den 70er Jahren veröffentlichten Standardwerke zur Auslegung und Berechnung von Faserverbundstrukturen - als wichtigste seien die Monographien von *Jones* [9] sowie *Tsai* und *Hahn* [10] genannt - befassen sich nur am Rande mit den besonderen elastischen Kopplungen anisotroper Strukturen aus Faserverbundmaterial. Diese Thematik bleibt bis heute den speziellen Fachveröffentlichungen vorbehalten. Dies mag seinen Grund darin haben, daß technische Anwendungen, die gezielt die Anisotropie des Faserverbundmaterials ausnutzen, bis heute nur vereinzelt anzutreffen sind.

Eine wesentliche Triebfeder der Untersuchung der besonderen Kopplungseigenschaften ist das im Flugzeugbau angewendete und bereits erwähnte Prinzip des Aeroelastic Tailoring. Diese spezielle Bauweise ist nicht direkt mit dem Aufkommen der Faserverbundweise entstanden. Die orthotropen Eigenschaften einer versteiften Beplankung sowie die Möglichkeit der schrägen Orientierung des Holms im Tragflügel haben schon in den 50er Jahren ein Flugzeug nach dem Prinzip des Aeroelastic Tailoring entstehen lassen. Die Short S.B.4 Sherpa mit ihrem sogenannten „aeroisoclinic wing“ gilt als Vorreiter dieser neuen Technologie im Tragflügeldesign [11].

Mit der herkömmlichen Bauweise sind diesem Konstruktionsprinzip allerdings Grenzen gesetzt, die nun durch die Faserverbundbauweise übersprungen werden konnten. So wurde in den USA mit Beginn der 70er Jahre intensiv an einer Umsetzung des Aeroelastic Tailoring unter Verwendung der Faserverbundbauweise gearbeitet. Diese Bemühungen mündeten in dem ersten bemannten Flugzeug in Faserverbundbauweise unter konsequenter Nutzung des Aeroelastic Tailoring an seinem stark vorwärts gepfeilten Tragflügel, der X-29. Wesentlichen Anteil an diesen Entwicklungen hatte *Weisshaar*, der zum Thema des Aeroelastic Tailoring mehrere Arbeiten veröffentlichte. Als umfassend und repräsentativ auch hinsichtlich der Aufarbeitung der Historie seien die Arbeiten [12] und [13] aus den Jahren 1986 und 1987 genannt.

Das Prinzip des Aeroelastic Tailoring ist nicht auf Tragflügelstrukturen allein beschränkt, sondern bietet sich im Prinzip für alle aerodynamischen Flächen an. Ein analytisches Verfahren zur Bestimmung der Flattereigenschaften von Hubschrauberrotorblättern beim Vorentwurf zur Untersuchung des Einflusses des Aeroelastic Tailoring stellen *Yamane* und *Friedmann* [14] vor. Auch für die Blätter von Windkraftanlagen wird der mögliche Einsatz dieses Konstruktionsprinzips untersucht. *Serra* und *van Schnoor* [15] zielen auf die für Windkraftanlagen entscheidende Steigerung des Arbeitsbereichs und somit letztendlich die abzuschöpfende maximale Leistung ab.

Zur Zeit wird der Einsatz eines Faserverbundtragflügels bei den aktuellen Konzeptionen eines Megaliners diskutiert [16]. Der Einsatz einer anisotropen Flügelstruktur wird wegen der Dimension des Tragflügels und seiner elastischen Eigenschaften in Betracht gezogen, um die geforderten Leistungen sicherstellen zu können. Experimentelle Untersuchungen sowie die Ergebnisse aus einem Rechenprogramm zur Gewichtsprognose zeigen die Auswirkungen der konstruktiven Eingriffe in die Tragflügelstruktur bezüglich Rippen- und Stringerorientierung und auch Variationen im Laminataufbau. Wesentliches Ergebnis der Studie ist der deutliche Gewichtsvorteil einer kompletten Faserverbundstruktur gegenüber einer zweigeteilten Version, in der nur der Außenflügel aus Faserverbund gefertigt ist, und die deutlich bessere Beeinflussung des aeroelastischen Verhaltens durch Ausnutzung der Anisotropie in der gesamten Struktur.

Das im vorigem Absatz erwähnte Rechenprogramm basiert im wesentlichen auf einem einfachen analytischen Modell, das von *Piening* [17] bereits Mitte der 80er Jahre vorgestellt wurde. In diesen Zeitraum fällt auch die Arbeit von *Mehn* [18] zur Beschreibung des Strukturverhaltens anisotroper dünnwandiger Stäbe unter spezieller Berücksichtigung der elastischen Kopplungen. Während die Arbeit von *Piening* auch aus der Thematik des Aeroelastic Tailoring hervorgegangen ist, formuliert *Mehn* sein Elastizitätsgesetz dünnwandiger anisotroper Stäbe wesentlich ausführlicher, berücksichtigt in seinen Formulierungen für die einzelnen dünnwandigen Balkensegmente aber nur Scheibenverformungen und -beanspruchungen und deren spezielle elastische Kopplungen. Somit bleibt diese Arbeit auf spezielle Balkenquerschnitte und Laminatanordnungen beschränkt.

Die Beschränkung auf die Behandlung der Balkensegmente als Scheibe gilt ebenso für die Arbeiten von *Bank* [19], die sich mit dem besonderen Einfluß von Schubverformungen bei dünnwandiger anisotropen Balken unter Querkraftbeanspruchung befaßt, und *Libove* [20], der insbesondere eine Torsionsbeanspruchung dünnwandiger anisotroper Balken untersucht.

Als die ersten, die auch den Einfluß der Plattensteifigkeiten und -kopplungen der einzelnen geschichteten Balkensegmente auf die Gesamtsteifigkeitsmatrix des dünnwandigen Balkens berücksichtigen, müssen *Bauld* und *Tzeng* [21] genannt werden. Trotz der immer noch bestehenden Einschränkungen hinsichtlich der Laminatschichtungen in den Balkensegmenten, die keine Kopplungen zwischen der Scheiben- und Plattenproblematik hervorrufen dürfen, wird eine umfassende Balkentheorie vorgestellt, die insbesondere auf nichtlineare Probleme der Stabilität solcher anisotropen Strukturen eingeht.

Im Zusammenhang mit der Beschreibung des Strukturverhaltens anisotroper dünnwandiger Balken sind auch die grundlegenden Arbeiten von *Bachau* zu nennen, insbesondere [22] zur Thematik der Wölbkrafttorsion, die von *Giavotto et al.* [23] zur numerischen Behandlung solcher Probleme als auch die Arbeiten von *Mansfield* und *Sobey* [24] und *Kosmatka* [25]. Letztere reihen sich ein in eine Vielzahl von Arbeiten über die Behandlung der besonderen dynamischen Effekte bei Hubschrauberrotorblättern, die als anisotrope dünnwandige bzw. inhomogene, mit Vollquerschnitt versehene Balken betrachtet werden. *Mansfield* und *Sobey* haben hierbei Pionierarbeit im Hinblick auf den ersten Versuch einer vollständigen Untersuchung der besonderen Effekte der Biege-Torsionskopplung und Zug-Torsionskopplung dünnwandiger Faserverbundbalken geleistet.

Die Erweiterung der klassischen Laminattheorie hinsichtlich der Erfassung der Schubverformungen zur Schubtheorie erster Ordnung haben *Barbero et al.* [26] aufgenommen, wobei speziell I-Profile mit symmetrischen Lagenaufbauten hinsichtlich des Schubverformungsverhaltens unter Querkraftbeanspruchung untersucht, elastische Kopplungen aber explizit ausgeschlossen wurden.

Anfang der 90er Jahre taten sich *Chandra* und *Chopra* mit mehreren Arbeiten hervor. Sie veröffentlichten vor allem experimentelle Untersuchungen an anisotropen dünnwandigen Balken mit offenen Profilquerschnitten und elastischen Kopplungen [27], [28]. Mit den Betrachtungen an entsprechenden Balken mit geschlossenen Profilquerschnitten [29] komplettierten sie ihre Theorie zur Beschreibung dünnwandiger anisotroper Balken mit geraden Segmenten beliebiger Schichtung ausgehend von der Theorie von *Wlassow* und *Gjelsvik*. Diese Theorie ermöglichte erstmalig die Erfassung sämtlicher elastischer Kopplungen und beinhaltet darüber hinaus auch die nicht-klassischen Effekte der Querschnittsverwölbung und der Schubverformung, letzteres allerdings im Gegensatz zu *Barbero et al.* [26] mit einem vereinfachten Ansatz.

Eine ähnlich umfassende Balkentheorie wurde unabhängig davon kurz danach von *Wu* und *Sun* [30] veröffentlicht. Diese Theorie behandelt die einzelnen Balkensegmente als gekrümmte Schalen. Ihre Theorie ist aber wegen der Annahme gekrümmter Segmente deutlich komplexer und daher weniger übersichtlich. Darüber hinaus wird nur eine Verifikation der Theorie an anisotropen U-Profilen unter Zugbelastung unternommen.

Allen zuvor aufgeführten Arbeiten ist gemeinsam, daß die sogenannte *Wlassow'sche* Annahme der Unverformbarkeit des dünnwandigen Querschnitts in seiner Ebene zu Grunde liegt. Diese Annahme ist elementar hinsichtlich der am Querschnitt aufzustellenden kinematischen Grundbeziehungen. Aus Arbeiten zu dem besonderen Aspekt des Querkontraktionsverhaltens anisotroper Laminate und inhomogener Balken - insbesondere auch am Lehrstuhl für Leichtbau der Technischen Universität München [31], [32] - geht klar hervor, wie stark eine Querkontraktionsbehinderung die Steifigkeiten der Struktur beeinflusst. Dieser Hinweis findet sich explizit auch bei *Wu* und *Sun* [30], ohne daß hieraus Konsequenzen gezogen wurden.

Einen deutlich aufwendigeren Weg gehen hier *McCarthy* und *Chattopadhyay* [33]. Sie lassen eine Querschnittsverformung am Beispiel eines einfachen anisotropen Kastenträgers zu, indem sie einen dreidimensionalen Spannungszustand zur Beschreibung des Elastizitätsgesetzes der einzelnen Segmente des Balkens zu Grunde legen. In den Ergebnissen sind deutliche Hinweise auf den Einfluß der Querschnittsverformung auf die gekoppelte Balkenverdrehung unter Querkraftbiegung zu finden. Dieses Verfahren eignet sich wegen seiner Komplexität allerdings nicht für Querschnitte beliebiger offener und geschlossener Form.

Die Gemeinsamkeiten der elastischen Kopplungen in anisotropen Balken mit dünnwandigem Querschnitt und Vollquerschnitt beschreibt *Rand* [34] durch einen Vergleich der analytischen Berechnungsmethoden. Dies wird speziell anhand der Biege-Torsions- und Zug-Torsionskopplung mittels eigens definierter Koppelparameter aufgezeigt, die für beide Typen anisotroper Balken nahezu identisch sind.

Im Zusammenhang mit aktiven dünnwandigen Balken muß an erster Stelle die Erweiterung der Theorie von *Chandra* und *Chopra* [35] auf dünnwandige anisotrope Querschnitte mit offenem Profilquerschnitt und integrierten Piezoaktoren durch die Autoren selbst genannt werden. Die flächige Aktuation wird allerdings nur mit dem Querbiegeeinfluß solcher Aktoren berücksichtigt. Hierzu wird eine weitere Verformungsgröße als Freiheitsgrad in Form der Krümmung der einzelnen Balkensegmente eingeführt, die das resultierende Gleichungssystem zwischen Schnittgrößen und Balkenverformungen komplexer macht. Darüber hinaus wird auf die besonderen Effekte der flächigen Aktuation hinsichtlich der aktiven Querdehnung nicht eingegangen, da ja weiterhin die *Wlassow'sche* Annahme streng erfüllt werden soll. Eine spätere Arbeit von *Bothwell*, *Chandra* und *Chopra* [36] befaßt sich konkret mit der Zug-Torsionskopplung anisotroper dünnwandiger Balken mit geschlossenem Querschnitt, die durch einzelne Stapelaktoren über die elastische Kopplung zu Verdrehungen angeregt werden.

Die Bedeutung piezoelektrischer Aktoren als integrierte Bestandteile aktiver und adaptiver Struktursysteme wurde von *Crawley* und *de Luis* [37] in ihrer wegweisenden Arbeit aus dem Jahre 1987 beschrieben. Aufbauend auf diesen ersten auch experimentellen Arbeiten an Laminaten mit applizierten Piezoaktoren haben sich eine Reihe von Autoren damit befaßt, eine korrekte analytische Beschreibung des Strukturverhaltens solcher aktiven Schichtverbunde zu formulieren. Fokussiert man die Literaturrecherche auf Arbeiten, die sich speziell mit der Thematik elastischer Kopplungen in anisotropen Laminaten befassen, schränkt sich die Auswahl stark ein. *Crawley* und *Lazarus* beschreiben in [38] die Möglichkeit der Aktuation von Laminatverdrillungen durch Biege- und Zugaktuation integrierter isotroper Piezoaktoren. Diese Arbeit beruht auf der gleichnamigen S.M. Thesis von *Lazarus*. Die Arbeit befaßt sich zwar ausführlich, aber eher grundsätzlich mit der Realisierung solcher Strukturen und geht nicht genauer auf eine optimale Gestaltung solcher aktiven Laminate ein.

Barrett stellt in [39] eine andere Möglichkeit der Induzierung von Strukturverdrehungen vor. Seine Methode der „directionally attached piezoelectric elements" (DAP) geht von einer direkten Torsionsaktuation mittels in schmale Streifen geschnittener, schräg nebeneinander angeordneter Piezoaktoren auf einer Struktur aus, die ein höheres Potential in der erzeugten Verdrehung verspricht, als die Methode von *Crawley* und *Lazarus*. *Barretts* Arbeit geht dabei nicht näher auf eine Verbesserung des Laminataufbaus zur Verformungssteigerung oder die Auswirkungen bei der Variation der Ausrichtung der DAP-Streifen ein.

Aus jüngster Zeit sind die Arbeiten von *Yu*, *Kang* und *Kim* [40] sowie *Hong* und *Chopra* [41] zur numerischen Verifikation experimenteller Untersuchungen an zug-torsions- und biege-torsionsgekoppelten aktiven Laminaten zu nennen. In beiden Fällen liegt der Schwerpunkt auf der Beschreibung eines jeweils entwickelten Finiten Elementes und der experimentellen Verifikation der numerischen Ergebnisse.

Mit Hilfe der Schubtheorie erster Ordnung versuchen *Chattopadhyay* und *Seeley* [42] eine analytische Beschreibung des Strukturverhaltens aktiver Laminate und zeigen durch einen Vergleich mit Ergebnissen aus der klassischen Laminattheorie die Notwendigkeit der Erfassung der Schubeffekte bei kurzen und dicken aktiven Platten auf. *Varadarajan*, *Chandrashekhara* und *Agarwal* [43] befassen sich unter Verwendung des gleichen analytischen Ansatzes mit der Verformungskontrolle aktiver Laminate. In beiden zuletzt genannten Arbeiten werden allerdings nur orthotrope Schichtungen betrachtet und keine allgemeinen Auslegungsrichtlinien für aktive Laminate aufgezeigt.

In Deutschland wird zur Zeit der Einsatz der Technologie der Adaptronik in aerodynamischen Flächen intensiv untersucht. Zu nennen sind hier das Leitkonzept Adaptiver Flügel (ADIF) [44] und das Leitkonzept Adaptive Rotorsysteme (AROSYS) [45]. Ebenso bieten sich Windkraftanlagen für den Einsatz adaptiver Struktursysteme an [46].

1.3 Zielsetzung und Gliederung der Arbeit

Aus der Aufarbeitung der technischen und wissenschaftlichen Entwicklung kann gefolgert werden, daß für die analytische Berechnung anisotroper dünnwandiger Balken beliebiger Querschnittsform unter Berücksichtigung der für Faserverbundmaterialien besonderen Effekte der Querkontraktion und Querkrümmung noch Entwicklungsbedarf besteht. Dies betrifft insbesondere auch Balken mit integrierten Piezoschichten. Ebenso ist eine Behandlung der Effekte der elastischen Kopplungen in passiven und aktiven Laminaten und Faserverbundbalken in der Literatur mit allgemein gültigen Auslegungshinweisen zu aktiven Laminaten nicht vorhanden.

Zentrales Anliegen dieser Arbeit ist die Analyse der genannten Effekte aus der Anisotropie und der Aktuation aktiver Schichten sowie die Klärung ihrer Einflüsse auf das statische Strukturverhalten von Laminaten und dünnwandigen Balken. Darüber hinaus soll geprüft werden, ob und wie die bestehende Balkentheorie auch für anisotrope passive und aktive dünnwandige Balken beliebiger Querschnittsform erweiterbar ist. Hierzu gilt es, aus grundsätzlichen Überlegungen an parametrischen Laminatmodellen die notwendigen Rückschlüsse für eine Erweiterung der Balkentheorie zu ziehen.

Zu den vielen aktuellen Aktivitäten auf dem Gebiet des Aeroelastic Tailoring und dem der adaptiven Struktursysteme soll daher mit dieser Arbeit ein Beitrag zur besseren Erfassung der physikalischen Vorgänge und besonderen Effekte in anisotropen dünnwandigen Strukturen geleistet werden. Diese Arbeit sieht sich auch als Fortsetzung der bereits erwähnten Arbeiten von *Rapp* [31] und *Hauschild* [32] im Rahmen der Forschung zu anisotropen Balken aus Faserverbundmaterialen am Lehrstuhl für Leichtbau der Technischen Universität München.

Die Arbeit gliedert sich in mehrere Kapitel, die Schritt für Schritt an die Thematik der elastischen Kopplungen in passiven und aktiven Faserverbundstrukturen heranführen. In den dünnwandigen anisotropen Balken werden die einzelnen Balkensegmente als geschichtete ebene Platten betrachtet. Die wichtigsten Effekte der elastischen Kopplungen sollen daher zuerst am einfachsten geschichteten Strukturelement, dem anisotropen Laminat, mit Hilfe der klassischen Laminattheorie geklärt werden. In Kapitel 2 geht es vor allem um den Einfluß des Anisotropiegrads des Faserverbundmaterials und der Laminatschichtung auf die resultierenden elastischen Kopplungen. Ein besonderes Augenmerk wird auf das Querkontraktions- und Querkrümmungsverhalten anisotroper Scheiben und Platten gerichtet.

Im Falle aktiver Laminate interessiert hauptsächlich die bestmögliche Integration der Aktoren für eine größtmögliche Aktuation in Verbindung mit den elastischen Kopplungen des anisotropen Trägerlaminats. Diesen Fragen wird in Kapitel 3 nachgegangen. Es wird hierbei eine Auswahl flächiger Aktuationsprinzipien mittels Piezoschichten betrachtet. Diese werden dann in Kombination mit Trägerlaminaten unterschiedlicher Lagenanordnungen bestehend aus verschiedenen Faserverbundmaterialien hinsichtlich ihrer Effektivität untereinander verglichen.

Ausgehend von den Ergebnissen aus Kapitel 2 und 3 wird in Kapitel 4 eine modifizierte Balkentheorie vorgestellt, die die Effekte der Querkontraktion und der elastischen Kopplungen wie auch eine Aktuation in Querschnittskonturrichtung berücksichtigt. Da diese Theorie aus einer bereits bestehenden und umfassenden Theorie für dünnwandige anisotrope Balken weiterentwickelt wird, beinhaltet sie darüber hinaus auch andere nicht-klassische Effekte wie Schubverformung und Querschnittsverwölbung. Daraus resultiert das Elastizitätsgesetz als ein Differentialgleichungssystem zwischen Balkenschnittgrößen und -verformungen, das in Kapitel 5 für ausgewählte Fälle explizit gelöst wird.

Zur Verifikation der modifizierten Balkentheorie wurden experimentelle Untersuchungen an dünnwandigen anisotropen GFK-Balken mit offenem und geschlossenem Querschnitt durchgeführt. Anhand parametrischer Untersuchungen werden vorab grundlegende Fragen des elastischen Kopplungsverhalten dünnwandiger anisotroper Balken geklärt und aufgrund der Ergebnisse die Auslegung der Experimentalträger festgelegt. Ein Vergleich der experimentellen Ergebnisse mit den auf analytischem Weg gewonnenen und mit Hilfe der Finiten-Elemente-Methode berechneten Resultaten wird in Kapitel 6 präsentiert. Ein wichtiger Punkt wird hierbei die Überprüfung der Theorie hinsichtlich ihrer Gültigkeitsgrenzen sein.

Zum Schluß befaßt sich Kapitel 7 mit aktiven dünnwandigen anisotropen Balken mit offenen und geschlossenen Querschnittsformen. Unter Verwendung der modifizierten Balkentheorie werden verschiedene Aktuationskonzepte vorgestellt und der Einfluß diverser Parameter wie Balkenquerschnittsform, Einspannbedingungen und Aktuationsart analysiert. Als Abrundung der Arbeit wird eine konkrete Anwendungsmöglichkeit solcher Strukturen in Form der Steuerung einer aktiven aerodynamischen Klappe eines Hubschrauberrotorblatts vorgestellt und diskutiert.

2 Elastische Kopplungen anisotroper Scheiben und Platten

2.1 Die Einzelschicht

2.1.1 Materialgesetz der unidirektionalen Einzelschicht

Zur Berechnung der Verzerrungen und Spannungen der unidirektionalen Einzelschicht (UD-Schicht) wird ein ebener Spannungszustand vorausgesetzt. Das Materialgesetz der unidirektionalen Einzelschicht lautet demnach[(1)]:

$$\{\sigma\}_1 = [Q]\,\{\varepsilon\}_1 \; ; \quad \{\varepsilon\}_1 = [\bar{Q}]\,\{\sigma\}_1 \tag{2.1}$$

$$\text{mit} \quad \{\sigma\}_1 = \begin{Bmatrix} \sigma_1 \\ \sigma_2 \\ \tau_{12} \end{Bmatrix} \; ; \quad \{\varepsilon\}_1 = \begin{Bmatrix} \varepsilon_1 \\ \varepsilon_2 \\ \gamma_{12} \end{Bmatrix} \; ; \quad [Q] = \begin{bmatrix} \dfrac{E_1}{1 - \nu_{12} \cdot \nu_{21}} & \dfrac{\nu_{21} \cdot E_1}{1 - \nu_{12} \cdot \nu_{21}} & 0 \\ \dfrac{\nu_{12} \cdot E_2}{1 - \nu_{12} \cdot \nu_{21}} & \dfrac{E_2}{1 - \nu_{12} \cdot \nu_{21}} & 0 \\ 0 & 0 & G_{12} \end{bmatrix}$$

Die Koordinatenachse 1 entspricht hierbei der Faserrichtung. Das in (2.1) beschriebene Materialgesetz läßt vermuten, daß die Nachgiebigkeiten aus den Steifigkeiten durch Invertieren der Steifigkeitsmatrix ermittelt werden. Bei der Herleitung des Materialgesetzes der Einzelschicht wird tatsächlich aber von den einzelnen Formulierungen der drei Verformungen Längsdehnung, Querdehnung und Schubverzerrung in Abhängigkeit von den Belastungen Längsspannung, Querspannung und Schubspannung und den zugehörigen Nachgiebigkeiten ausgegangen. Mit Hilfe des Superpositionsprinzips werden diese drei Gleichungen zu einem Materialgesetz zusammengefaßt. Somit wird die Steifigkeitsmatrix der Einzelschicht eigentlich durch Inventieren der aus der Superposition gebildeten Nachgiebigkeitsmatrix erstellt. Die symmetrische Nachgiebigkeitsmatrix der unidirektionalen Einzelschicht aus (2.1) lautet:

$$[\bar{Q}] = \begin{bmatrix} \dfrac{1}{E_1} & \dfrac{-\nu_{21}}{E_2} & 0 \\ \dfrac{-\nu_{12}}{E_1} & \dfrac{1}{E_2} & 0 \\ 0 & 0 & \dfrac{1}{G_{12}} \end{bmatrix} \tag{2.2}$$

[(1)] Die folgenden Grundbeziehungen zu dem Materialgesetz der Einzelschicht und dem Elastizitätsgesetz des Schichtenverbundes sind aus [47] und [48] entnommen.

2.1.2 Materialgesetz der beliebig gerichteten Einzelschicht

Anhand des Materialgesetzes der beliebig gerichteten UD-Schicht sollen deren elastische Kopplungen diskutiert werden. Die elastischen Kopplungen werden hier beim einfachsten Strukturelement dadurch erzeugt, daß die Beanspruchung schräg zur Faserrichtung wirkt. Im Falle einer reinen Zug- oder Druckbelastung werden somit Schubverzerrungen in der anisotropen Einzelschicht erzeugt. Elastische Kopplungen definieren sich also durch gekoppelte Verformungen aufgrund einer äußeren, zur gekoppelten Verformung nicht korrespondierenden Belastung. Die nachfolgenden Betrachtungen an der anisotropen Einzelschicht dienen dem besseren Verständnis für die wesentlichen Effekte, die auch Ursache der elastischen Kopplungen von komplexeren anisotropen Strukturen sind. Das Materialgesetz lautet:

$$\{\sigma\}_x = [C]\,\{\varepsilon\}_x \;;\quad \{\varepsilon\}_x = [\overline{C}]\,\{\sigma\}_x \tag{2.3}$$

$$\text{mit}\quad \{\sigma\}_x = \begin{Bmatrix}\sigma_x\\ \sigma_y\\ \tau_{xy}\end{Bmatrix} \;;\quad \{\varepsilon\}_x = \begin{Bmatrix}\varepsilon_x\\ \varepsilon_y\\ \gamma_{xy}\end{Bmatrix} \;;\quad [\overline{C}] = [C]^{-1} \;;\quad [C] = \begin{bmatrix}C_{11} & C_{12} & C_{13}\\ C_{12} & C_{22} & C_{23}\\ C_{13} & C_{23} & C_{33}\end{bmatrix}$$

Man erhält die symmetrische, nun voll besetzte Steifigkeitsmatrix $[C]$ der beliebig gerichteten Einzelschicht aus der Transformation der symmetrischen Steifigkeitsmatrix der UD-Schicht $[Q]$ von deren Bezugssystem in ein übergeordnetes Koordinatensystem. Bei dem Materialgesetz der gedrehten UD-Schicht handelt es sich somit um ein anisotropes Materialgesetz. Wird der Faserorientierungswinkel gemäß Bild 2.1 als der Winkel von der übergeordneten x-Achse zur faserparallelen Achse 1 der UD-Schicht definiert, so lautet das Transformationsgesetz:

$$[C] = [T^{\sigma}]\,[Q]\,[T^{\sigma}]^{T} \qquad \text{mit}\quad [T^{\sigma}] = \begin{bmatrix}\cos^2\alpha & \sin^2\alpha & -2\sin\alpha\cos\alpha\\ \sin^2\alpha & \cos^2\alpha & 2\sin\alpha\cos\alpha\\ \sin\alpha\cos\alpha & -\sin\alpha\cos\alpha & \cos^2\alpha-\sin^2\alpha\end{bmatrix} \tag{2.4}$$

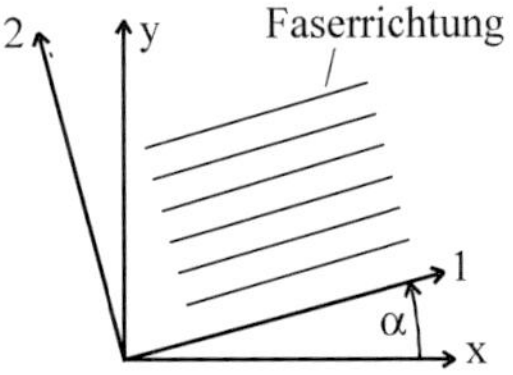

Bild 2.1: Definition der Faserorientierung α

Der Übersichtlichkeit halber und zum besseren Verständnis der auch in den folgenden Abschnitten diskutierten Zusammenhänge werden die Steifigkeiten der beliebig gerichteten Einzelschicht in ausführlicher Schreibweise dargestellt:

$$
\left.
\begin{aligned}
C_{11} &= Q_{11}\cos^4\alpha + Q_{22}\sin^4\alpha + (4\,Q_{33} + 2\,Q_{12})\sin^2\alpha\cos^2\alpha && \text{(a)}\\
C_{12} &= Q_{12}(\cos^4\alpha + \sin^4\alpha) + (Q_{11} + Q_{22} - 4\,Q_{33})\sin^2\alpha\cos^2\alpha && \text{(b)}\\
C_{13} &= (Q_{11} - Q_{12} - 2\,Q_{33})\sin\alpha\cos^3\alpha + (Q_{12} - Q_{22} + 2\,Q_{33})\sin^3\alpha\cos\alpha && \text{(c)}\\
C_{22} &= Q_{11}\sin^4\alpha + Q_{22}\cos^4\alpha + (4\,Q_{33} + 2\,Q_{12})\sin^2\alpha\cos^2\alpha && \text{(d)}\\
C_{23} &= (Q_{11} - Q_{12} - 2\,Q_{33})\sin^3\alpha\cos\alpha + (Q_{12} - Q_{22} + 2\,Q_{33})\sin\alpha\cos^3\alpha && \text{(e)}\\
C_{33} &= Q_{33}(\cos^4\alpha + \sin^4\alpha) + (Q_{11} + Q_{22} - 2\,Q_{12} - 2\,Q_{33})\sin^2\alpha\cos^2\alpha && \text{(f)}
\end{aligned}
\right\} \quad (2.5)
$$

Die symmetrische Nachgiebigkeitsmatrix der beliebig gerichteten Einzelschicht erhält man wieder durch die Transformation:

$$
[\overline{C}] = [T^{\varepsilon}]\,[\overline{Q}]\,[T^{\varepsilon}]^T \qquad \text{mit} \quad [T^{\varepsilon}] = \begin{bmatrix} \cos^2\alpha & \sin^2\alpha & -\sin\alpha\cos\alpha \\ \sin^2\alpha & \cos^2\alpha & \sin\alpha\cos\alpha \\ 2\sin\alpha\cos\alpha & -2\sin\alpha\cos\alpha & \cos^2\alpha - \sin^2\alpha \end{bmatrix} \qquad (2.6)
$$

Zwischen den beiden Transformationsmatrizen $[T^{\sigma}]$ und $[T^{\varepsilon}]$ besteht der Zusammenhang:

$$
[T^{\varepsilon}]^T = [T^{\sigma}]^{-1} \qquad (2.7)
$$

Die einzelnen Nachgiebigkeiten ergeben sich ausgeschrieben zu:

$$
\left.
\begin{aligned}
\overline{C}_{11} &= \overline{Q}_{11}\cos^4\alpha + \overline{Q}_{22}\sin^4\alpha + (\overline{Q}_{33} + 2\,\overline{Q}_{12})\sin^2\alpha\cos^2\alpha && \text{(a)}\\
\overline{C}_{12} &= \overline{Q}_{12}(\cos^4\alpha + \sin^4\alpha) + (\overline{Q}_{11} + \overline{Q}_{22} - \overline{Q}_{33})\sin^2\alpha\cos^2\alpha && \text{(b)}\\
\overline{C}_{13} &= (2\,\overline{Q}_{11} - 2\,\overline{Q}_{12} - \overline{Q}_{33})\sin\alpha\cos^3\alpha + (2\,\overline{Q}_{12} - 2\,\overline{Q}_{22} + \overline{Q}_{33})\sin^3\alpha\cos\alpha && \text{(c)}\\
\overline{C}_{22} &= \overline{Q}_{11}\sin^4\alpha + \overline{Q}_{22}\cos^4\alpha + (\overline{Q}_{33} + 2\,\overline{Q}_{12})\sin^2\alpha\cos^2\alpha && \text{(d)}\\
\overline{C}_{23} &= (2\,\overline{Q}_{11} - 2\,\overline{Q}_{12} - \overline{Q}_{33})\sin^3\alpha\cos\alpha + (2\,\overline{Q}_{12} - 2\,\overline{Q}_{22} + \overline{Q}_{33})\sin\alpha\cos^3\alpha && \text{(e)}\\
\overline{C}_{33} &= \overline{Q}_{33}(\cos^4\alpha + \sin^4\alpha) + (4\,\overline{Q}_{11} + 4\,\overline{Q}_{22} - 8\,\overline{Q}_{12} - 2\,\overline{Q}_{33})\sin^2\alpha\cos^2\alpha && \text{(f)}
\end{aligned}
\right\} \quad (2.8)
$$

Aus den entsprechenden Beziehungen in (2.5) und (2.8) geht der Einfluß der Faserorientierung α in Form der Winkelfunktionen auf die Berücksichtigung der einzelnen Steifigkeiten bzw. Nachgiebigkeiten der unidirektionalen Einzelschicht bei der Ermittlung der winkelabhängigen Koppelsteifigkeiten und -nachgiebigkeiten hervor. Im Materialgesetz der beliebig gerichteten Einzelschicht (2.3) sind die Steifigkeits- bzw. Nachgiebigkeitsterme außerhalb der Matrixdiagonalen für Kopplungen zwischen den einzelnen nicht korrespondierenden Spannungen und Dehnungen verantwortlich. C_{12} bzw. $\overline{C}_{12}$ beschreibt die bekannte Kopplung zwischen Längsspannung und Querdehnung bzw. Querspannung und Längsdehnung über die Querkontraktionszahlen. Die Terme C_{13} und C_{23} bzw. $\overline{C}_{13}$ und $\overline{C}_{23}$ stehen nun für die Kopplungen zwischen den Normalspannungen und der Schubverzerrung bzw. der Schubspannung und den Dehnungen; dies wird als sogenannte Zug-Schubkopplung bezeichnet. Auf dieser Kopplung beruhen, wie noch gezeigt wird, letztendlich alle Kopplungserscheinungen in anisotropen Bauteilen, die über das Materialgesetz der beliebig gerichteten Einzelschichten verursacht werden. Daher ist es sinnvoll, an der beliebig gerichteten Einzelschicht diese elastische "Grundkopplung" und deren Potential genauer zu untersuchen.

2.1.3 Die Zug-Schubkopplung der beliebig gerichteten Einzelschicht

a) Definition des relativen Kopplungsverhaltens

Zur Untersuchung des Grades der Zug-Schubkopplung wird das Verhältnis gebildet zwischen der durch rein axiale Belastung über die elastische Kopplung induzierten Schubverzerrung und der aufgrund der Belastung direkt erzeugten Längsdehnung [49]. Es herrscht also ein einachsiger Spannungszustand mit dem Spannungstensor $\{\sigma_x,0,0\}^T$ als Belastungsrandbedingung. Da die direkte Verformung mit berücksichtigt wird, läßt sich bei Bezug auf die Längsdehnung das Kopplungsverhalten effektiver beurteilen als das absolute Kopplungsverhalten über den entsprechenden Kopplungskoeffizienten. Durch diese Definition erhält man zudem eine dimensionslose Größe, die auch einen besseren Vergleich verschiedener Laminate untereinander ermöglicht. Die dimensionslose Beschreibung der elastischen Kopplung durch den Bezug der induzierten Verformung auf die mit der Belastung korrespondierenden direkten Verformung wird im Rahmen dieses Kapitels aus diesem Grund durchwegs beibehalten.

Aus dem nach den Verformungen aufgelösten Materialgesetz (2.3) lesen wir für die induzierte Schubverzerrung - die induzierten Verformungen werden nachfolgend mit dem Index ^{ind} gekennzeichnet - und die axiale Verzerrung ab:

$$\gamma_{xy}^{\text{ind}} = \overline{C}_{13}\,\sigma_x = \frac{C_{12}\,C_{23} - C_{13}\,C_{22}}{\det|C|}\,\sigma_x \tag{2.9}$$

$$\varepsilon_x = \overline{C}_{11}\,\sigma_x = \frac{C_{22}\,C_{33} - C_{23}^2}{\det|C|}\,\sigma_x \tag{2.10}$$

Daraus ergibt sich:

$$\frac{\gamma_{xy}^{\text{ind}}}{\varepsilon_x} = \frac{\overline{C}_{13}}{\overline{C}_{11}} = \frac{C_{12}\,C_{23} - C_{13}\,C_{22}}{C_{22}\,C_{33} - C_{23}^2} \tag{2.11}$$

Aus (2.11) kann man entnehmen, daß zur Beschreibung des Kopplungsverhaltens fast alle Steifigkeiten der UD-Schicht eine Rolle spielen. Je nach Anisotropiegrad E_1 / E_2 des betrachteten Werkstoffs ergibt sich nun ein charakteristisches Kopplungsverhalten in Abhängigkeit von der Faserorientierung der beliebig gerichteten Einzelschicht in bezug auf die Richtung der Beanspruchung.

Den Einfluß der Werkstoffkenndaten auf das Kopplungsverhalten in Abhängigkeit von der Faserorientierung erkennt man am besten bei Betrachtung des Zusammenhangs zwischen den Werkstoffkennwerten und den beiden Nachgiebigkeiten aus (2.11), speziell $\overline{C}_{13}$. In ausführlicher Schreibweise ergeben sich $\overline{C}_{13}$ und $\overline{C}_{11}$ aus (2.8) unter Beachtung von (2.2) zu:

$$\overline{C}_{13} = \left(\frac{2(1+\nu_{12})}{E_1} - \frac{1}{G_{12}} \right) \sin\alpha \cos^3\alpha + \left(\frac{2(1+\nu_{21})}{E_2} - \frac{1}{G_{12}} \right) \sin^3\alpha \cos\alpha \qquad \text{(a)}$$

$$\overline{C}_{11} = \frac{1}{E_1} \cos^4\alpha + \frac{1}{E_2} \sin^4\alpha + \left(\frac{1}{G_{12}} - 2\frac{\nu_{12}}{E_1} \right) \sin^2\alpha \cos^2\alpha \qquad \text{(b)}$$

(2.12)

Im Falle eines isotropen Werkstoffs wird wegen des bekannten Zusammenhangs:

$$G_{\text{isotrop}} = \frac{E_{\text{isotrop}}}{2(1+\nu_{\text{isotrop}})} \qquad (2.13)$$

die Nachgiebigkeit $\overline{C}_{13}$ zu Null, wie man mit (2.13) aus (2.12) entnehmen kann. Die für anisotrope Materialien typischen elastischen Kopplungen sind bei isotropen Materialien bekanntermaßen nicht vorhanden.

Die hier in (2.12) vorgestellte Betrachtungsweise erlaubt einen tieferen Einblick in die physikalischen Zusammenhänge der elastischen Kopplung als die üblicherweise nur angegebenen Beziehungen aus (2.8). Mit steigendem Anisotropiegrad E_1 / E_2 nimmt vor allem der Klammerausdruck im ersten Term der rechten Seite von (2.12a) vom Betrag her immer höhere Werte an und ist somit hauptverantwortlich für den Grad der elastischen Kopplung, während der zweite Term Werte erreicht, die kaum von Null verschieden sind. Dies bedeutet, daß für eine möglichst hohe Zug-Schubkopplung der beliebig gerichteten Einzelschicht auch ein Faserverbundmaterial mit möglichst hohem Anisotropiegrad gewählt werden muß.

In der Literatur finden sich auch andere Definitionen eines Parameters zur qualitativen Beurteilung einer elastischen Kopplung. Bei *Shirk*, *Hertz* und *Weisshaar* [12] wird im Zusammenhang mit der Erfassung des Potentials des Aeroelastic Tailoring in anisotropen Strukturen ein sogenannter cross-coupling parameter ψ definiert über die Beziehung:

$$\psi = \frac{C_{13}}{\sqrt{C_{11}\,C_{33}}} \tag{2.14}$$

Dieser Parameter findet sich in etwas anderen Formulierungen auch in vielen anderen Arbeiten zu elastischen Kopplungen anisotroper Faserverbundstrukturen. Er zielt allerdings nur auf die Effekte der elastischen Kopplung hinsichtlich der Steifigkeiten ab und berücksichtigt nicht die für die Ausbildung der elastischen Kopplung notwendigen Verformungen über die Nachgiebigkeiten.

b) Einfluß der Querkontraktionsbehinderung

Wie bereits in der Einleitung erwähnt, werden zur Erfüllung der geforderten *Wlassow'schen* Annahme bei der Aufstellung des Elastizitätsgesetzes der geschichteten plattenförmigen Balkensegmente die Verformungen und auch die Spannungen senkrecht zur Balkensegmentlängsrichtung, die parallel zur Balkenachse liegt, in allen zitierten Arbeiten vernachlässigt. Eine mathematische Elimination der entsprechenden Zusammenhänge im Materialgesetz ist physikalisch gleichbedeutend mit einer kompletten Verformungsbehinderung in dieser Richtung. Um den Einfluß dieser üblichen Berechnungsmethode in den Theorien für dünnwandige Faserverbundbalken basierend auf der Theorie nach *Wlassow* auf die elastischen Kopplungen aufzuzeigen, wird eine Querkontraktionsbehinderung bei der Ermittlung des relativen elastischen Kopplungsverhaltens zum Vergleich mit einbezogen.

Eine solche Querkontraktionsbehinderung verursacht stets eine Erhöhung der anderen Steifigkeiten und berücksichtigt meist nicht die dadurch induzierten Querspannungen. Schon an der UD-Schicht lassen sich die Konsequenzen auch auf das Kopplungsverhalten leicht veranschaulichen. Eine Reduktion des Materialgesetzes (2.3) unter Berücksichtigung der Randbedingung $\varepsilon_y = 0$ führt in der Schreibweise mit der Steifigkeitsmatrix auf die Form

$$\begin{Bmatrix} \sigma_x \\ \tau_{xy} \end{Bmatrix} = \begin{bmatrix} C_{11} & C_{13} \\ C_{13} & C_{33} \end{bmatrix} \begin{Bmatrix} \varepsilon_x \\ \gamma_{xy} \end{Bmatrix} , \tag{2.15}$$

und vernachlässigt also nicht nur die Betrachtung der Größen in Querrichtung, sondern auch den Einfluß der Querdehnung auf die übrigen Verformungen. Die induzierte Schubverzerrung sowie die Längsdehnung bei gleicher Randbedingung in Form einer Belastung durch reine Längsspannung $\{\sigma_x, 0, 0\}^T$ und Querkontraktionsbehinderung (Index ^{C}) ergeben sich aus (2.15) zu:

$$\gamma_{xy}^{\mathrm{ind}C} = \overline{C}_{13}^{C}\,\sigma_x = \frac{-\,C_{13}}{C_{11}\,C_{33} - C_{13}^2}\,\sigma_x \tag{2.16}$$

$$\varepsilon_x^{C} = \overline{C}_{11}^{C}\,\sigma_x = \frac{C_{33}}{C_{11}\,C_{33} - C_{13}^2}\,\sigma_x \tag{2.17}$$

Das Verhältnis der beiden Verformungen zueinander ergibt die einfache Beziehung:

$$\frac{\gamma_{xy}^{\text{ind}C}}{\varepsilon_x^C} = -\frac{\overline{C}_{13}^C}{\overline{C}_{11}^C} = -\frac{C_{13}}{C_{33}} \tag{2.18}$$

Die Nachgiebigkeiten $\overline{C}_{ij}^C$ unter Berücksichtigung einer Querkontraktionsbehinderung lassen sich nun nicht mehr einfach aus der Nachgiebigkeitsmatrix $[\overline{C}]$ der beliebig orientierten Einzelschicht ermitteln, sondern können jetzt in übersichtlicher Form nur noch über die Steifigkeiten C_{ij} der gedrehten Einzelschicht beschrieben werden.

c) Parametrische Betrachtungen

Im Bild 2.2 ist das relative Kopplungsverhalten der beliebig gerichteten Einzelschicht unter freier Querkontraktion - gemäß (2.11) - mit durchgezogenen Linien und unter Querkontraktionsbehinderung - gemäß (2.18) - mit gestrichelten Linien für drei verschiedene Faserverbundwerkstoffe mit typischen Anisotropiegraden in Abhängigkeit von der Faserorientierung dargestellt.

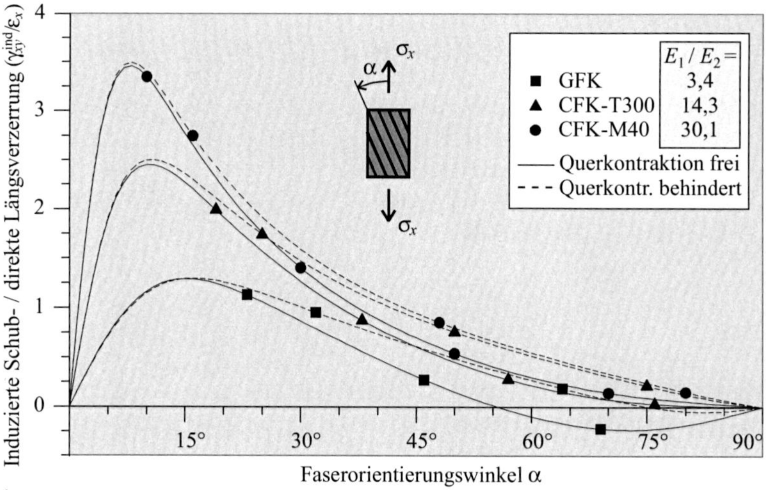

Bild 2.2: Relatives Kopplungsverhalten der beliebig gerichteten UD-Schicht für verschiedene Faserverbundwerkstoffe bei freier und behinderter Querkontraktion

Aus den graphisch dargestellten Zusammenhängen läßt sich folgern, daß mit höherem Anisotropiegrad das Maximum der Kopplung zu kleineren Faserorientierungswinkeln hin wandert, und die elastische Kopplung zunimmt. Die höchste Kopplung ist also besonders mit hochgradig anisotropen Werkstoffen möglich, bei denen die Fasern nicht weit aus der Belastungsrichtung herausgedreht werden müssen.

Bei einem schwachen Anisotropiegrad können außerdem, wie im Falle des gewählten GFK zu sehen ist, ein Nulldurchgang sowie Bereiche, in denen sich die Kopplung umkehrt, vorhanden sein.

Deutlich zu erkennen ist der Einfluß der Querkontraktionsbehinderung. Wenn auch bis zum jeweiligen Maximum kein gravierender Unterschied zwischen Berücksichtigung der Querkontraktionsbehinderung und freier Querkontraktion zu erkennen ist, so wird das Kopplungsverhalten speziell bei höheren Faserorientierungswinkeln gänzlich zu hoch bewertet und die negative Kopplung beim gewählten GFK fast gar nicht wiedergegeben. Die relative elastische Kopplung kann weiter gesteigert werden, wenn noch hochmoduligere Fasertypen für den Verbund gewählt werden.

In der folgenden Tabelle 2.1 sind die jeweiligen Maxima zusammen mit den Materialeigenschaften der betrachteten Faserverbundwerkstoffe zusammengefaßt, erweitert um die Angaben für ein CFK mit dem Fasertyp S75, auf dessen Darstellung des Kopplungsverhaltens in Bild 2.2 im Interesse einer besseren Übersichtlichkeit verzichtet wurde.

Tabelle 2.1: Maxima der relativen elastischen Kopplung und Materialeigenschaften verschiedener Faserverbundwerkstoffe

	GFK	CFK-T300	CFK-M40	CFK-S75
max. Kopplung [-] bei α	1,29 bei 15°	2,45 bei 10°	3,46 bei 8°	4,80 bei 8°
E_1 [GPa]	37,9	132,7	225,5	298,4
E_2 [GPa]	11,2	9,3	7,5	3,7
G_{12} [GPa]	3,3	4,6	4,3	3,1
ν_{12} [-]	0,24	0,28	0,26	0,36
E_1 / E_2	3,4	14,3	30,1	80,6
E_1 / G_{12}	11,5	28,8	52,4	96,3

Zu erkennen ist anhand der gebildeten Modulnverhältnisse E_1 / E_2 und E_1 / G_{12}, daß bei der Werkstoffauswahl zwar tendenziell ein hoher Anisotropiegrad angestrebt werden muß, um möglichst große elastische Kopplungen zu erzeugen; allerdings ist ein einfacher Zusammenhang zum Anisotropiegrad des Werkstoffes selbst nicht herzuleiten. Dies ist wiederum eher möglich über das Verhältnis von E-Modul in Faserrichtung zum Schubmodul der UD-Schicht.

Dieser Zusammenhang spiegelt sich letztendlich auch in Gleichung (2.12) wider. Die Höhe der Nachgiebigkeit $\overline{C}_{13}$ und somit der elastischen Kopplung wird maßgeblich bestimmt durch die Höhe der Differenz zwischen dem aus dem Elastizitätsmodul in Faserrichtung und der kleineren Querkontraktionszahl gebildeten „pseudoisotropen“ Schubmodul und dem tatsächlichen Schubmodul. Dies macht insofern auch Sinn, da es sich hierbei um die Elastizitätskenngrößen handelt, deren korrespondierende Verzerrung bzw. Dehnung in Relation zueinander gestellt werden.

Diese Effekte lassen sich anschaulich anhand eines kleinen Beispiels mit einfachen Biegeplatten demonstrieren (Bild 2.3). Mit Hilfe der Finiten-Elemente-Methode (FEM) sind homogene Plattenstreifen aus dem betrachteten GFK mit unterschiedlichen Faserorientierungswinkeln modelliert, die am freien Ende durch eine Querkraft belastet sind. In der oberen Reihe sind die Platten ideal eingespannt, und es bestehen weiter keine Restriktionen bezüglich des Verformungsverhaltens. In der unteren Reihe sind die Platten fest eingespannt und jeder Querschnitt, der durch Knoten aufgespannt ist, wird mit entsprechenden Randbedingungen als starr modelliert.

Die erzeugte Biege-Torsionskopplung ist in bezug auf ihren qualitativen und quantitativen Verlauf in Abhängigkeit vom Faserorientierungswinkel aufgrund der Homogenität der Plattenstreifen identisch zur Zug-Schubkopplung der anisotropen Einzelschicht. Dies kann, wie noch gezeigt wird, in einfacher Weise aus der klassischen Laminattheorie hergeleitet werden. Die dargestellten Konturplots zeigen die relative Absenkung bezogen auf die auftretende Maximalabsenkung aller Platten.

Das Torsions- und somit Kopplungsverhalten in Abhängigkeit vom Faserorientierungswinkel ist in diesem Beispiel gut zu erkennen. Betrachtet man die obere Plattenreihe, bei denen die Platten in ihrer Querschnittsverformung auch in der Einspannung nicht behindert sind, so fällt vor allem der Umschlag in eine negative Kopplung für das Material GFK bei hohen Faserorientierungswinkeln auf, wie es im Diagramm des Bildes 2.2 bereits dargestellt ist. Zu beachten ist ebenso die ausgeprägte Querkrümmung der Plattenstreifen zur Einspannung hin - speziell bei maximaler Biege-Torsionskopplung. Dies ist ein Indiz darauf, daß das Kopplungsverhalten von einem komplexen Verformungsverhalten des Plattenstreifens auch in Richtung quer zur Belastung begleitet wird.

Auffällig ist ebenso, daß die maximale Absenkung bei dem Plattenstreifen mit der Faserorientierung von 60° auftritt, wo sich aufgrund des Nulldurchgangs keine gekoppelte Verformung ausbildet, und nicht bei einer Orientierung von 90°, wie man vermuten möchte. Trägt man die entsprechende Biegenachgiebigkeit über den veränderlichen Faserorientierungswinkel auf, so kann man deutlich dieses Minimum der Nachgiebigkeit erkennen [50]. Das komplexe Zusammenwirken der elastischen Kopplung bewirkt also nicht nur gekoppelte Verformungen, sondern wirkt sich zusätzlich minimierend auf die Steifigkeiten und Nachgiebigkeiten aus. Dieser Punkt wird bei der Betrachtung der anisotropen Laminate noch markanter hervortreten.

In der unteren Reihe sind die Platten in ihrer Querschnittsverformung behindert und am Ende fest eingespannt. Das Kopplungsverhalten entspricht genau dem der entsprechenden gestrichelten Linie des GFK im Diagramm des Bildes 2.2.

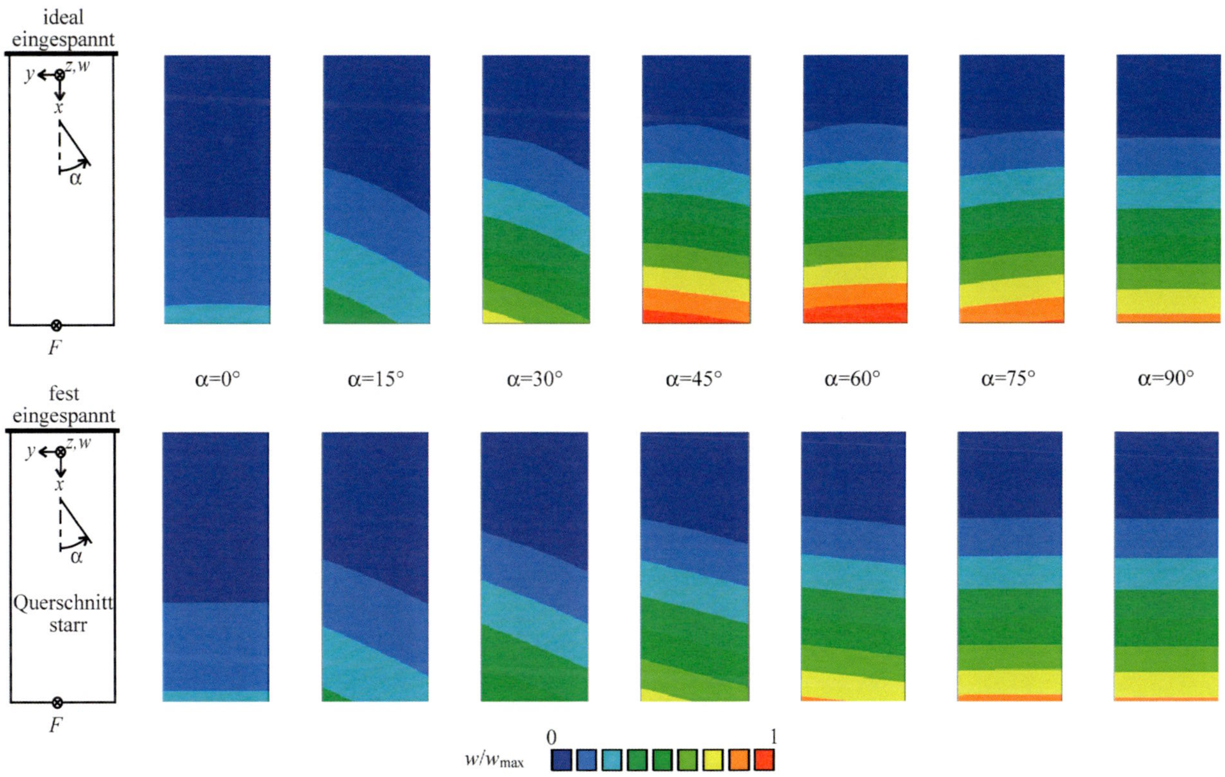

Bild 2.3: Relative Absenkung homogener GFK-Platten unterschiedlicher Faserorientierung unter Querkraftbiegung am freien Ende, obere Reihe ideal eingespannt bei freier Querschnittsverformung, untere Reihe fest eingespannt bei starrem Querschnitt [49]

Generell ist die Biegesteifigkeit höher gegenüber den entsprechenden Plattenstreifen mit freier Querschnittsverformung. Ein ausgeprägter Nulldurchgang ist nicht zu erkennen; dieser fällt bei dem gewählten Material unter Querkontraktions- bzw. Querkrümmungsbehinderung sehr schwach aus. Aber auch hier ist die Biegenachgiebigkeit bei einer Faserorientierung von 90° nicht maximal.

Eine physikalische Begründung dieser gezeigten Phänomene ist im Schubverformungsverhalten des Matrixmaterials zu finden. Entsprechende einfache experimentelle Untersuchungen mit anisotropen Platten bestehend aus Metallstäben anstelle der Fasern und einer Matrix aus photoelastischem Polyurethan wurden von *Hull* und *Clyne* [51] durchgeführt. Bild 2.4 zeigt Aufnahmen von vier solchen verformten Platten mit der Orientierung 0°, 30°, 60° und 90° von rechts nach links, die mit der gleichen konstanten Zugbelastung beaufschlagt sind.

An der hellen Verfärbung der Matrix sind die hohen auftretenden Schubspannungen in der Platte mit 60° orientierten Stäben deutlich zu erkennen. Sie kompensieren die elastische Kopplung vollkommen und lassen so keine Schubverformung der gesamten Platte zu. Ebenso ist die etwas geringere Zugsteifigkeit gegenüber der Platte mit 90°-orientierten Stäben zu erkennen.

Bild 2.4: Zugversuche an Verbundplatten aus unterschiedlich orientierten Metallstäben eingebettet in photo-elastischem Polyurethan [51]

Einer der ersten, der sich mit experimentellen Untersuchungen an anisotropen Platten und ihren elastischen Kopplungen befaßte, war *Pagano* [5]. Seine Experimente an zug-schubgekoppelten Faserverbundplatten und hier speziell die Untersuchungen zum Einfluß der Randbedingungen auf das Verformungsverhalten haben erste wichtige Erkenntnisse über die besonderen Phänomene anisotroper Strukturen geliefert.

Dieser Einfluß der Randbedingungen kann mit Hilfe der FE-Methode sehr gut nachgebildet werden, wie in Bild 2.5 zu erkennen ist. Bei den Experimenten an nylonverstärkten Gummiplatten zeigte sich, daß trotz einer festen Einspannung der zug-schubgekoppelten anisotropen Probe sich die Ränder in den Einspannvorrichtungen nicht exakt fixieren ließen. Der Grund hierfür liegt in den hohen elastischen Kopplungen, die den eingespannten Rändern der Probe eine parabelförmige Form aufzwängen.

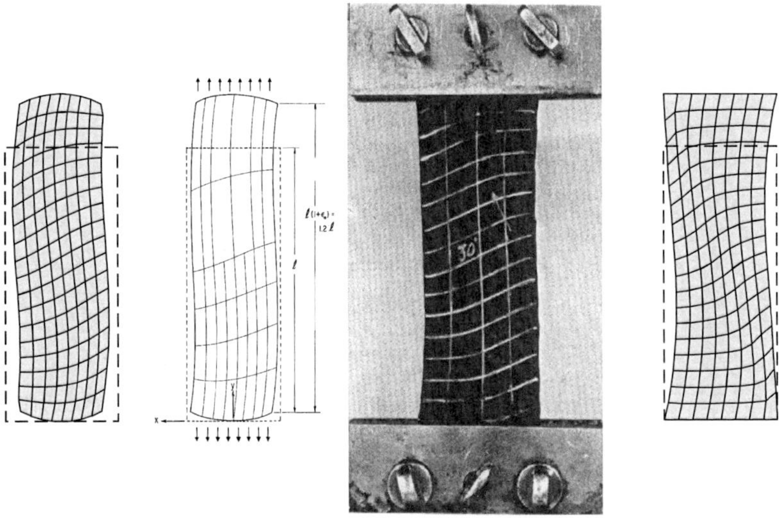

a) FE-Ergebnis mit angepaßten Randbedingungen

b) Analytische Lösung

c) Experimentelles Ergebnis

d) FE-Ergebnis mit strengen Randbedingungen

Bild 2.5: Vergleich des Strukturverhaltens anisotroper Zugproben aus nylonverstärktem Gummi aus Experiment, Analytik und FEM, letzteres wahlweise mit geraden und parabelförmigen Rändern [50]

Erst bei der Modellierung eines parabelförmigen Rands wird in der FE-Analyse das Verformungsverhalten der zug-schubgekoppelten Probe korrekt wiedergegeben, wie ein Vergleich der beiden FE-Plots in Bild 2.5 mit dem Versuchsergebnis und der analytischen Vorhersage zeigt.

2.2 Elastische Kopplungen der geschichteten anisotropen Platte

2.2.1 Materialgesetz der geschichteten Platte

Zur Berechnung von Laminaten als Verbund von UD-Schichten beliebiger Orientierung hat sich die klassische Laminattheorie unter Berücksichtigung ihrer Voraussetzungen als Berechnungsgrundlage vielfach bewährt [52]. Das Materialgesetz der geschichteten Platte lautet:

$$\begin{Bmatrix} n_x \\ n_y \\ n_{xy} \\ m_x \\ m_y \\ m_{xy} \end{Bmatrix} = \begin{bmatrix} A_{11} & A_{12} & A_{13} & B_{11} & B_{12} & B_{13} \\ A_{12} & A_{22} & A_{23} & B_{12} & B_{22} & B_{23} \\ A_{13} & A_{23} & A_{33} & B_{13} & B_{23} & B_{33} \\ B_{11} & B_{12} & B_{13} & D_{11} & D_{12} & D_{13} \\ B_{12} & B_{22} & B_{23} & D_{12} & D_{22} & D_{23} \\ B_{13} & B_{23} & B_{33} & D_{13} & D_{23} & D_{33} \end{bmatrix} \begin{Bmatrix} \varepsilon_x \\ \varepsilon_y \\ \gamma_{xy} \\ \kappa_x \\ \kappa_y \\ \kappa_{xy} \end{Bmatrix} = \begin{bmatrix} A & B \\ B & D \end{bmatrix} \begin{Bmatrix} \varepsilon_x \\ \varepsilon_y \\ \gamma_{xy} \\ \kappa_x \\ \kappa_y \\ \kappa_{xy} \end{Bmatrix} \tag{2.19}$$

mit $A_{ij} = \sum_{k=1}^{n} C_{ij_k}(t_k - t_{k-1})$; $B_{ij} = \frac{1}{2}\sum_{k=1}^{n} C_{ij_k}(t_k^2 - t_{k-1}^2)$; $D_{ij} = \frac{1}{3}\sum_{k=1}^{n} C_{ij_k}(t_k^3 - t_{k-1}^3)$

als Elemente der *ABD*-Matrix, die über die Summation der n Einzelschichten mit den jeweiligen Schichtsteifigkeiten C_{ij} und Abstandskoordinaten t_k und t_{k-1} zu einer gewählten Bezugsebene bestimmt werden. Entsprechend den Verknüpfungen der Schnittgrößen mit den Verformungen der Scheibe und der Platte wird die Steifigkeitsmatrix in vier Quadranten aufgeteilt. Der Scheibenquadrant $[A]$ beinhaltet reine Scheibensteifigkeiten, verbindet also die Scheibenkraftflüsse $\{n\}_x$ mit den Scheibenverformungen, den Dehnungen ε_x, ε_y und der Verzerrung γ_{xy}. Der Plattenquadrant $[D]$ stellt entsprechend den Zusammenhang zwischen den Plattenstreckenmomenten $\{m\}_x$ und den Plattenkrümmungen $\{\kappa\}_x$ her. Eine Kopplung der Scheibenverformungen mit den Plattenbelastungen bzw. der Plattenverformungen mit den Scheibenbelastungen wird durch den Koppelquadranten $[B]$ beschrieben.

2.2.2 Koppelterme der Steifigkeitsmatrix

Für Kopplungen zwischen nicht korrespondierenden Größen sind wieder alle Elemente außerhalb der Hauptdiagonalen verantwortlich. Die Art und Weise der jeweiligen elastischen Kopplung hängt nun vom Grad der Anisotropie der Einzelschichten und/oder der Lage der Einzelschicht im Verbund ab. Der Einfluß der Anisotropie der Einzelschicht soll als material-elastische Kopplung bezeichnet werden, wogegen der Lageneinfluß als geometrie-elastische Kopplung bezeichnet sei. Hierbei können natürlich auch Mischformen entstehen. Im folgenden Bild 2.6 sind typische Kopplungserscheinungen geschichteter Platten dargestellt, um diese Einteilung zu veranschaulichen.

Die Zug-Schubkopplung bzw. Biege-Torsionskopplung der Platte wird beschrieben durch den Kopplungsterm A_{13} und A_{23} bzw. D_{13} und D_{23} und basiert gemäß (2.19) auf der bereits diskutierten Zug-Schubkopplung der beliebig gerichteten Einzelschicht. Es handelt sich hierbei also um eine reine material-elastische Kopplung, da sie nur auf der Kopplungserscheinung der beliebig gerichteten Einzelschicht beruht.

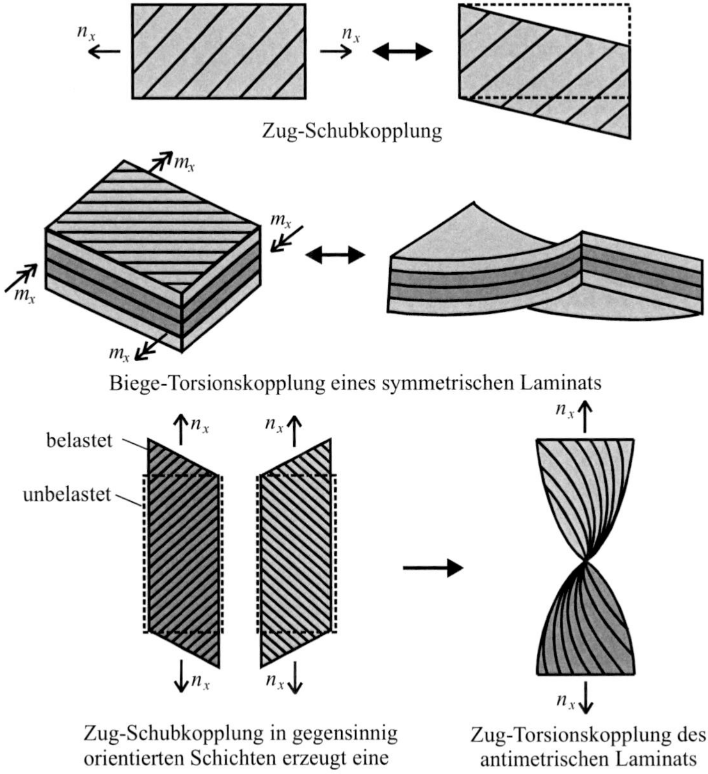

Bild 2.6: Verschiedene Kopplungserscheinungen anisotroper Platten

Dies gilt für alle Kopplungserscheinungen, die auf den Kopplungstermen der Scheiben- und Plattenquadranten basieren. Da allerdings mit Blick auf (2.19) die Scheiben- und Plattensteifigkeiten auf unterschiedliche Weise ermittelt werden, ist es bei einem geschichteten Laminat, in dem sich Einzelschichten befinden, deren Faserorientierungen von dem übergeordneten Laminatkoordinatensystem abweichen, nicht möglich, eine Schichtung zu erreichen, die eine Orthotropie des Laminats sowohl als Scheibe als auch als Platte zur Folge hat. Somit weisen die sogenannten quasiisotropen Laminatschichtungen tatsächlich nur eine Quasiisotropie als Scheibe auf, nicht jedoch als Platte, da Biege-Torsionskopplungen auftreten.

Im Koppelquadrant hingegen findet man in dessen Hauptdiagonale die Terme, deren Kopplungserscheinungen allein aufgrund besonderer Schichtanordnungen zustande kommen. So erzeugen unterschiedliche Einzelschichtdehnsteifigkeiten C_{11} über ihre Position im Laminat durch entsprechende Abstände zur Bezugsebene unterschiedliche Biegesteifigkeitsanteile, die zum Beispiel zu Zug-Biegekopplungen - also einer geometrie-elastischen Kopplung - führen, obwohl die Einzelschichten selbst ein orthotropes Materialverhalten aufweisen können.

Die übrigen Koeffizienten des Koppelquadranten beschreiben nun Mischformen der beiden genannten Kopplungstypen. Eine Zug-Torsionskopplung beruht auf Zug-Schubkopplungen anisotroper Einzelschichten, die bei entsprechender Schichtung über den Abstand zur Bezugsebene Torsionsanteile hervorrufen, wie in Bild 2.6 verdeutlicht. Diese Klassifizierung der Kopplungserscheinungen und deren Entstehungsformen ist wichtig, um in späteren Kapiteln bei der Behandlung der anisotropen dünnwandigen Balken, deren Stege und Flansche selbst aus plattenförmigen Laminaten bestehen, globale elastische Kopplungen des Balkens erklären oder auch gezielt erzeugen zu können.

Typischerweise ist die Schichtung eines zug-schub- bzw. biege-torsionsgekoppelten Laminats symmetrisch, die eines zug-torsionsgekoppelten Laminats antimetrisch. Die *ABD*-Matrizen dieser beiden Laminattypen haben dann folgenden Aufbau:

$$[ABD]_{\text{sym}} = \begin{bmatrix} A_{11} & A_{12} & A_{13} & 0 & 0 & 0 \\ A_{12} & A_{22} & A_{23} & 0 & 0 & 0 \\ A_{13} & A_{23} & A_{33} & 0 & 0 & 0 \\ 0 & 0 & 0 & D_{11} & D_{12} & D_{13} \\ 0 & 0 & 0 & D_{12} & D_{22} & D_{23} \\ 0 & 0 & 0 & D_{13} & D_{23} & D_{33} \end{bmatrix} ; \quad [ABD]_{\text{antim}} = \begin{bmatrix} A_{11} & A_{12} & 0 & 0 & 0 & B_{13} \\ A_{12} & A_{22} & 0 & 0 & 0 & B_{23} \\ 0 & 0 & A_{33} & B_{13} & B_{23} & 0 \\ 0 & 0 & B_{13} & D_{11} & D_{12} & 0 \\ 0 & 0 & B_{23} & D_{12} & D_{22} & 0 \\ B_{13} & B_{23} & 0 & 0 & 0 & D_{33} \end{bmatrix} \qquad (2.20)$$

2.2.3 Ermittlung der maximalen elastischen Kopplungen

Bei der anisotropen Platte können, wie im vorherigen Abschnitt dargelegt, die unterschiedlichsten Kopplungen in Erscheinung treten. In diesem Abschnitt soll geklärt werden, inwieweit die Ergebnisse bezüglich der maximalen Kopplung in der beliebig gerichteten Einzelschicht auf ein Laminat übertragbar sind. Als Beispiel soll hier ein vierschichtiges, symmetrisches Laminat aus CFK-T300 mit dem variablen Lagenaufbau $[\beta,\alpha,\alpha,\beta]$ gemäß Bild 2.7 untersucht werden, dessen einzelne Schichten gleiche Dicke haben, und deren Faserorientierungen zwischen 0° und 90° variieren sollen. Betrachtet werden zuerst die beiden typischen Kopplungen Zug-Schub- und Biege-Torsionskopplung, also eine Belastung des Laminats mit dem Lastvektor $[n_x,0,0,0,0,0]^T$ bzw. $[0,0,0,m_x,0,0]^T$.

In Bild 2.7 ist das Kopplungsverhalten dieses Laminats bezüglich der zwei genannten Kopplungserscheinungen in Abhängigkeit von der Variation der beiden Faserorientierungen als Konturplot dargestellt. Den Grad der Kopplung - wiederum definiert über das Verhältnis der induzierten Verzerrung bzw. Krümmung zur direkten Verzerrung bzw. Krümmung - erhält man durch Invertieren des Materialgesetzes der geschichteten Platte (2.19) unter Beachtung des jeweiligen Belastungsvektors zu:

$$\frac{\gamma_{xy}^{\mathrm{ind}}}{\varepsilon_x} = \frac{A_{12}A_{23} - A_{13}A_{22}}{A_{22}A_{33} - A_{23}^2} \tag{2.21}$$

und

$$\frac{\kappa_{xy}^{\mathrm{ind}}}{\kappa_x} = \frac{D_{12}D_{23} - D_{13}D_{22}}{D_{22}D_{33} - D_{23}^2} \tag{2.22}$$

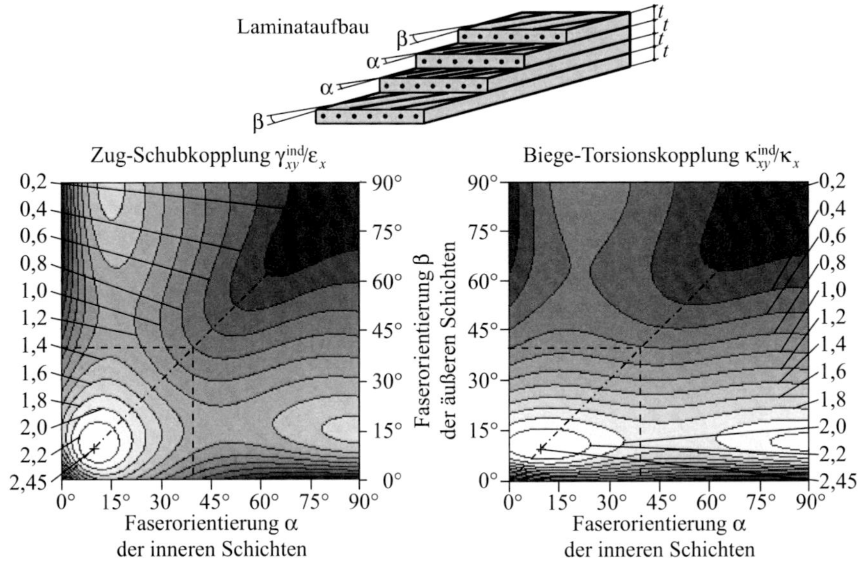

Bild 2.7: Kopplungsverhalten eines symmetrischen Laminats aus CFK-T300

Bei der Zug-Schubkopplung (2.21) sieht man deutlich die zu erwartende Symmetrie des Kopplungsverhaltens, da es sich um eine Kopplung der Scheibenverformungen handelt, und somit die Position der einzelnen Schichten innerhalb des Laminats keine Rolle spielt. Eingezeichnet ist in den Diagrammen des Bildes 2.7 als Strich-Punkt-Linie die Diagonale für $\alpha = \beta$. Der Schnitt entlang dieser Diagonalen durch den Konturplot entspricht genau dem Graphen für CFK-T300 aus dem Diagramm des Bildes 2.2, da dieselben Materialeigenschaften zugrunde gelegt wurden. Das Maximum von $\gamma_{xy}^{\mathrm{ind}}/\varepsilon_x$ und $\kappa_{xy}^{\mathrm{ind}}/\kappa_x$ liegt mit 2,45 bei der homogenen Schichtung $\alpha = \beta = 10°$ und entspricht dem der Einzelschicht, da man von den Gleichungen (2.21) und (2.22) durch Kürzen der enthaltenen Terme mit den Schichtkoordinaten auf die Gleichung für das Kopplungsverhalten der Einzelschicht (2.11) kommt.

Der Konturplot für die Biege-Torsionskopplung (2.22) zeigt keine Symmetrie mehr, da wegen der Multiplikation der Einzelschichtsteifigkeiten mit der Differenz der dritten Potenz der Schichtgrenzkoordinaten nun eine Gewichtung entsprechend der Position im Laminat stattfindet. So ist eine hohe Biege-Torsionskopplung auch für den Fall vorhanden, daß die Fasern der inneren Schichten mit $\alpha = 90°$ orientiert sind, und somit eine geringe Biegesteifigkeit des Laminats erreicht wird. Die Kopplung erreicht aber nicht den maximalen Wert bei Ausrichtung jeder einzelnen Schicht nach maximaler Kopplung.

Der Schnitt entlang der Diagonalen durch den Konturplot entspricht wieder dem bereits erwähnten Graphen für CFK-T300, da für gleiche Faserorientierung der Schichten ($\alpha = \beta$) eine homogene Platte vorliegt, deren Kopplungsverhalten dem der Einzelschicht gleicht. Somit hat jeder einzelne Punkt auf der Diagonalen in beiden Konturplots den gleichen Wert. Auch beide Maxima sind identisch und entsprechen dem maximalen Wert, der an der Einzelschicht ermittelt wurde. Dies liegt an der Entkopplung von Scheiben- und Plattenverhalten aufgrund der Symmetrie der Schichtung.

Ist eine solche Entkopplung nicht vorhanden, so kann nicht mehr von der anisotropen Einzelschicht auf das anisotrope Laminat geschlossen werden. Betrachtet man als einfachstes Beispiel hierzu ein antimetrisches Laminat mit einer Zug-Torsionskopplung, so erhält man wiederum durch Invertieren von (2.19) für den Grad der Kopplung:

$$\frac{\kappa_{xy}^{\text{ind}}}{\varepsilon_x} = \frac{A_{12} B_{23} - B_{13} A_{22}}{A_{22} D_{33} - B_{23}^2} \tag{2.23}$$

Dies ist nun keine dimensionslose Größe mehr, sondern hat als Einheit [mm^{-1}], da im Nenner die Schichtdicke in der vierten Potenz, im Zähler nur in der dritten Potenz enthalten ist. Aus diesem Grund wird zur Erlangung einer dimensionslosen und somit von der Schichtdicke unabhängigen und für verschiedene Laminate vergleichbaren Größe Gleichung (2.23) mit der Plattendicke multipliziert, und man erhält:

$$\frac{\kappa_{xy}^{\text{ind}} t_{\text{ges}}}{\varepsilon_x} = t_{\text{ges}} \frac{A_{12} B_{23} - B_{13} A_{22}}{A_{22} D_{33} - B_{23}^2} \tag{2.24}$$

Da in (2.24) Steifigkeiten aus allen drei verschiedenen Quadranten enthalten sind, die gemäß (2.19) auf unterschiedliche Weise aus den Steifigkeiten der Einzelschicht berechnet werden, kann man hier die Terme mit den Schichtkoordinaten nicht mehr einfach heraus kürzen. Im einfachsten Fall eines zweischichtigen, antimetrischen Laminats $[\alpha, -\alpha]$ erhält man:

$$\left(\frac{\kappa_{xy}^{\text{ind}} t_{\text{ges}}}{\varepsilon_x} \right)_{[\alpha, -\alpha]} = 4 \frac{C_{12} C_{23} - C_{13} C_{22}}{\frac{4}{3} C_{22} C_{33} - C_{23}^2} \tag{2.25}$$

für das Kopplungsverhalten, das nicht durch Multiplikation mit einem Faktor aus der entsprechenden Gleichung der Einzelschicht (2.11) hervorgeht.

Aufgrund dieser Abweichung stellt sich die Frage, ob bei einem mehrschichtigen, antimetrischen Laminat die Faserorientierungen jeder Einzelschicht für das Maximum der Zug-Schubkopplung des Laminats derjenigen der maximalen Kopplung in der Einzelschicht entsprechen müssen, wie es bei der Zug-Schub- und Biege-Torsionskopplung symmetrischer Laminate der Fall ist. Zur Klärung dieser Frage wird hierzu wiederum ein vierschichtiges Laminat gemäß Bild 2.8 betrachtet - jetzt mit der antimetrischen Schichtung $[-\beta, -\alpha, \alpha, \beta]$.

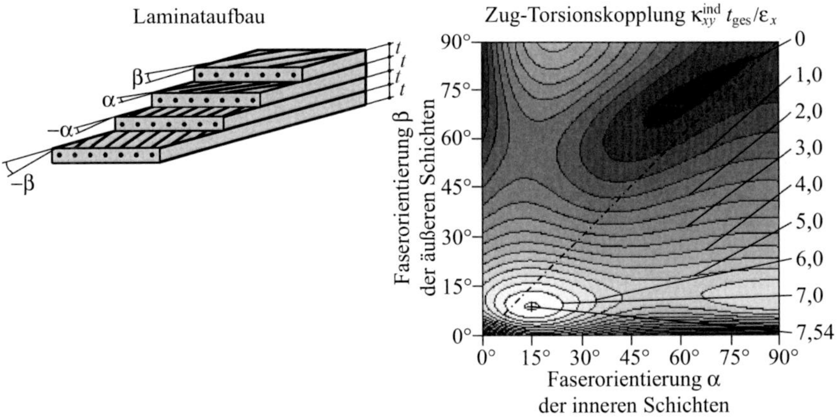

Bild 2.8: Kopplungsverhalten eines antimetrischen Laminats aus CFK-T300

Die relative Zug-Torsionskopplung $\kappa_{xy}^{\text{ind}}\, t_{\text{ges}}/\varepsilon_x$ bei $\alpha = \beta = 10°$ hat einem Wert von 7,32, und man erkennt, daß sie nicht mehr maximal ist. Das Maximum in dem gezeigten Beispiel für CFK liegt nun mit dem Wert 7,54 bei $\alpha = 15°$ und $\beta = 9°$; dies bedeutet also eine - wenn auch kleine - Steigerung um 3%. Durch das Herausdrehen der inneren Schichten zu einer etwas höheren und das Hineindrehen der äußeren Schichten zu einer etwas kleineren Faserorientierung ergibt sich dieses bessere Verhältnis von Torsionskoppel- zu Dehnnachgiebigkeit und somit eine etwas höhere relative Zug-Torsionskopplung. Auch die absolute Koppelnachgiebigkeit wird dadurch gesteigert.

Die Vermutung liegt nahe, daß bei einem mehr als vierschichtigen Laminat eine weitere Kopplungssteigerung durch gezielte Variation der Faserorientierungen der einzelnen Schichten möglich ist. Aus entsprechenden Untersuchungen hierzu mittels einfacher Variationsrechnungen hat sich ergeben, daß solche Steigerungen in dem hier betrachteten Fall der eindimensionalen Belastung vernachlässigbar klein ausfallen, weswegen auf eine Darstellung der Ergebnisse hier verzichtet wird.

2.2.4 Elastische Kopplungen im Schichtenverbund

Anhand der vorangegangenen Abschnitte im Kapitel 2 konnten klar die Zusammenhänge zwischen den elastischen Kopplungen sowie deren auftretende Maxima und dem Faserorientierungswinkel und dem verwendeten Materialtyp aufgezeigt werden. Insbesondere wurde die Abhängigkeit der Kopplungsmaxima vom Verhältnis der verschiedenen Elastizitätskonstanten eines Materials zueinander deutlich. Bei den Beispielen wurden keine Kombinationen der die elastischen Kopplung verursachenden Schichten mit anderen, z.B. orthotropen Schichten in einem Schichtverbund untersucht. Zusätzliche Schichten wie z.B. insbesondere ±45°-Schichten wirken aufgrund ihrer Schubsteifigkeit einer gekoppelten Schubverformung oder Verdrillung entgegen.

Als erstes Beispiel für einen solchen Verbund und gleichzeitig einfachstes Modell für z.B. die Beplankung eines Tragflügels, der als typischer Anwendungsfall für eine elastische Kopplung auch später anhand weiterer Modelle untersucht wird, soll ein Laminat mit der Schichtanordnung [±45,α,±45] in bezug auf das Zug-Schubkopplungsverhalten untersucht werden. In den folgenden Diagrammen des Bildes 2.9 ist für die drei Materialien GFK, CFK-T300 und CFK-M40 die Reduzierung der Kopplungseffektivität in Abhängigkeit vom Anteil der ±45°-Schichten an der Gesamtlaminatdicke dargestellt.

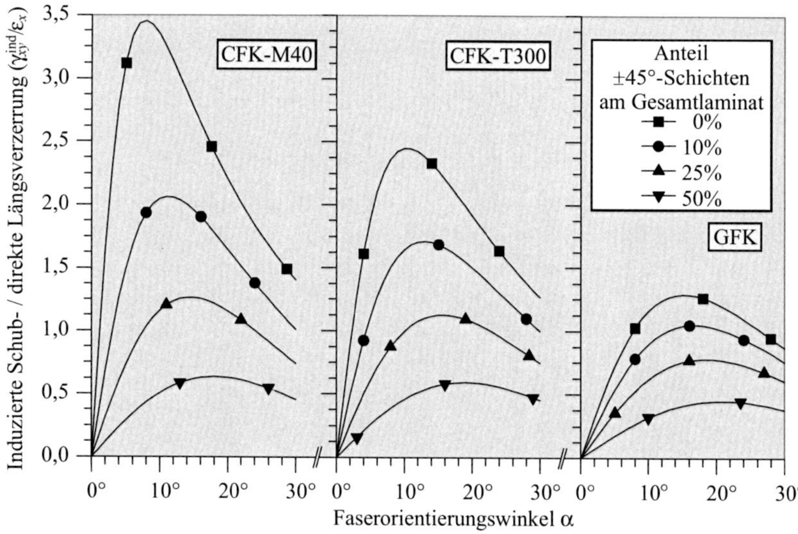

Bild 2.9: Abnahme der relativen Zug-Schubkopplung in einem [±45,α,±45]-Laminat bei steigendem Anteil der ±45°-Schichten für GFK, CFK-T300 und CFK-M40

Wie man aus dem Bild 2.9 ersehen kann, reduziert schon ein 10%iger Anteil an ±45°-Schichten die Effektivität der Biege-Torsionskopplung deutlich, bei einem Anteil von 50% ist die hohe Ausgangskopplung jeweils sehr stark minimiert. Je höher der Anisotropiegrad des betrachteten Materials ist, desto stärker ist dabei der Abfall der Kopplung. Während der Grad der Kopplung eines anisotropen homogenen Laminats je nach Material sehr unterschiedlich ist - die Ergebnisse sind mit denen aus der Betrachtung der anisotropen Einzelschicht im Bild 2.2 identisch -, so liegt er im Falle eines 50%igen Anteils an ±45°-Schichten für die drei betrachteten Materialien auf ähnlichem Niveau. Die Zunahme an schubsteifen Schichten im Verbund macht sich bei einem Material mit niedrigem Verhältnis von E_1 zu G_{12} wie bei GFK hinsichtlich der elastischen Kopplungen nicht so stark bemerkbar, wie bei einem Material mit hohem Verhältnis wie CFK-M40. Darüber hinaus verschiebt sich der Faserwinkel maximaler Kopplung jeweils zu höheren Winkeln, was wiederum, wie im vorherigen Abschnitt beschrieben, zusätzlich Einfluß auf die Biegesteifigkeit hat neben der Reduzierung der Biegesteifigkeit durch den zunehmenden Anteil der ±45°-Schichten an sich.

Die Beplankung eines Tragflügels ist tatsächlich komplexer aufgebaut als im ersten Beispiel modelliert. In einem weiteren Beispiel soll daher eine typische Laminatfamilie untersucht werden, die sogenannten (44/44/11)-Laminate. Diese beim Airbus verwendeten symmetrischen Schichtenverbunde besitzen einen Anteil von 44% 0°- und 45°-Schichten sowie 11% 90°-Schichten. Im folgenden Bild 2.10 ist das Kopplungsverhalten eines solchen Laminats dargestellt bei Variation der Faserorientierung der 0°-Schichten; in Tabelle 2.2 folgt wieder die Auflistung der entsprechenden Ergebnisse.

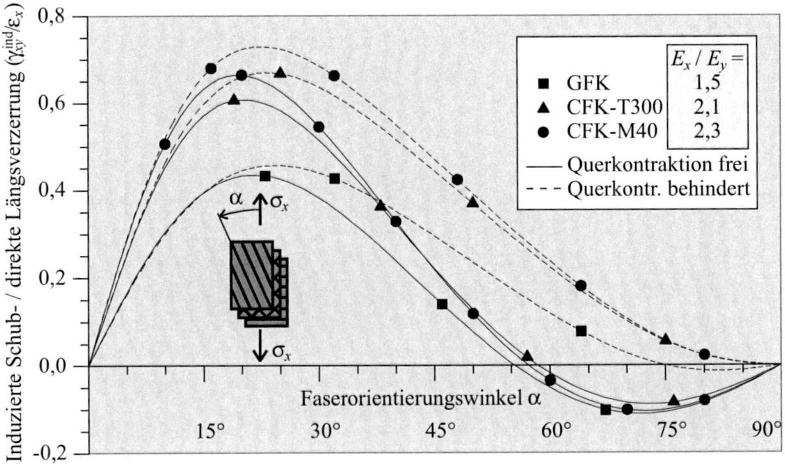

Bild 2.10: Kopplungsverhalten eines (44/44/11)-Laminats aus verschiedenen Faserverbundwerkstoffen bei freier und behinderter Querkontraktion

Die Darstellung und die Randbedingungen wurden gezielt so gewählt, daß ein einfacher Vergleich mit dem Kopplungsverhalten der anisotropen Einzelschicht aus Bild 2.2 möglich ist, und somit der Einfluß der zusätzlichen ±45°- und 90°-Schichten ersichtlich wird. In der Legende ist nun der Anisotropiegrad E_x / E_y des Gesamtverbundes angegeben.

Tabelle 2.2: Maxima der relativen elastischen Kopplung verschiedener Faserverbundwerkstoffe im (44/44/11)-Verbund

	GFK	CFK-T300	CFK-M40	CFK-S75
max. Kopplung [-] bei α bei freier Querkontraktion	0,43 bei 21°	0,61 bei 20°	0,66 bei 19°	0,70 bei 19°
max. Kopplung [-] bei α bei behinderter Querkontr.	0,46 bei 24°	0,67 bei 23°	0,73 bei 22°	0,77 bei 22°
ν_{xy}	0,37	0,42	0,45	0,47
E_x / E_y	1,5	2,1	2,3	2,4
E_x / G_{xy}	3,5	4,0	4,2	4,4

Auffällig ist die deutliche Abnahme des Kopplungspotentials um 65% bis 80% in Bild 2.10 gegenüber Bild 2.2 bzw. in Tabelle 2.2 gegenüber Tabelle 2.1. Die Kopplungsabnahme fällt umso höher aus, je größer der Anisotropiegrad des verwendeten FV-Materials ist. Bei den im Bild wieder nicht dargestellten Ergebnissen des CFK-75S-Verbundes beträgt sie sogar 85%. Im Falle einer freien Querkontraktion ergibt sich nun für alle drei Materialtypen bei hohen Faserorientierungswinkeln ein Bereich negativer Kopplung.

Beide Effekte liegen begründet in den in der Legende und in der Tabelle aufgelisteten niedrigen Modulnverhältnissen E_x / E_y und E_x / G_{xy}, die die Verbundschichtung hervorruft. Ebenso ist im Gegensatz zu den Ergebnissen aus Bild 2.2 ein Unterschied in den Kopplungsmaxima in Abhängigkeit von einer freien oder behinderten Querkontraktion zu erkennen, der jetzt bis zu 10% beträgt. Das durchweg höhere Maximum im Falle einer Querkontraktionsbehinderung hat seine Ursache in dem veränderten Querkontraktionsverhalten des Verbunds aufgrund der nun größeren Querkontraktionszahl ν_{xy} im Vergleich zu ν_{12} der Einzelschicht. Ein Vergleich der Modulnverhältnisse E_x / E_y und E_x / G_{xy} der drei CFK-Laminate relativiert das vermeintlich hohe Kopplungspotential hochmoduliger UD-Schichten. Im Verbund, wie hier am Beispiel eines (44/44/11)-Laminats gezeigt, sorgt der hohe Fasermodul in den ±45°- und 90°-Schichten für entsprechend hohe, die elastische Kopplung störende Steifigkeiten.

Die gezeigten Beispiele verdeutlichen nachhaltig das komplexe Kopplungsverhalten anisotroper Laminate in Abhängigkeit von ihrem Aufbau. Dies bedeutet für die Auslegung anisotroper Laminate einen entsprechenden Aufwand, wenn die elastischen Kopplungen optimal genutzt werden sollen. Durch eine entsprechende Formulierung des Problems als Optimierungsaufgabe kann dies mit Hilfe einfacher Laminatanalyseprogramme mit vertretbarem Zeitaufwand bewältigt werden.

2.2.5 Steigerung der elastischen Kopplung

Aus den Einsichten aus dem vorigen Abschnitt lassen sich Rückschlüsse auf mögliche Verbesserungen der Effektivität der elastischen Kopplungen im Schichtenverbund ziehen. Wie im Abschnitt 2.1.4 gezeigt ist vor allem das Verhältnis von Elastizitätsmodul zu Schubmodul eines Materials entscheidend für das Potential der elastischen Kopplungen. Eine Herabsetzung des Schubmoduls in der die elastische Kopplung verursachenden Schicht minimiert den Widerstand gegen die elastische Kopplung selbst und erhöht somit ihre Effektivität. Hierbei soll an dieser Stelle noch nicht betrachtet werden, wie eine solche Maßnahme in einer besonderen Bauweise umgesetzt werden kann. Darauf wird erst nach der Analyse der einzelnen Effekte eingegangen werden.

Um im Bereich des Flugzeugbaus zu bleiben, wird im folgenden Beispiel in einem (44/44/11)-Laminat der Schubmodul der zu drehenden und somit zur Anisotropie beitragenden 0°-Schicht sukzessive herabgesetzt und dieser Einfluß auf die Effektivität der Zug-Schubkopplung in Bild 2.11 dargestellt. Dabei werden verschiedene weitere Modifikationen des Laminats zusätzlich analysiert, wie eine Reduzierung des Quermoduls um 90% und die Berücksichtigung einer weiteren Schicht für die Simulation zusätzlicher Stringer in Form einer umgerechneten, verschmierten Stringerlängssteifigkeit. Diese Methode der Verschmierung ist durchaus zulässig, sofern das globale Verformungsverhalten untersucht und lokale Effekte nicht näher betrachtet werden sollen.

Während im konventionellen Flugzeugbau - hier ist die homogene bzw. isotrope Blechbauweise gemeint - üblicherweise die Dickenverhältnisse einer verschmierten Stringerschicht zur eigentlichen Haut etwa 60% zu 40% betragen [53], geht man bei der Faserverbundbauweise eher vom umgekehrten Verhältnis aus [54]. Um den Modellierungsaufwand nicht unnötig zu erhöhen, wird im folgenden die verschmierte Stringerschicht als zusätzliche, rein in Stringerorientierung zur Steifigkeit beitragende UD-Schicht idealisiert mit einem Dickenverhältnis der verschmierten Schicht zum übrigen Hautlaminat von 33% zu 67%, um auch der etwas geringeren Steifigkeit der Stringer gegenüber der reinen 0°-Schicht gerecht zu werden. Als dritte Modifikation wurde auch der Einfluß einer Stringerschwenkung untersucht. Hierbei wird die Orientierung der Stringer stets gleich der Orientierung der gedrehten 0°-Schicht gewählt, die Stringer werden also „mitgeschwenkt".

Zu erkennen ist zum ersten, daß durch die Reduzierung des Schubmoduls in der anisotropen Schicht ein Einfluß auf das Kopplungsverhalten gelingt; allerdings ist hierbei die Höhe der Schubmodulreduzierung entscheidend. Eine Reduzierung des Schubmoduls um 50% bringt eine Kopplungserhöhung von nur 8%, eine Reduzierung um 90% eine Erhöhung von immerhin 15%. Zum zweiten zeigen die beiden ersten Modifikationen, daß eine Beachtung einer eventuellen Reduzierung des Quermoduls in der gedrehten 0°-Schicht das relative Kopplungsverhalten ebensowenig beeinflußt, wie die im vorigen Absatz erwähnte zusätzliche Schicht zur Simulation der verschmierten Stringersteifigkeit. Eine entscheidende Verbesserung des Kopplungsverhaltens gelingt nur durch die Umorientierung der Stringersteifigkeit in die Richtung der gedrehten 0°-Schicht. Diese Maßnahme allein erhöht den Grad der relativen Kopplung um 73%, der dann von 90% auf 190% durch eine gleichzeitige Schubmodulreduzierung in der gedrehten 0°-Schicht gesteigert werden kann.

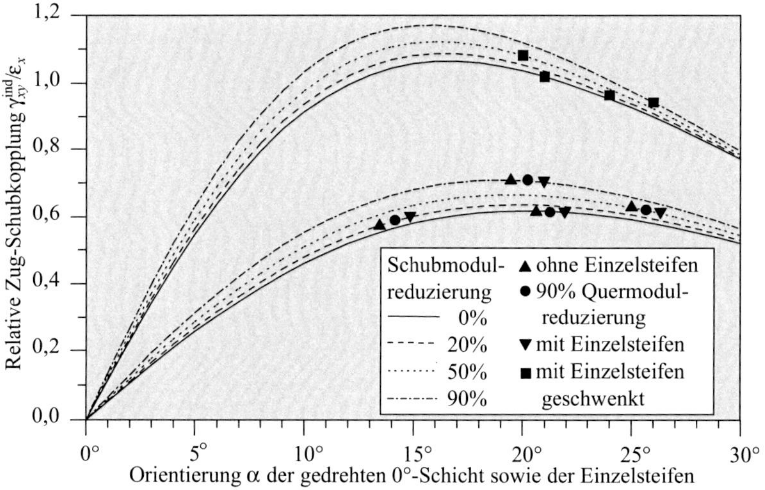

Bild 2.11: Steigerung der relativen Zug-Schubkopplung eines CFK-(44/44/11)-Laminats durch verschiedene Modifikationen unter Berücksichtigung einer Schicht verschmierter Einzelsteifen

Das Ergebnis der Zug-Schubkopplung läßt sich unter bestimmten Voraussetzungen auf das Biege-Torsionskopplungsverhalten eines Tragflügel-Plattenmodells übertragen. Betrachtet man ein Sandwich, dessen Deckhäute aus dem oben beschriebenen Laminat mit verschmierten Einzelsteifen bestehen, und untersucht dessen Biege-Torsionskopplung, so hat die Schichtanordnung ab einem Verhältnis von Plattenhöhe zu Deckhautdicke von 50:1 keinen merklichen Einfluß mehr auf die einzelnen Steifigkeiten der Platte. Aufgrund der Größenverhältnisse sind die Deckhäute quasi homogenisiert, und man erhält den gleichen Effekt, der schon im Abschnitt 2.2.3 bei der Untersuchung des Kopplungsverhaltens einer homogenen Platte aufgetaucht ist, nämlich nicht nur das qualitativ identische sondern auch das quantitativ identische Verhalten von Zug-Schubkopplung und Biege-Torsionskopplung. Das angegebene Verhältnis von 50:1 und größer ist eine realistische Größe im Flugzeugbau und bei den verschiedenen Entwürfen von Faserverbundtragflügeln auch anzutreffen [54].

Um eine solche in sich entkoppelte Struktur auch zu verwirklichen, muß man sich von der bisherigen, von der Laminatbauweise beeinflußten Denkweise entfernen. Ein Beispiel hierfür ist das Innovative Strukturkonzept ISK (Bild 2.12), das bereits in Experimentalträgern realisiert [55] und hinsichtlich seines verbesserten Kopplungspotentials untersucht wurde [56]. Zum Einsatz kommen soll diese Bauweise als Beplankung im Faserverbund-Tragflügel eines Verkehrsflugzeugs der nächsten Generation für ein gezieltes und vor allem effektiveres Aeroelastic Tailoring u.a. zur Verbesserung des Auftriebsverhaltens.

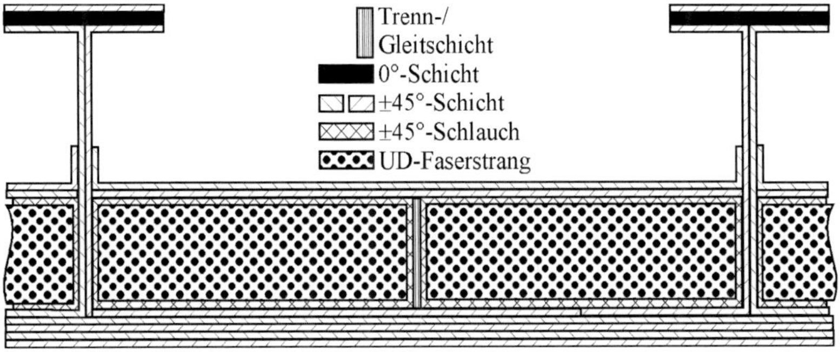

Bild 2.12: Prinzipskizze der Bauweise des Innovativen Strukturkonzepts ISK für die stringerversteifte Beplankung eines Tragflügels [54]

Diese neue Bauweise beinhaltet als Kernstück zwischen ±45°-Schichten liegende, unidirektionale Faserstränge, die mit ±45°-Schläuchen ummantelt und voneinander durch seitliche Gleitschichten getrennt sind, wodurch die Reduzierung des Schubmoduls und im Falle einer Zugbelastung auch des Quermoduls in dieser „UD-Schicht" realisiert wird. Die Stringer sind durch Anbindung ihrer Stringerfüße zwischen den UD-Strängen besser in die Struktur integriert als bei einer herkömmlichen Laminatbauweise, die eine Integration der Stringer nur an ihrer Oberfläche gestattet.

Noch nicht geklärt ist, wie hoch die Reduzierung von Schub- und Quermodul tatsächlich in der vorgeschlagenen Bauweise ausfällt, inwieweit also die seitlichen Gleitschichten eine Entkopplung der UD-Stränge realisieren können bzw. wie breit die einzelnen UD-Strangzellen sein müssen oder dürfen. Es konnte aber bereits gezeigt werden, daß eine Reduzierung der Moduln vor allem der bewußt gewollten fasergerechten Bauweise durch Erhöhung der Faseranstrengungen und Reduzierung der Anstrengungen quer zur Faserrichtung in allen Schichten [54] dienlich ist. Die Stringerschwenkung erfolgt automatisch bei der Umorientierung der UD-Stränge in der Struktur. Fertigungstechnische Probleme und auch solche hinsichtlich der detaillierten Auslegung eines Tragflügels sind noch nicht gelöst, sollen an dieser Stelle daher auch nicht diskutiert werden. Eine prinzipielle Untersuchung der Auswirkung der neuen Bauweise mit Hilfe der FE-Methode erfolgt im nächsten Abschnitt.

2.3 Der biege-torsionsgekoppelte Tragflügel

Obwohl Kapitel 2 ausschließlich den anisotropen Laminaten gewidmet ist, soll in diesem Abschnitt ein konkretes Anwendungsbeispiel angeführt werden. Dieses geht auf die im vorigen Abschnitt untersuchten besonderen Laminatschichtungen aus dem Bereich des Flugzeugbaus ein und beurteilt sie als Bestandteil eines kompletten Tragflügelkastens hinsichtlich der Steigerung der elastischen Kopplung.

2.3.1 Numerische Untersuchung des Aeroelastic Tailoring eines CFK-Tragflügels

Wie schon in der Einleitung erwähnt ist das Aeroelastic Tailoring eines Tragflügels hinsichtlich eines besseren Auftriebsverhaltens ein typischer Anwendungsfall für das gezielte Einsetzen der anisotropen Bauweise und Nutzung der elastischen Kopplung im Flugzeugbau. Das Grundprinzip des Aeroelastic Tailoring wurde schon in Bild 1.1 dargelegt. Da die resultierende Auftriebsverteilung entlang der Spannweite nicht im Schubmittelpunkt angreift, und darüber hinaus eine Flügelpfeilung ebenso zu einer zusätzlichen Verdrehung des Tragflügels sorgt, verschlechtert sich das Auftriebsverhalten des Tragflügels zur Tragflügelspitze hin.

Diesem kann entgegengewirkt werden, wenn in der Tragflügelstruktur eine Biege-Torsionskopplung durch Drehen der Hauptsteifigkeitsrichtung induziert wird, die die Verdrehung der Tragflügelspitze kompensiert, und somit im idealen Fall für ein Durchbiegen des Tragflügels ohne Veränderung des Anstellwinkels sorgt. Auch bei einem ungepfeilten Tragflügel wird wegen des Versatzes des Angriffspunkts der Auftriebsresultierenden zum Schubmittelpunkt des Tragflügelquerschnitts ein Torsionsmoment induziert.

Mit Hilfe der FE-Methode unter Verwendung des Programms ANSYS® wurde das statische Verformungsverhalten des CFK-Tragflügels eines 100sitziges Passagierflugzeugs in Abhängigkeit von seinem unterschiedlichen anisotropen Lagenaufbau und somit die Auswirkungen des Aeroelastic Tailoring untersucht [54] [56]. Die Dimensionen des Tragflügels können dem Grundriß in Bild 2.13 entnommen werden. Das FE-Modell des Tragkastens mitsamt den Einspann- und Lastbedingungen ist in Bild 2.14 dargestellt.

Im Rahmen der Untersuchungen wurde ein konkreter Vergleich der beiden im vorangegangenen Abschnitt erläuterten Bauweisen in der Tragflügelbeplankung angestellt, zum einen das stringerversteifte (44/44/11)-Laminat und zum anderen das ISK. In Bild 2.15 ist die Verdrehung und die Durchbiegung der Flügelspitze in Abhängigkeit der Orientierung der gedrehten 0°-Schichten im (44/44/11)-Laminat bzw. der UD-Stränge beim ISK dargestellt. Beim (44/44/11)-Laminat wird zusätzlich unterschieden zwischen der Bauweise mit und ohne Stringerschwenkung entsprechend der Orientierung der gedrehten 0°-Schichten.

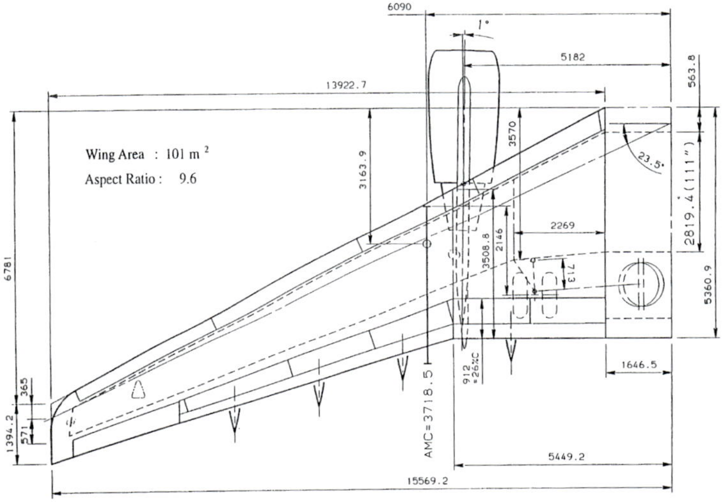

Bild 2.13: Grundriß des Tragflügels eines 100sitzigen Verkehrsflugzeugs [54] [56]

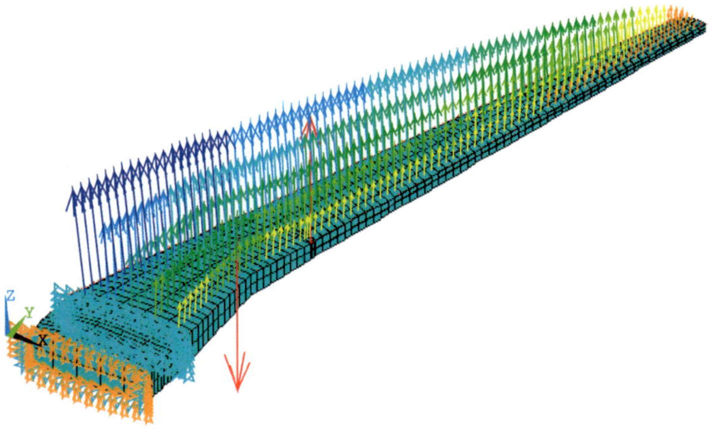

Bild 2.14: FE-Modell des Tragkastens eines 100sitzigen Verkehrsflugzeugs [54] [56]

Deutlich ist das Kopplungsverhalten zwischen Biegung und Torsion bei der Umorientierung der 0°-Schichten bzw. der UD-Stränge zu erkennen. Im Ausgangszustand, d.h. ohne elastische Kopplung, verdreht sich die Flügelspitze um etwa -1.1°. Ziel des Aeroelastic Tailoring ist es nun, diese Verdrehung durch Erzeugung einer entgegengerichteten Biege-Torsionskopplung zu kompensieren.

Hierzu muß beim ISK und beim (44/44/11)-Laminat mit Stringerschwenkung ein Herausdrehen der UD-Stränge bzw. der 0°-Schichten um etwa 7° erfolgen. Die maximal mögliche Kopplung erzeugt ein Zurückdrehen der Tragflügelspitze von bis zu 1.8°. Durch Drehen der 0°-Schichten im (44/44/11)-Laminat ohne gleichzeitiges Stringerschwenken ist ein Zurückdrehen der Tragflügelspitze auf 0° nicht ganz möglich, und hierfür ist eine Orientierung der 0°-Schichten von 18° nötig.

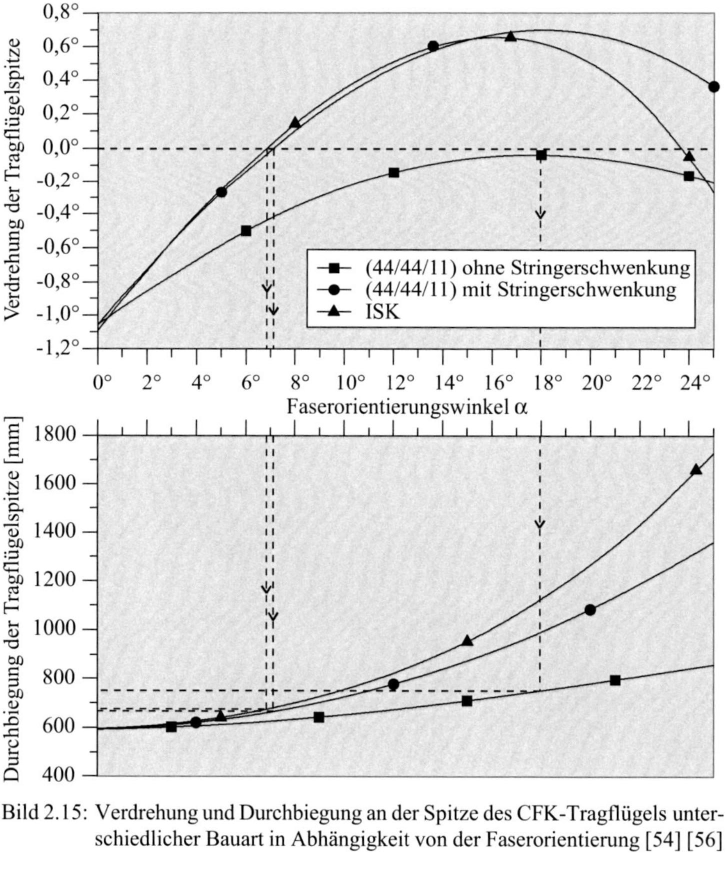

Bild 2.15: Verdrehung und Durchbiegung an der Spitze des CFK-Tragflügels unterschiedlicher Bauart in Abhängigkeit von der Faserorientierung [54] [56]

Liest man aus dem Diagramm in Bild 2.15 die jeweils entsprechende Durchbiegung der Flügelspitze ab, so erkennt man, daß sich beim ISK und (44/44/11)-Laminat mit Stringerschwenkung die Durchbiegung von 590mm auf 660mm erhöht, die Biegesteifigkeit also um 11% durch das Herausdrehen der 0°-Schichten abnimmt. Beim (44/44/11)-Laminat ohne Stringerschwenkung nimmt die Biegesteifigkeit bei maximaler Biege-Torsionskopplung sogar um 25% ab.

Der Aspekt der erreichbaren Tragflügelverdrehungen ist wichtig für die Bewertung der unterschiedlichen Strukturkonzepte und bestätigt die bereits im vorangegangenen Abschnitt durch theoretische Überlegungen hergeleitete Aussage, daß letztendlich das Mitschwenken der Stringer wegen ihres hohen Anteils an der Gesamtsteifigkeit einen entscheidenden Einfluß auf die Steigerung der elastischen Kopplung hat. Beide Bauweisen haben etwa die gleiche Wirkung auf das Strukturverhalten hinsichtlich der Kompensation der Tragflügelspitzenverdrehung durch die elastische Biege-Torsionskopplung, wenn die Stringer zusätzlich mitgeschwenkt werden. Der entscheidende Vorteil der Bauweise nach dem ISK gegenüber der Laminatbauweise ist der des niedrigeren Gewichts durch die konsequent fasergerechte Auslegung der Struktur [54] [56].

2.3.2 Betrachtungen am analytischen Plattenmodell

Bisher wurden in den Ausführungen auch aufgrund der Definition der relativen elastischen Kopplung ausschließlich die Nachgiebigkeiten betrachtet. Das vorangegangene numerische Beispiel hat u.a. auch die Reduzierung der Biegesteifigkeit herausgestellt. Um dies abschließend noch etwas eingehender zu studieren soll in diesem Abschnitt generell die Möglichkeit der analytischen Betrachtung einer komplexen Tragflügelstruktur durch die Reduzierung auf eine einfaches analytisches Modell demonstriert und diskutiert werden.

In der nachfolgenden analytischen Betrachtung wird das Problem auf eine einseitig eingespannte, gerade Platte reduziert, wie es auch in ähnlicher Weise bei Weisshaar in [13] zu finden ist. Am freien Ende ist sie mit einer aus der Auftriebsbelastung resultierenden Einzellast F_Q und einem aus der Flügelpfeilung Λ und dem Versatz des Querkraftangriffspunkts zum Schubmittelpunkt resultierenden Torsionsmoment M_T belastet.

Als Ausgangspunkt wird die klassische Platten- und Laminattheorie gewählt mit einem für diesen Fall vereinfachten Materialgesetz der geschichteten Platte (2.19):

$$\begin{Bmatrix} m_x \\ m_{xy} \end{Bmatrix} = \begin{bmatrix} D_{11} & D_{13} \\ D_{13} & D_{33} \end{bmatrix} \begin{Bmatrix} \kappa_x \\ \kappa_{xy} \end{Bmatrix} \tag{2.26}$$

Bei einer einseitig fest eingespannten, anisotropen und schubsteifen Platte der Länge l und Breite b, die am freien Ende durch eine Querkraft F_Q sowie ein Torsionsmoment M_T belastet wird, ergibt sich mit den bekannten Abkürzungen und Umformungen der Zusammenhang zwischen äußerer Belastung und der Durchbiegung w und Verdrehung φ der Platte gemäß der Elementaren Technischen Biegetheorie (ETB):

$$\begin{Bmatrix} F_Q(x-l) \\ -\dfrac{M_T}{2} \end{Bmatrix} = b \begin{bmatrix} D_{11} & D_{13} \\ D_{13} & D_{33} \end{bmatrix} \begin{Bmatrix} -w''(x) \\ -2\varphi'(x) \end{Bmatrix} \tag{2.27}$$

Durch Auflösung des Gleichungssystems und Integration unter Beachtung der entsprechenden Randbedingungen $w(x=0) = w'(x=0) = w''(x=0) = 0$ und $\varphi(x=0) = \varphi'(x=0) = 0$ erhält man zusammengefaßt für die Verformungen am freien Ende der Platte in Abhängigkeit von der Belastung:

$$w(l) = \frac{F_Q \dfrac{D_{33}\, l^3}{3} - M_T \dfrac{D_{13}\, l^2}{4}}{b\,(D_{11} D_{33} - D_{13}^2)} \tag{2.28}$$

sowie

$$\varphi(l) = \frac{-F_Q \dfrac{D_{13}\, l^2}{4} + M_T \dfrac{D_{11}\, l}{4}}{b\,(D_{11} D_{33} - D_{13}^2)} \tag{2.29}$$

Aufgelöst nach den äußeren Belastungen ergibt sich in matrizieller Schreibweise [57]:

$$\begin{Bmatrix} F_Q \\ M_T \end{Bmatrix} = \begin{bmatrix} C_F & C_{FM} \\ C_{FM} & C_M \end{bmatrix} \begin{Bmatrix} w(l) \\ \varphi(l) \end{Bmatrix} = \frac{4b(D_{11} D_{33} - D_{13}^2)}{l\,(4D_{11} D_{33} - 3D_{13}^2)} \begin{bmatrix} \dfrac{3D_{11}}{l^2} & \dfrac{3D_{13}}{l} \\ \dfrac{3D_{13}}{l} & 4D_{33} \end{bmatrix} \begin{Bmatrix} w(l) \\ \varphi(l) \end{Bmatrix} \tag{2.30}$$

Ausgehend von den bekannten Zusammenhängen aus der ETB:

$$F_Q = \frac{3\,EI}{l^3}\, w(l) \;; \quad M_T = \frac{GI_T}{l}\, \varphi(l) \tag{2.31}$$

lassen sich die Biege- und Torsionssteifigkeit der anisotropen Platte aus dem Koppelgesetz (2.30) leicht ermitteln in der Form:

$$EI = C_F \frac{l^3}{3} = b\, D_{11} \frac{D_{11} D_{33} - D_{13}^2}{D_{11} D_{33} - 0.75\, D_{13}^2} \tag{2.32}$$

$$GI_T = C_M\, l = 4\, b\, D_{33} \frac{D_{11} D_{33} - D_{13}^2}{D_{11} D_{33} - 0.75\, D_{13}^2} \tag{2.33}$$

Definiert man durch entsprechende Überlegungen die Koppelsteifigkeit K_{QT} in der Form:

$$F_Q = \frac{2\,K_{QT}}{l^2}\,\varphi(l) \quad \text{bzw.} \quad M_T = \frac{2\,K_{QT}}{l^2}\,w(l) \tag{2.34}$$

so erhält man für diese ebenso einfach:

$$K_{QT} = C_{FM}\,\frac{2\,l^2}{3} = 2\,b\,D_{13}\,\frac{D_{11}\,D_{33} - D_{13}^2}{D_{11}\,D_{33} - 0.75\,D_{13}^2} \tag{2.35}$$

Zu erkennen ist, daß die Steifigkeiten EI, GI_T und K_{QT} nicht nur direkt von ihren korrespondierenden Plattensteifigkeiten D_{11}, D_{33} und D_{13} abhängen, sondern auch von einem zusätzlichen Faktor, in den alle Plattensteifigkeiten eingehen. Dieser hat für $D_{13} = 0$ den Wert 1 und nimmt mit steigendem D_{13} immer kleinere Werte an. Er trägt somit der zusätzlichen Reduzierung der jeweiligen Steifigkeit aufgrund der gegenseitigen, kopplungsbedingten Beeinflussung der Steifigkeiten Rechnung. Dieser Faktor wird im folgenden als Kopplungsparameter ψ bezeichnet und soll für die vier bisher betrachteten Faserverbundwerkstoffe explizit ermittelt werden.

Um einen von den geometrischen Verhältnissen unabhängigen Kopplungsparameter zu erhalten, der eine objektive Beurteilung des steifigkeitsmindernden Einflusses durch die material-elastische Kopplung eines Faserverbundmaterials zuläßt, werden anstelle der Plattensteifigkeiten D_{ij} in (2.35) die Steifigkeiten der beliebig gerichteten Einzelschicht C_{ij} eingesetzt. Somit ist ψ nur noch abhängig vom gewählten Faserverbundmaterial. Dies ist gleichbedeutend mit der Betrachtung homogener Platten gleicher Dicke mit unterschiedlichen Faserorientierungen wie in Bild 2.3. Für den Kopplungsparameter ψ ergibt sich somit:

$$\psi = \frac{C_{11}\,C_{33} - C_{13}^2}{C_{11}\,C_{33} - 0.75\,C_{13}^2} \tag{2.36}$$

Das in (2.26) verwendete vereinfachte Elastizitätsgesetz als Ausgangspunkt der hier angeführten Betrachtungen gilt streng genommen nur unter den Randbedingungen $m_y = 0$ und $\kappa_y = 0$, somit also nur unter der Voraussetzung einer vollständigen Querkrümmungsbehinderung. Kann sich die Querkrümmung in der Platte - respektive die Querkontraktion in der Einzelschicht - frei ausbilden, müssen anstelle der C_{ij} in (2.36) ihre korrespondierenden reduzierten Steifigkeiten - im folgenden bezeichnet als C_{ij}^* - eingesetzt werden. Der Kopplungsparameter ψ^* bei freier Querkontraktion lautet somit:

$$\psi^* = \frac{C_{11}^*\,C_{33}^* - C_{13}^{*2}}{C_{11}^*\,C_{33}^* - 0.75\,C_{13}^{*2}} \tag{2.37}$$

Die reduzierten Steifigkeiten C_{ij}^* sind gemäß [48] gegeben zu:

$$C_{11}^{*} = C_{11} - \frac{C_{12}^{2}}{C_{22}} \quad ; \quad C_{33}^{*} = C_{33} - \frac{C_{23}^{2}}{C_{22}} \quad ; \quad C_{13}^{*} = C_{13} - \frac{C_{12}\,C_{23}}{C_{22}} \tag{2.38}$$

Im folgenden Diagramm des Bilds 2.16 sind die beiden Kopplungsparameter ψ und ψ^{*} in Abhängigkeit von der Orientierung der beliebig gerichteten Einzelschicht für alle vier Faserverbundmaterialien GFK, CFK-T300, CFK-M40 und CFK-75S mit ihren Materialkennwerten aus Tabelle 2.1 dargestellt.

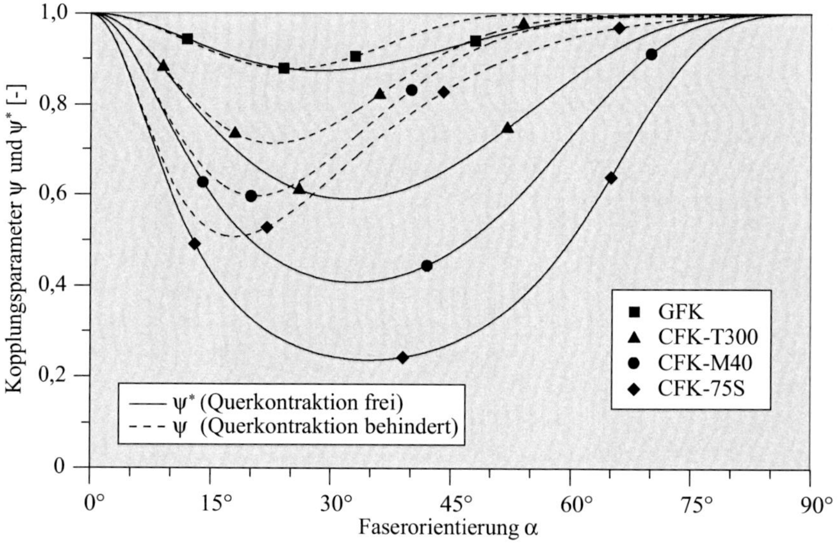

Bild 2.16: Steifigkeitsmindernder Kopplungsparameter in Abhängigkeit von der Faserorientierung in der beliebig gerichteten Einzelschicht für vier verschiedene Faserverbundmaterialien für den Fall freier und behinderter Querkontraktion

Erwartungsgemäß fällt der steifigkeitsmindernde Einfluß für Faserverbundmaterialien mit steigendem Anisotropiegrad des Faserverbundmaterials höher aus. Im Falle von CFK-75S kann er bei entsprechender Faserorientierung bis zu 80% betragen. Somit wird deutlich, daß eine Analyse der elastischen Kopplung allein anhand der betreffenden Koppelsteifigkeit - in diesem Fall C_{13} - zu keinen aussagekräftigen Ergebnissen führt. Diese Aussage kann wegen der bereits untersuchten Zusammenhänge zwischen der elastischen Kopplung der beliebig gerichteten Einzelschicht und denen der geschichteten Platte auch auf letztere ausgeweitet werden.

Der Einfluß einer Querkontraktionsbehinderung fällt allgemein sehr hoch aus und steigt auch hier mit dem Anisotropiegrad des Faserverbundwerkstoffes. Wie zu erwarten war, verringern sich somit die Steifigkeiten durch die elastische Kopplung bei dem steifigkeitserhöhenden Effekt der behinderten Querkontraktion weniger als bei freier Querkontraktion.

Zu den Ergebnissen aus Bild 2.16 muß einschränkend angemerkt werden, daß der steifigkeitsmindernde Kopplungsparameter hier nur für den betrachteten Lastfall der Querkraftbiegung und eines konstanten Torsionsmoments ermittelt wurde. Qualitativ ist jedoch die Grundtendenz des mindernden Einflusses der elastischen Kopplung auf die Steifigkeiten auf jeden anderen Belastungsfall übertragbar. Der Kopplungsparameter, der hier auf eine reine Werkstoffabhängigkeit reduziert wurde, kann auch unter Einbeziehung der geometrischen Größen durch Berücksichtigung der Plattensteifigkeiten - statt der Steifigkeiten der Einzelschicht - für jeden gewählten Laminataufbau der geschichteten Platte explizit ermittelt werden und ermöglicht so weitere parametrische Untersuchungen.

2.4 Zusammenfassung zu den elastischen Kopplungen anisotroper Laminate

Aus den umfangreichen und detaillierten Ergebnissen des Kapitels 2 soll an dieser Stelle eine Zusammenfassung der wichtigsten Erkenntnisse das Kapitel beschließen. Diese sollen auch gleichzeitig als Hinweise zur Analyse und Auslegung anisotroper Schichtverbunde verstanden werden.

- Für eine Beurteilung des Kopplungsverhaltens anisotroper Laminate empfiehlt sich die Definition einer relativen elastischen Kopplung, die die induzierte gekoppelte Verformung ins Verhältnis zur direkten Verformung setzt, was gleichbedeutend dem Bezug der entsprechenden Nachgiebigkeiten zueinander ist. Durch das Miteinbeziehen der direkten Verformungen kann die elastische Kopplung effektiver beurteilt werden, da die gekoppelte Verformung nicht losgelöst von der durch die Belastung hervorgerufenen direkten Verformung betrachtet werden darf.

- Aus den Betrachtungen an der beliebig gerichteten unidirektionalen Einzelschicht zeigt sich, daß bei Verwendung hochmoduliger Fasertypen, wie CFK-M40 oder CFK-75S auch entsprechend hohe elastische Zug-Schubkopplungen auftreten können. Als bestimmende Größe hat sich hier nicht direkt der Anisotropiegrad sondern vielmehr das Verhältnis von Elastizitätsmodul in Faserrichtung zu Schubmodul der unidirektionalen Einzelschicht herausgestellt.

- Beim anisotropen Laminat kann zwischen einer material-elastischen und einer geometrie-elastischen Kopplung unterschieden werden. Erstere wird allein durch die elastische Kopplung in den Einzelschichten erzeugt, wie zum Beispiel die Zug-Schubkopplung der anisotropen Scheibe und die Biege-Torsionskopplung der anisotropen Platte, die beide aus dieser elastischen Grundkopplung der Einzelschicht direkt abgeleitet werden können. Die geometrie-elastische Kopplung wie z.B. eine Zug-Torsionskopplung verknüpft das Scheibenproblem mit dem Plattenproblem und hängt sehr stark von dem Lagenaufbau des anisotropen Laminats ab.

- Im Verbund mit den elastischen Kopplungen entgegenwirkenden Schichten vermindern sich die induzierten gekoppelten Verformungen und somit die relative elastische Kopplung signifikant. Der Einfluß steigt hierbei mit dem Anisotropiegrad des verwendeten Faserverbundmaterials stark an. Bei einer für den Flugzeugbau typischen Laminatschichtung mit 44% 0°- und ±45°-Schichten sowie 11% 90°-Schichten ist ein Unterschied in der relativen elastischen Kopplung zwischen den Materialtypen CFK-T300, CFK-M40 und CFK-75S im Falle einer Drehung der 0°-Schichten im Gegensatz zur beliebig gerichteten Einzelschicht nur schwach ausgeprägt. Es zeigt sich, daß wie bei der beliebig gerichteten Einzelschicht das Verhältnis von Elastizitätsmodul zu Schubmodul, das wegen des hohen Elastizitätsmoduls in Faserrichtung bei hochmoduligeren Fasertypen entsprechend hohe Schubsteifigkeiten im Falle einer Orientierung in 45°-Richtung erzeugt, der maßgebende Einflußfaktor ist.

- Eine Steigerung der elastischen Kopplung ist möglich, wenn gezielt das bestimmende Verhältnis zwischen Elastizitätsmodul und Schubmodul gesteigert wird. Dies kann durch konstruktive Maßnahmen erreicht werden, die den Schubmodul der zur Kopplung beitragenden anisotropen Einzelschichten verringert. Ein konkretes Beispiel aus dem Flugzeugbau zeigt anhand des unterschiedlichen Aufbaus der Beplankung eines Tragflügels das Potential der Steigerung des Aeroelastic Tailoring.

- Die Abnahme der Dehn- bzw. Biegesteifigkeit sowie der Koppelsteifigkeiten einer anisotropen Platte ist nicht nur geprägt von der Orientierung der Faserlagen aus der Hauptsteifigkeitsrichtung hinaus, sondern durch einen zusätzlichen, vom Lastfall abhängigen, steifigkeitsmindernden Kopplungsparameter, der mit steigendem Anisotropiegrad deutlich an Einfluß gewinnt. Eine Analyse der elastischen Kopplungen sollte daher unter keinen Umständen nur anhand der Betrachtung der sich mit der Faserorientierung ändernden Steifigkeiten durchgeführt werden.

- Bei der vergleichenden Betrachtung zwischen einer freien und behinderten Querkontraktion bzw. -krümmung bei auftretenden elastischen Kopplungen fällt der zum Teil deutliche Unterschied im Strukturverhalten auf, der eine Vernachlässigung der Effekte quer zur Belastungsrichtung generell und insbesondere bei den später zu betrachtenden anisotropen dünnwandigen Faserverbundbalken nicht empfiehlt.

3 Anisotrope Platten mit integrierten piezoelektrischen Aktoren

Bisher wurde bei den Betrachtungen zu den elastischen Kopplungen das Materialgesetz der geschichteten Platte nur unter dem Aspekt einer mechanischen Belastung betrachtet. In diesem Abschnitt soll es erweitert werden um den Fall der Integration von aktiven Schichten, wie zum Beispiel piezoelektrischen Schichten, die bei Anlegung einer elektrischen Spannung Dehnungen im Bauteil hervorrufen [58].

3.1 Piezoelektrische Aktoren

3.1.1 Der piezoelektrische Effekt

Entdeckt wurde der sogenannte direkte piezoelektrische Effekt von den Gebrüdern *Jacques* und *Pierre Curie* im Jahre 1880 anhand von Experimenten an Einkristallen. Sie konnten Oberflächenladungen an präparierten Turmalinkristallen nachweisen, die mechanisch belastet wurden. Den umgekehrten, sogenannten indirekten piezoelektrischen Effekt wiesen sie ein Jahr später nach, aber erst, als er von *Lippmann* aufgrund seiner mathematischen Untersuchungen auf der Basis thermodynamischer Betrachtungen vorhergesagt worden war. Der Erste Weltkrieg bescherte die erste technische Anwendung in Form von Unterwassersonaren. Interessant wurde die Technologie in den 40er Jahren, als bestimmte Keramiken mit piezoelektrischen Eigenschaften entwickelt wurden, mit denen deutlich größere Verformungen realisiert werden konnten als mit den natürlichen Quarz-Materialien. Bis zum heutigen Zeitpunkt sind unzählige Anwendungen für die Praxis entwickelt worden. Im Zusammenhang mit den sogenannten adaptiven Strukturen erlangen piezoelektrische Sensoren und Aktoren zur Zeit erneut einen deutlichen Entwicklungsschub.

Das Spektrum piezoelektrischer Werkstoffe ist mittlerweile breit gefächert. Neben den Kristallen sind sowohl Keramiken mit angepaßten Materialeigenschaften entwickelt worden als auch entsprechende Kunststoffe. Bei den Keramiken ist der meistverwendete Typ ein Blei-Zirkonat-Titanat (PZT). Das Grundprinzip der Piezoelektrizität beruht darauf, daß sich in diesen Materialien mittels eines angelegten hohen elektrischen Feldes (mehrere kV/mm) bei einer bestimmten Temperatur elektrische Dipole ausrichten lassen, die für eine Polarisation des Materials sorgen. Oberhalb der Curie-Temperatur, die typischerweise zwischen 250°C und 300°C liegt, verlieren die Materialien allerdings wieder ihre piezoelektrische Eigenschaft - die Polarisation ist remanent -, so daß ihr Temperatur-Einsatzspektrum begrenzt ist. Wegen der Analogie zum Ferromagnetismus werden diese Materialien auch als ferroelektrische Werkstoffe bezeichnet.

Ein solchermaßen polarisiertes und nun aktives Material vermag sich beim Anlegen eines elektrischen Felds, das im Falle piezoelektrischer Keramiken typischerweise etwa 1 bis 2kV/mm beträgt, sowohl in Polarisationsrichtung als auch senkrecht dazu je nach Feldrichtung auszudehnen oder zu kontrahieren. Speziell Piezokeramiken können in fast beliebiger geometrischer Form hergestellt werden, was eine große Palette von Anwendungen dieser Aktoren ermöglicht.

3.1.2 Aktor- und Sensorgleichung

Das piezoelektrische Material ist ein sogenanntes Dielektrikum, und der direkte piezoelektrische Effekt wird mit folgendem Materialgesetz beschrieben:

$$\{D_{el}\} = [e]\{\varepsilon\}_1 + \varepsilon_0[\varepsilon_r]\{E_{el}\} \tag{3.1}$$

Der bekannte Zusammenhang zwischen dem Vektor der Verschiebungsdichte $\{D_{el}\}$ und dem der elektrischen Feldstärke $\{E_{el}\}$ über die Permittivität, bestehend aus dem Produkt der Matrix der Permittivitätszahlen $[\varepsilon_r]$ und der Dielektrizitätskonstante ε_0, wird hierbei erweitert um den Term der Matrix der piezoelektrischen Spannungskonstanten $[e]$ multipliziert mit dem Vektor der mechanischen Dehnungen $\{\varepsilon\}_1$. Die Permittivitätszahl von piezoelektrischen Stoffen ist aufgrund ihrer hohen isolatorischen Wirkung mit bis zu $\varepsilon_r \approx 3800$ sehr groß (für Luft und Vakuum gilt $\varepsilon_r = 1$).

Die Gleichung (3.1) wird als direkte piezoelektrische Gleichung oder Sensorgleichung bezeichnet. Auf diese soll im folgenden nicht näher eingegangen werden. Wichtiger im Rahmen der hier präsentierten Untersuchungen ist der inverse piezoelektrische Effekt, der sich einstellt, wenn ein elektrisches Feld angelegt wird, das Dehnungen erzeugt. Die inverse piezoelektrische Gleichung, auch Aktorgleichung genannt, lautet:

$$\{\varepsilon\}_1 = [d]\{E_{el}\} + [\overline{C}_p]\{\sigma\}_1 \tag{3.2}$$

Ausgeschrieben ergibt sich:

$$\begin{Bmatrix} \varepsilon_1 \\ \varepsilon_2 \\ \varepsilon_3 \\ \gamma_{23} \\ \gamma_{13} \\ \gamma_{12} \end{Bmatrix} = \begin{bmatrix} 0 & 0 & d_{31} \\ 0 & 0 & d_{31} \\ 0 & 0 & d_{33} \\ 0 & d_{15} & 0 \\ d_{15} & 0 & 0 \\ 0 & 0 & 0 \end{bmatrix} \begin{Bmatrix} E_{el_1} \\ E_{el_2} \\ E_{el_3} \end{Bmatrix} + \begin{bmatrix} \overline{C}_{p11} & \overline{C}_{p12} & \overline{C}_{p13} & 0 & 0 & 0 \\ \overline{C}_{p12} & \overline{C}_{p11} & \overline{C}_{p13} & 0 & 0 & 0 \\ \overline{C}_{p13} & \overline{C}_{p13} & \overline{C}_{p33} & 0 & 0 & 0 \\ 0 & 0 & 0 & \overline{C}_{p55} & 0 & 0 \\ 0 & 0 & 0 & 0 & \overline{C}_{p55} & 0 \\ 0 & 0 & 0 & 0 & 0 & \overline{C}_{p66} \end{bmatrix} \begin{Bmatrix} \sigma_1 \\ \sigma_2 \\ \sigma_3 \\ \tau_{23} \\ \tau_{13} \\ \tau_{12} \end{Bmatrix} \tag{3.3}$$

Die Definitionen der Koordinatenachsen sind dem Bild 3.1 zu entnehmen. Die Achsrichtung 3 entspricht hierbei der Polarisationsrichtung des Materials. In (3.3) repräsentiert die Matrix der piezoelektrischen Ladungskonstanten $[d]$ das Verhältnis zwischen den erzeugten Dehnungen und dem angelegten elektrischen Feld. Im folgenden werden sie nur noch abgekürzt als d-Konstanten bezeichnet. Der induzierte Verzerrungszustand kann in einen äquivalenten mechanischen Spannungszustand umgerechnet werden. Die Auflösung von (3.2) nach den Spannungen ergibt:

$$\{\sigma\}_1 = [C_p]\{\varepsilon\}_1 - [C_p][d]\{E_{el}\} \tag{3.4}$$

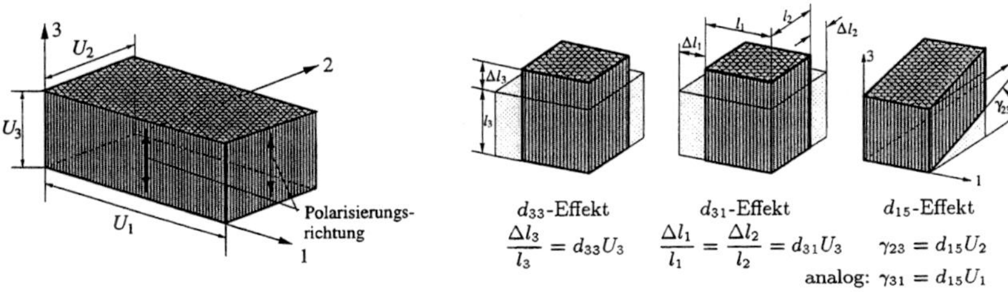

Bild 3.1: Definitionen zum piezoelektrischen Materialgesetz und piezoelektrische Effekte [59]

3.1.3 Piezoaktorenkonzepte

Die Polarisationsrichtung liegt bei handelsüblichen piezoelektrischen Schichten in Dickenrichtung, so daß sich - mit Blick auf das Materialgesetz (3.3) und Bild 3.1 - das Material transversal isotrop, also isotrop in der 12-Ebene senkrecht zur Polarisationsrichtung verhält. Wird das elektrische Feld zwischen Ober- und Unterseite angelegt, also in Polarisationsrichtung, so können zwei verschiedene Verformungseffekte erzeugt werden (Bild 3.1). Zum einen der sogenannte d_{33}-Effekt, der eine Ausdehnung in Dickenrichtung verursacht, zum anderen der d_{31}-Effekt, der eine Ausdehnung in der Schichtebene verursacht. Der d_{31}-Effekt wird bei piezokeramischen Schichtaktoren technisch ausgenutzt, wie sie in dieser Arbeit betrachtet werden sollen. Stapelaktoren, die den d_{33}-Effekt ausnutzen, werden hier nicht berücksichtigt, da sich ihr Einsatz in dünnwandigen Bauteilen nicht anbietet. Somit wird im folgenden davon ausgegangen, daß die betrachteten Schichtaktoren jeweils als homogene Schicht in einer dünnwandigen Struktur integriert oder auf ihr aufgebracht sind. Das umgebende Faserverbund- oder einfach nur Trägerlaminat wird auch als Substrat bezeichnet.

Die Isotropie des Materials in der Schichtebene sowie die zweidimensionale Aktuation in der Ebene der Schicht birgt auch Nachteile, wie im weiteren Verlauf gezeigt wird. Eine orthotrope Aktuation, also die Ausnutzung des vollen d_{31}-Effekts hauptsächlich in einer und hierbei beliebigen Richtung in der Schichtebene, kann daher im Hinblick auf eine gezielte Ausnutzung der Anisotropie der Trägerstruktur oder hinsichtlich der direkten Induzierung einer Verformung sinnvoller sein, was mit isotropen Aktoren nicht zu realisieren ist. Diese Orthotropie kann zum Beispiel erreicht werden, indem die piezokeramische Schicht in Streifen geschnitten wird, die nebeneinander angeordnet werden. Eine solche aktive Schicht ist somit quer zur Streifenrichtung quasi entkoppelt. Diese Verfahrensweise wird als DAP-Methode (Directionally Attached Piezoelectric Elements) bezeichnet und bereits erfolgreich eingesetzt [39].

Eine weitere Möglichkeit orthotroper Aktuation ist der Einsatz von piezokeramischen, runden oder auch quadratischen Fasern, die in einem Matrixsystem gebettet und als aktive Schicht in der Struktur integriert sind. Die Entwicklung von piezokeramischen Fasern ist letztendlich die professionelle Umsetzung eines orthotropen Aktorenkonzepts, das jedoch zur Zeit noch keine Marktreife erlangt hat. Festhalten kann man an dieser Stelle, daß aufgrund eines Faservolumenanteils von 40% bis 60% der Anteil an aktivem Material in dieser Schicht geringer ausfällt, und das Aktuationspotential somit niedriger liegt als z.B. bei der DAP-Methode, wenn man den gleichen Piezokeramiktyp und das gleiche Aktuationsprinzip zu Grunde legt.

Aus diesem Grund gibt es bereits Laboranwendungen, bei denen die Polarisationsrichtung und das anzulegende elektrische Feld in Faserrichtung liegen, da man sich durch die Ausnutzung des hierbei vorliegenden d_{33}-Effekts ein höheres Aktuations- und vor allem Sensorpotential verspricht. Der Schwerpunkt der Aktivitäten geht hierbei mehr in Richtung Sensorik und dynamische Aktorik als in Richtung statische Aktorik aus vielerlei, hier nicht näher ausgeführten Gründen. Diese spezielle Anwendung der aktiven Fasern wird in dieser Arbeit nicht weiter betrachtet, sie muß aber in Zukunft aufmerksam verfolgt werden. Zum Thema der aktiven Fasern sei insbesondere auf die Arbeiten am *MIT* [60] sowie am *Fraunhofer Institut für Silicatforschung* [61] verwiesen.

Da in dieser Arbeit der Schwerpunkt auf der Analyse des strukturmechanischen Zusammenspiels zwischen aktiven Schichten mit unterschiedlichen Aktorkonzepten und dem Trägerlaminat liegt und nicht auf der Untersuchung der mikromechanischen Zusammenhänge in einer orthotropen aktiven Schicht, werden im folgenden als orthotrope Aktoren hauptsächlich die in Streifen geschnittenen und nebeneinander applizierten Piezokeramiken betrachtet. Inwieweit sich im Falle einer orthotropen Aktuation der d_{31}-Effekt auch quer zur Streifenrichtung ausbildet, wird bei der detaillierteren Behandlung dieses Aktuationstyps geklärt. An dieser Stelle sei vorweg genommen, daß der Anisotropiegrad der aktiven Schicht selbst einen großen Einfluß hierauf hat.

Interessant im Hinblick auf die Anwendung von Schichtaktoren zur Erzeugung bestimmter Verformungen in Laminaten sind auch Scheraktoren, die den sogenannten d_{15}-Effekt ausnutzen, der eine Schubverformung der Ebenen 13 oder 23 parallel zur Polarisationsrichtung (Bild 3.1) erzeugt. Im Falle einer piezoelektrischen Schicht muß hierzu die Polarisationsrichtung des piezoelektrischen Materials allerdings in der Schichtebene liegen, was zu einem orthotropen Materialgesetz der Schicht führt. Entsprechend muß das elektrische Feld zwischen den zwei gegenüberliegenden Schichträndern angebracht werden, die parallel zur Polarisationsrichtung liegen.

Eine Schubverformung mit piezoelektrischem Material kann nur erzeugt werden, wenn auch das elektrische Feld in der Ebene der Schubverformung senkrecht zur Polarisationsrichtung anliegt. Als nachteilig erweist sich hierbei der im Gegensatz zu den oben beschriebenen d_{31}-Aktoren große Abstand zwischen den Elektroden. Daher muß in diesem Fall mit entsprechend hohen elektrischen

Spannungen gearbeitet werden. Technisch sind diese Scheraktoren zur Zeit noch nicht ausgereift. Da der d_{15}-Effekt jedoch größer ist als der d_{31}-Effekt, verspricht eine Realisierung solcher Scheraktoren auch ein entsprechend größeres Aktuationspotential. Um dieses Potential beurteilen zu können, werden in dieser Arbeit auch flächige Scheraktoren betrachtet.

In der folgenden Tabelle 3.1 sind typische Materialkennwerte piezoelektrischer Keramikwerkstoffe von unterschiedlichen Herstellern aufgelistet. Am Ende der Tabelle sind die Kennwerte angegeben, mit denen die nachfolgenden parametrischen Untersuchungen an aktiven anisotropen Platten durchgeführt werden. Zu beachten ist die große Bandbreite der Materialkennwerte hinsichtlich der d-Konstanten.

Tabelle 3.1: Materialdaten verschiedener Piezokeramikwerkstoffe und Hersteller

Hersteller	Material	E_1 [GPa]	E_3 [GPa]	G_{12} [GPa]	d_{31} [mm V^{-1}]	d_{33} [mm V^{-1}]	d_{15} [mm V^{-1}]
Piezo Systems Inc.	PSI-5H	62	50	24	$-320 \cdot 10^{-9}$	$650 \cdot 10^{-9}$	-
Cyberneck CO, Ltd.	PZT-C	67	54	26	$-360 \cdot 10^{-9}$	$660 \cdot 10^{-9}$	$1010 \cdot 10^{-9}$
ACX Inc.	n.n.	69	55	27	$-179 \cdot 10^{-9}$	$350 \cdot 10^{-9}$	-
PI Ceramic GmbH	PIC 151	67	53	26	$-170 \cdot 10^{-9}$	$450 \cdot 10^{-9}$	$580 \cdot 10^{-9}$
CeramTec AG	Sonox P53	63	44	24	$-275 \cdot 10^{-9}$	$680 \cdot 10^{-9}$	$770 \cdot 10^{-9}$
für nachfolgende Analysen verwendet		66	55	26	$-250 \cdot 10^{-9}$	$500 \cdot 10^{-9}$	$1000 \cdot 10^{-9}$

Die Dichte piezokeramischer Materialien liegt im Bereich um 7.8 g/cm³, ist also mit der von Stahl vergleichbar. Dieser Aspekt muß berücksichtigt werden, da er einer Leichtbauweise, die mit Faserverbundwerkstoffen angestrebt wird, abträglich ist. Hinzu kommt die zur Ansteuerung notwendige Elektronik sowie die Verkabelung. Insofern muß der Nutzen einer aktiven Struktur auch im Hinblick auf das dabei auftretende Mehrgewicht kritisch gewertet werden.

3.1.4 Elastizitätsgesetze piezoelektrischer Schichten unterschiedlicher Aktuation

Eine prinzipielle Darstellung der nachfolgend eingehender betrachteten Schichtaktorsysteme ist in Bild 3.2 skizziert. Die Pfeile stellen hier den sich einstellenden äquivalenten mechanischen Spannungszustand dar.

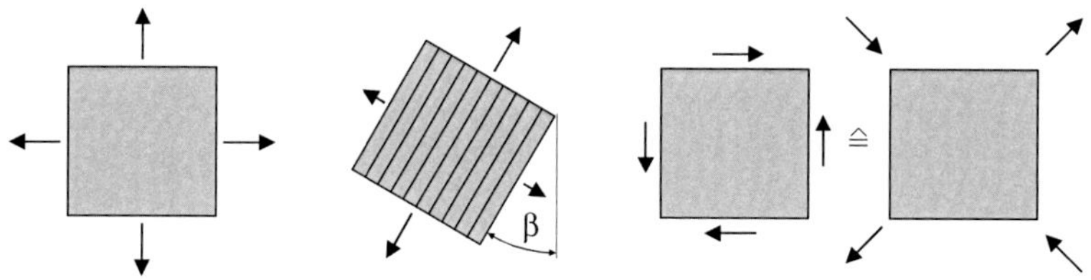

a) Isotrope Aktuation b) Orthotrope Aktuation c) Scheraktuation

Bild 3.2: Verschiedene Arten flächiger Aktoren

In Abhängigkeit von der gemäß Bild 3.2 gewählten Aktorart müssen unterschiedliche Materialgesetze angewendet werden. Das Materialgesetz für einen d_{31}-Schichtaktor der Dicke t_p mit isotroper Aktuation, im weiteren Verlauf nur noch isotroper Schichtaktor genannt, lautet bei Anliegen einer elektrischen Spannung U_3 zwischen Ober- und Unterseite unter Beachtung von (3.2) bis (3.4):

$$\{\sigma\}_x = [C_{p12}]\,\{\varepsilon\}_x - \frac{[C_{p12}]}{t_p}\begin{Bmatrix} d_{31} \\ d_{31} \\ 0 \end{Bmatrix} U_3 \tag{3.5}$$

$$\{\varepsilon\}_x = [\overline{C}_{p12}]\,\{\sigma\}_x + \frac{1}{t_p}\begin{Bmatrix} d_{31} \\ d_{31} \\ 0 \end{Bmatrix} U_3 \tag{3.6}$$

Wie in Bild 3.2 angedeutet, können im Falle einer orthotropen Aktuation die aktiven Schichten in einer beliebigen Richtung β ausgerichtet werden. Im Falle der DAP-Methode wird hierbei angenommen, daß der isotrope Schichtaktor entlang der 1-Richtung in Streifen geschnitten wird. Im Falle der Verwendung aktiver Fasern sollen diese innerhalb der unidirektionalen aktiven Schicht in 1-Richtung angeordnet sein. Das Materialgesetz (3.3) ändert sich im Falle orthotroper Aktuation wie folgt:

$$\begin{Bmatrix} \varepsilon_1 \\ \varepsilon_2 \\ \varepsilon_3 \\ \gamma_{23} \\ \gamma_{13} \\ \gamma_{12} \end{Bmatrix} = \begin{bmatrix} 0 & 0 & d_{31} \\ 0 & 0 & d_{31} \\ 0 & 0 & d_{33} \\ 0 & d_{15} & 0 \\ d_{15} & 0 & 0 \\ 0 & 0 & 0 \end{bmatrix} \begin{Bmatrix} E_{el_1} \\ E_{el_2} \\ E_{el_3} \end{Bmatrix} + \begin{bmatrix} \overline{C}_{p11} & \overline{C}_{p12} & \overline{C}_{p13} & 0 & 0 & 0 \\ \overline{C}_{p12} & \overline{C}_{p22} & \overline{C}_{p23} & 0 & 0 & 0 \\ \overline{C}_{p13} & \overline{C}_{p23} & \overline{C}_{p33} & 0 & 0 & 0 \\ 0 & 0 & 0 & \overline{C}_{p55} & 0 & 0 \\ 0 & 0 & 0 & 0 & \overline{C}_{p55} & 0 \\ 0 & 0 & 0 & 0 & 0 & \overline{C}_{p66} \end{bmatrix} \begin{Bmatrix} \sigma_1 \\ \sigma_2 \\ \sigma_3 \\ \tau_{23} \\ \tau_{13} \\ \tau_{12} \end{Bmatrix} \tag{3.7}$$

Für orthotrope Schichtaktoren der Dicke t_p lautet das Materialgesetz im 12-Schichtkoordinatensystem nun unter Beachtung von (3.7) :

$$\{\sigma\}_1 = [C_{p12}]\{\varepsilon\}_1 - \frac{[C_{p12}]}{t_p}\begin{Bmatrix} d_{31} \\ d_{31} \\ 0 \end{Bmatrix} U_3 \tag{3.8}$$

$$\{\varepsilon\}_1 = [\overline{C}_{p12}]\{\sigma\}_1 + \frac{1}{t_p}\begin{Bmatrix} d_{31} \\ d_{31} \\ 0 \end{Bmatrix} U_3 \tag{3.9}$$

Anhand (3.9) erkennt man, daß die durch das elektrische Feld induzierte Dehnung nicht vom Anisotropiegrad der aktiven Schicht abhängt. Dieser kommt erst dann zum Tragen, wenn über die Eigensteifigkeit der aktiven Schicht der induzierte äquivalente mechanische Spannungszustand ermittelt wird. Die geringe Steifigkeit quer zur Hauptaktuationsrichtung 1 verhindert nun die Ausbildung einer induzierten Spannung quer in 2-Richtung gleichen Betrages wie in 1-Richtung. Je nach Ausrichtung β der orthotropen Aktoren stellt sich im übergeordneten Referenz-KOS ein bestimmter induzierter Spannungszustand ein. Transformiert man die Spannungen aus (3.8), so ergibt sich mit der Transformationsmatrix $[T^{\sigma}]$ aus (2.2):

$$\{\sigma\}_x = [T^{\sigma}][C_{p12}]\left(\{\varepsilon\}_1 - \frac{U_3}{t_p}\begin{Bmatrix} d_{31} \\ d_{31} \\ 0 \end{Bmatrix}\right) \tag{3.10}$$

Unter der Voraussetzung, daß keine zusätzlichen mechanischen Dehnungen vorhanden sind, können aus (3.10) unter Verwendung von (2.4) durch Multiplikation mit der Dicke t_p der piezoelektrischen Schicht die induzierten Scheibenkräfte n_{px}, n_{py} und n_{pxy} ermittelt werden, die nun von t_p unabhängig und nur noch eine Funktion der angelegten elektrischen Spannung sind:

$$\begin{Bmatrix} n_{px} \\ n_{py} \\ n_{pxy} \end{Bmatrix}_{\text{orthotrop}} = \begin{Bmatrix} C_{p11}\cos^2\alpha + C_{p22}\sin^2\alpha + C_{p12} \\ C_{p11}\sin^2\alpha + C_{p22}\cos^2\alpha + C_{p12} \\ \left(C_{p11} - C_{p22}\right)\sin\alpha\cos\alpha \end{Bmatrix} d_{31}\, U_3 \tag{3.11}$$

Die in (3.11) angegebene Steifigkeit C_{p11} in Streifenrichtung sowie die Steifigkeiten C_{p12} und C_{p22} hängen im Falle der DAP-Methode von der Breite der Streifen ab. Entsprechende Untersuchungen von *Barrett* [62] haben ergeben, daß sich quer zur Streifenrichtung eine Elastizitätsmodulreduzierung von bis zu 98% ergeben kann. Im folgenden soll daher nicht explizit darauf eingegangen werden, welche Reduzierung nun tatsächlich vorhanden ist, sondern es soll vielmehr der Anisotropiegrad k_{12} dieser orthotropen aktiven Schichten parametrisiert werden, also das Verhältnis vom Elastizitätsmodul in Streifenrichtung zum Elastizitätsmodul quer zur Streifenrichtung. Ausgewählt werden die drei Anisotropiegrade 2, 10 und 50 (entspricht einer Quermodulreduzierung von 50%, 90% und 98%). Der Anisotropiegrad 2 wird herangezogen, weil er in etwa demjenigen einer Schicht mit aktiven Fasern entspricht, so daß zu diesem Aktorkonzept zumindest ein paar allgemein gültige Aussagen getroffen werden können. Für die Längssteifigkeit C_{p11} orthotroper Schichtaktoren kann also angeschrieben werden:

$$C_{p11} = \frac{E_p}{1 - \nu_p^2 k_{12}^{-1}} \tag{3.12}$$

Da durch die Orthotropie der aktiven Schicht das Querkontraktionsverhalten beeinflußt wird, vermindert sich C_{p11} - wenn auch unwesentlich - mit steigendem Anisotropiegrad k_{12} der Schicht. Die Steifigkeit C_{p22} ist direkt proportional dem Elastizitätsmodul E_2. Sie kann also definiert werden über die Multiplikation der Steifigkeit C_{p11} mit dem inversen Anisotropiegrad k_{12}^{-1}. C_{p12} ergibt sich dann einfach durch zusätzliche Multiplikation mit der Querkontraktionszahl ν_p. Für den induzierten Kräftezustand orthotroper Schichtaktoren erhält man somit durch Vereinfachung von (3.11) unter Verwendung von (3.12):

$$\begin{Bmatrix} n_{px} \\ n_{py} \\ n_{pxy} \end{Bmatrix}_{\text{orthotrop}} = \begin{Bmatrix} \cos^2\alpha + k_{12}^{-1}\sin^2\alpha + \nu_p k_{12}^{-1} \\ \sin^2\alpha + k_{12}^{-1}\cos^2\alpha + \nu_p k_{12}^{-1} \\ \left(1 - k_{12}^{-1}\right)\sin\alpha\cos\alpha \end{Bmatrix} \frac{E_p}{1 - \nu_p^2 k_{12}^{-1}}\, d_{31}\, U_3 \tag{3.13}$$

Aus (3.13) kann nun leicht der induzierte äquivalente mechanische Kräftezustand isotroper Aktoren ermittelt werden. Für den Fall $k_{12} = 1$ vereinfacht sich (3.13) zu:

$$\begin{Bmatrix} n_{px} \\ n_{py} \\ n_{pxy} \end{Bmatrix}_{\text{isotrop}} = \begin{Bmatrix} 1 + \nu_p \\ 1 + \nu_p \\ 0 \end{Bmatrix} C_{p11}\, d_{31}\, U_3 = \frac{E_p}{1 - \nu_p} \begin{Bmatrix} 1 \\ 1 \\ 0 \end{Bmatrix} d_{31}\, U_3 \tag{3.14}$$

Im folgenden Bild 3.3 sind die induzierten Scheibenkräfte im übergeordneten xy-KOS in Abhängigkeit von der Orientierung β und dem Anisotropiegrad der aktiven Schicht unter Verwendung der Materialkennwerte aus der untersten Reihe der Tabelle 3.1 graphisch dargestellt. Hierbei wurden als anliegende elektrische Spannung typische 200V angenommen. Zur übersichtlicheren Darstellung sind die Graphen für n_{px} und n_{py} in einer Linie zusammengefaßt. Auf der Abszisse ist die zu n_{py} gehörende Orientierung β in Klammern gesetzt.

Die durch eine isotrope aktive Schicht ($k_{12} = 1$) induzierten Scheibenkräfte n_{px} und n_{py} sind natürlich gleich groß und von β unabhängig, und es wird keine Schubkraft n_{pxy} induziert. Generell ist zu erkennen, daß sich die Scheibenkräfte auf einem sehr niedrigen Niveau bewegen. Anhand der induzierten Scheibenkräfte n_x bei einer Orientierung von 0° der verschiedenen aktiven Schichten kann man erkennen, wie sich das Querkontraktionsverhalten auf den äquivalenten mechanischen Kräftezustand auswirkt. Obwohl die induzierte Längsdehnung in allen vier Fällen des Anisotropiegrads gleich groß ist - sie hängt wie bereits erwähnt nur vom angelegten elektrischen Feld und der d_{31} -Konstante ab -, entspricht dies beim isotropen Aktuator aufgrund der höheren Querkontraktion einer höheren äquivalenten mechanischen Spannung bzw. Kraft.

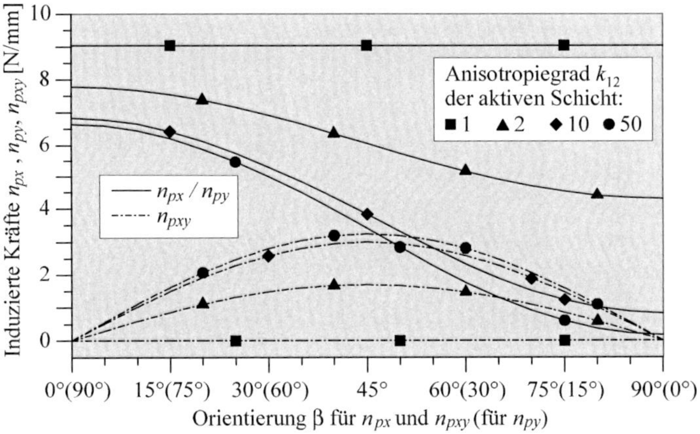

Bild 3.3: Induzierte Scheibenkräfte einer aktiven Schicht in Abhängigkeit vom Anisotropiegrad und der Orientierung der aktiven Schicht

Durch die Orientierung der orthotropen Aktoren in 45°-Richtung auf einem Trägerlaminat gegenüber dem xy-Referenzsystem ist es möglich, eine maximale Schubverformung zu induzieren. Diese steigt mit dem Anisotropiegrad k_{12} der aktiven Schicht an. Allerdings wirken in diesem übergeordneten KOS auch die gleichgroßen Scheibenkräfte n_{px} und n_{py}. Diese zusätzlichen Längs- und Querkräfte ergeben sich aus dem Kräftegleichgewicht und haben ihre Ursache darin, daß - wie auch aus Bild 3.2 ersichtlich - ein reiner Schubspannungszustand diagonalen Zugkräften und senkrecht dazu wirkenden Druckkräften gleichen Betrages äquivalent ist. Die orthotropen Schichtaktoren induzieren aber nur Kräfte in einer Diagonalenrichtung. Es muß noch geklärt werden, ob und inwieweit diese Längs- und Querkräfte störend auf die durch die Schubkraft n_{pxy} hervorgerufene Schubverformung einwirken.

Bei ebenen Scheraktoren muß, wie bereits erwähnt, die Polarisationsrichtung in die xy-Ebene gelegt werden, um eine Schubverformung in dieser Ebene zu induzieren. Aus technischen Gründen muß das elektrische Feld über die Seitenränder, also in y-Richtung angelegt werden. Die Polarisationsrichtung 3 muß folglich mit der x-Richtung zusammenfallen, da sie senkrecht zu den elektrischen Feldlinien stehen muß. Es wird angenommen, daß die 2-Richtung der elektrischen Feldlinien mit der y-Achse zusammenfällt. Durch die Ausrichtung der Polarisationsrichtung in der Schichtebene erhält man ein orthotropes Materialgesetz der aktiven Schicht. Der Elastizitätsmodul in Polarisationsrichtung ist bei piezokeramischen Werkstoffen bis zu 30% niedriger als der Elastizitätsmodul quer zur Polarisationsrichtung.

Für Scheraktoren mit dem Abstand b_p zwischen den zur Polarisationsrichtung parallelen Schichträndern, an denen das elektrische Feld anliegt, erhält man:

$$\{\sigma\}_x = [C_{p23}]\{\varepsilon\}_x - \frac{[C_{p23}]}{b_p}\begin{Bmatrix} 0 \\ 0 \\ d_{15} \end{Bmatrix} U_2 \tag{3.15}$$

$$\{\varepsilon\}_x = [\overline{C}_{p23}]\{\sigma\}_x + \frac{1}{b_p}\begin{Bmatrix} 0 \\ 0 \\ d_{15} \end{Bmatrix} U_2 \tag{3.16}$$

Aus (3.15) kann unter den gleichen Voraussetzungen wie bei den orthotropen Aktoren die induzierte Schubkraft abgeleitet werden:

$$n_{pxy} = C_{p55}\, d_{15}\, U_2 = G_{p23}\, d_{15}\, \frac{t_p}{b_p}\, U_2 \tag{3.17}$$

C_{p55} definiert hierbei die Schubsteifigkeit des Scheraktors in der 23- bzw. xy-Ebene, die dem Schubmodul G_{p23} in dieser Ebene entspricht. Scheibenkräfte n_{px} und n_{py} treten beim Einsatz von Scheraktoren nicht auf.

Theoretisch könnte die in der Ebene liegende Polarisationsrichtung im Scheraktor eine beliebige Richtung einnehmen, wodurch sich ebenso der induzierte Spannungszustand im übergeordneten KOS verändert. Praktisch ist dies allerdings kaum durchführbar, so daß eine solche Applikation nicht weiter verfolgt wird.

3.2 Modelle zur Interaktion zwischen integrierten Piezoaktoren und geschichteter Platte

3.2.1 Modelle zur Dehnungsverteilung in Schichtaktoren

Erfährt eine geschichtete Platte mit integrierten Aktoren eine induzierte Verformung aufgrund einer aktorischen Last, so muß man ein Modell zur Dehnungsverteilung in dieser Platte aufstellen. Hierbei sind im wesentlichen die Verformungen Dehnung und Biegung zu betrachten, bei denen gemäß Plattentheorie 1. Ordnung für eine geschichtete Platte eine über die Dicke konstante bzw. linear veränderliche Dehnung angenommen wird. An den Ober- und Unterseiten der aktiven Schicht wird gegenüber den benachbarten Schichten vollkommene Verschiebungskompatibilität vorausgesetzt. Die Klebschichten zwischen den Schichtaktoren und den Faserverbundschichten werden daher wie auch die Klebschichten zwischen einzelnen Faserverbundschichten als schubstarr angenommen.

Die beiden grundsätzlich unterschiedlichen Dehnungsmodelle sind in Bild 3.4 einander gegenübergestellt. Das Modell der linearen Dehnungsverteilung in Bild 3.4a geht von einer durchgehend linearen Dehnungsverteilung in der geschichteten Platte mit integrierten Aktoren aus, also auch in den Aktorschichten. Dies führt zu einer entsprechend komplizierteren Formulierung der induzierten Biegekrümmung. Dieses Modell wird auch Bernoulli-Euler-Modell genannt, da diese Annahme der klassischen Annahme der Dehnungsverteilung nach *Bernoulli* und *Euler* in einem Biegebalken entspricht.

Einfacher ist das Modell der konstanten Dehnungsverteilung gemäß Bild 3.3b. Hierbei wird angenommen, daß bei Biegung der geschichteten Platte in den aktiven Schichten weiterhin eine konstante Dehnung über ihre Dicke vorhanden ist. Dies ermöglicht eine einfache Formulierung der aktorischen Last in einer geschichteten aktiven Platte gemäß dem in Abschnitt 3.1 formulierten Materialgesetz der piezoelektrischen Einzelschicht. Es ist leicht nachzuvollziehen, daß dieses Modell mit steigendem Dickenanteil der Aktorschichten in der Platte größere Fehler bei der Ermittlung der Biegekrümmung liefert. Entsprechende Untersuchungen hierzu von *Elspass* [63] zeigen, daß unterhalb eines Dickenanteils von etwa 20% der Fehler nicht größer als 5% wird und somit vernachlässigt werden kann.

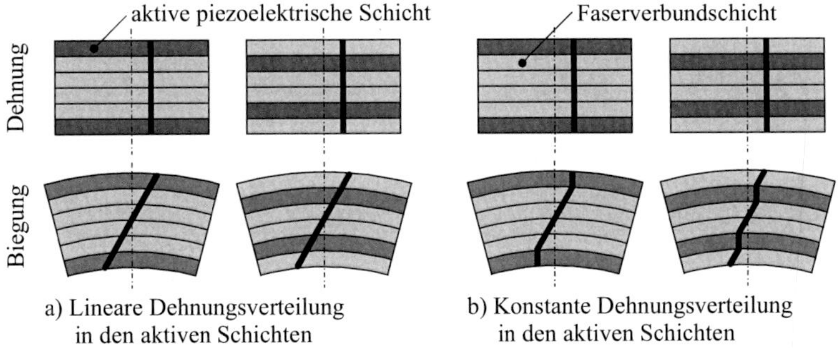

Bild 3.4: Modelle zur induzierten Dehnungsverteilung durch integrierten Aktoren bei Dehnung und Biegung einer geschichteten Platte

In den folgenden Betrachtungen wird daher im Falle einer Biegekrümmung eines aktiven Laminats ein entsprechend niedriger Dickenanteil der aktiven Schichten innerhalb der Gesamtstruktur gewählt, was den gängigen technischen Anwendungen auch gerecht wird, und somit das Modell der konstanten Dehnungsverteilung durchgehend angewendet.

Zu bemerken ist, daß sich in der Realität komplexere Dehnungsverteilungen in der gesamten Platte und vor allem in den aktiven Schichten einstellen. Dies soll in dieser Arbeit aber nicht weiter diskutiert werden. Hier sei auf die diesbezüglich vertiefende Literatur verwiesen, wie zum Beispiel [63].

3.2.2 Das Thermalanalogiemodell

Streng genommen handelt es sich im Falle einer aktiven Struktur um ein gekoppeltes Problem zwischen der Strukturmechanik einerseits und dem des elektrischen Feldes andererseits. Somit müßte in der mathematischen Beschreibung dieses multiphysikalischen Problems auch eine gegenseitige Kopplung formuliert werden.

Tatsächlich ist der Einfluß eines durch äußere Lasten wirkenden mechanischen Spannungstensors auf das elektrische Feld in den piezoelektrischen Schichten durch die hervorgerufenen Dehnungen deutlich geringer als es umgekehrt der Fall ist. Aus diesem Grund kann der Einfluß der mechanischen Dehnungen auf das angelegte elektrische Feld ohne weiteres vernachlässigt werden. Das gekoppelte Problem stellt sich im Rahmen dieser Arbeit somit als ein solches nur in einer Richtung dar, nämlich als Einfluß des elektrischen Feldes auf die mechanischen Dehnungen bzw. Spannungen.

Wegen der Ähnlichkeit des Materialgesetzes wird in diesem Zusammenhang meist die Analogie zur thermomechanischen Kopplung verwendet. Dieses gekoppelte Problem ist ebenso eines vom „eindimensionalen" Typ, indem eine Temperaturänderung mechanische Dehnungen verursacht und, zumindest im statischen Fall, nicht umgekehrt. Im Elastizitätsgesetz der beliebig gerichteten Einzelschicht (2.1) wird hierzu eine thermische Ersatzlast berücksichtigt, die aus der Multiplikation von Dehnungszustandsänderung aufgrund der Temperaturänderung mit der Steifigkeit der Einzelschicht ermittelt wird. Das Elastizitätsgesetz wird also um einen zusätzlichen thermischen Term erweitert, der je nach Darstellung aus der Transformationsmatrix und Steifigkeitsmatrix der UD-Schicht (2.2) sowie den Wärmeausdehnungskoeffizienten der UD-Schicht gebildet wird:

$$\{\sigma\}_x = [C]\,\{\varepsilon\}_x - [C_\alpha]\,\Delta T \quad ; \quad \{\varepsilon\}_x = [\overline{C}]\,\{\sigma\}_x + \{\alpha_t\}_x\,\Delta T \tag{3.18}$$

mit

$$[C_\alpha] = [T^\sigma]\,[C_{12}]\begin{Bmatrix}\alpha_{t1}\\ \alpha_{t2}\\ 0\end{Bmatrix} \quad ; \quad \{\alpha_t\}_x = [T^\sigma]^{T^{-1}}\begin{Bmatrix}\alpha_{t1}\\ \alpha_{t2}\\ 0\end{Bmatrix}$$

Ein Vergleich der jeweiligen Materialgesetze (3.5/3.6) sowie (3.8/3.9) mit (3.18) zeigt die Analogie zwischen dem elektrischen Feld E_{el} und dem Temperaturfeld ΔT einerseits, sowie zwischen den d-Konstanten und den Temperaturausdehnungskoeffizienten α_t andererseits. Letztendlich müssen also jeweils die Produkte gleich sein. Aus diesen Gründen wird bei der Beschreibung des gekoppelten Problems von Strukturen mit integrierten Piezoaktoren auch von der Thermalanalogie gesprochen.

Praktisch kann diese Analogie nun leicht umgesetzt werden, indem den aktiven Schichten im Schichtverbund ein konkreter Temperaturausdehnungskoeffizient äquivalent den d-Konstanten zugewiesen wird, den nicht-aktiven Schichten der Temperaturausdehnungskoeffizient 0. Anstelle des elektrischen Felds wird ein äquivalentes Temperaturfeld definiert, das nur Auswirkungen in den aktiven Schichten hat.

Diese Analogie läßt sich auch heranziehen, falls in verschiedenen aktiven Schichten unterschiedliche elektrische Felder wirken. Hier müssen dann die *d*-Konstanten entsprechend angepaßt werden. Problematischer ist der Fall, wenn neben den aktorischen Lasten auch thermische Lasten wirken. Hier müssen mit Hilfe des Superpositionsprinzips die aktorische und die thermische Belastung zusammengeführt werden.

Das Thermalanalogiemodell funktioniert auch im Falle von Scheraktoren. Obwohl eine Temperaturänderung eines orthotropen Materials keine Schubverzerrung hervorruft, kann im Materialgesetz selbst an entsprechender Stelle eine Kopplung so vorgesehen werden, als wenn das Material anisotropen Charakter hätte.

3.3 Elastische Kopplungen der geschichteten aktiven anisotropen Platte

3.3.1 Erweiterung des Materialgesetzes der geschichteten Platte

Das allgemeine Materialgesetz der geschichteten Platte unter Berücksichtung einer thermischen und aktorischen Belastung lautet:

$$\begin{Bmatrix} n \\ m \end{Bmatrix} = \begin{bmatrix} A & B \\ B & D \end{bmatrix} \cdot \begin{Bmatrix} \varepsilon \\ \kappa \end{Bmatrix} - \begin{Bmatrix} n_t \\ m_t \end{Bmatrix} - \begin{Bmatrix} n_p \\ m_p \end{Bmatrix} \tag{3.19}$$

mit
$$\{n_t\} = \sum_{k=1}^{n} [C_{\alpha t}]_k (t_k - t_{k-1})\, \Delta T_{\text{konst}} \quad ; \quad \{m_t\} = \frac{1}{2} \sum_{k=1}^{n} [C_{\alpha t}]_k (t_k^2 - t_{k-1}^2)\, \Delta T_{konst}$$

$$\{n_p\} = \sum_{k=1}^{n} [C]_k \, \{d\}\, (t_k - t_{k-1})\, E_{el} \quad ; \quad \{m_p\} = \frac{1}{2} \sum_{k=1}^{n} [C]_k \, \{d\}\, (t_k^2 - t_{k-1}^2)\, E_{el}$$

für den Fall einer konstanten Temperatur im Laminat. Für $\{n_p\}$ und $\{m_p\}$ wurde bewußt eine Beschreibung mit dem elektrischen Feld E_{el} (U_3/t_p oder U_2/b_p) und dem für die piezoelektrische Einzelschicht gültigen Tensor der d-Konstanten $\{d\}$ (mit d_{31} oder d_{15} an entsprechender Stelle) gewählt, um eine allgemeine und somit von der Aktorenart unabhängige Schreibweise zu erhalten. Die im vorigen Abschnitt erwähnte Thermalanalogie wird in (3.18) nochmals ganz deutlich. Die thermischen und aktorischen Lasten werden auf gleiche Weise in das Materialgesetz eingefügt.

3.3.2 Voraussetzungen und Eingrenzungen zur Betrachtung aktiver Laminate

Mit den in Abschnitt 3.1.3 vorgestellten unterschiedlichen Schichtaktoren können durch deren Integration elastische Kopplungen in einem anisotropen Laminat hervorgerufen oder auch direkte Verformungen erzeugt werden. In Abhängigkeit von der Art der Aktuation gemäß Bild 3.2 sind hierbei unterschiedliche Lagenaufbauten für eine möglichst hohe elastische Kopplung oder hohe direkte Verformungen notwendig. Dies soll in den folgenden Abschnitten näher betrachtet werden. Hierzu sind allerdings zwei Voraussetzungen zu treffen:

- In den nachfolgenden Betrachtungen werden absolute induzierte Verformungen miteinander verglichen. Somit ist im Gegensatz zur Betrachtung der relativen elastischen Kopplungen in Kapitel 2 hier nun die Dicke der zu betrachtenden Laminate mit einzubeziehen. Die absoluten induzierten Verformungen werden allerdings bezogen auf eine bestimmte Verformung eines jeweils angegebenen aktiven Referenzlaminats. Es genügt zur Interpretation der nachfolgenden Ergebnisse also einzig die Voraussetzung, daß eine Schicht gleich welchen Materials stets dieselbe Dicke besitzen soll.

- Durch den Bezug der Ergebnisse auf ein Referenzlaminat ist auch die Angabe des an den piezoelektrischen Schichtaktor angelegten elektrischen Felds nicht notwendig. Vorausgesetzt wird aber, daß unabhängig von der Aktorenart stets das gleiche elektrische Feld anliegt.

Im Hinblick auf die Untersuchung des Kopplungspotentials aktiver anisotroper Platten werden als induzierte Verformungen nur Schubdeformationen und Verdrillungen als typische Verformungen der in Kapitel 2 studierten elastischen Kopplungen betrachtet. Die folgenden Ergebnisse und hieraus gewonnenen Rückschlüsse auf das strukturmechanische Wechselspiel zwischen Aktoren und Substrat innerhalb eines aktiven Laminats lassen sich ohne weiteres auch auf andere zu induzierende Scheiben- oder Plattenverformungen übertragen.

3.3.3 Erzeugung elastischer Kopplungen mit isotropen Aktoren

Ein isotroper Schichtaktor erzeugt eine elastische Kopplung nur, wenn das Trägerlaminat selbst anisotrop geschichtet ist. Da die induzierte Normalkraft sowohl in x- als auch y-Richtung wirkt, kann bezüglich der optimalen Schichtung für eine maximale elastische Kopplung nicht ohne weiteres auf die Ergebnisse aus Kapitel 2 zurückgegriffen werden. Zuerst soll die Induzierung einer Schubverzerrung durch die erzeugten Normalkräfte der isotropen Aktuation mittels einer Zug-Schubkopplung des Trägerlaminats betrachtet werden.

Im folgenden Diagramm des Bildes 3.5 ist der optimale Lagenaufbau für verschiedene aktive Laminate mit unterschiedlichen, symmetrisch geschichteten Substraten dargestellt. Die isotropen Schichtaktoren befinden sich auf der Ober- und Unterseite des Laminats. Im Fall einer isotropen, zweidimensionalen Aktuation durch die induzierte Last $\{n_{px}, n_{py} = n_{px}, 0, 0, 0, 0\}^T$ zur Erzeugung einer rein materialelastischen Kopplung muß das Trägerlaminat durchwegs unter 45° orientiert sein.

Im Diagramm werden alle Werte in Relation zu einem aktiven CFK-T300-Laminat der Schichtung $[p, 45_8, p]$ gesetzt, das auch später als Referenzlaminat dienen wird. Der Platzhalter p in der Angabe der Laminatschichtung steht hier und im weiteren Verlauf für eine aktive Schicht. Der angegebene Referenzwert 100% entspricht einer aktiven Schubverzerrung von 0,14‰. Die angelegte Spannung beträgt hierbei 200V, die Dicke jeder Schicht 0,25mm. Die Materialkennwerte sind aus Tabelle 2.1 bzw. 3.1 entnommen.

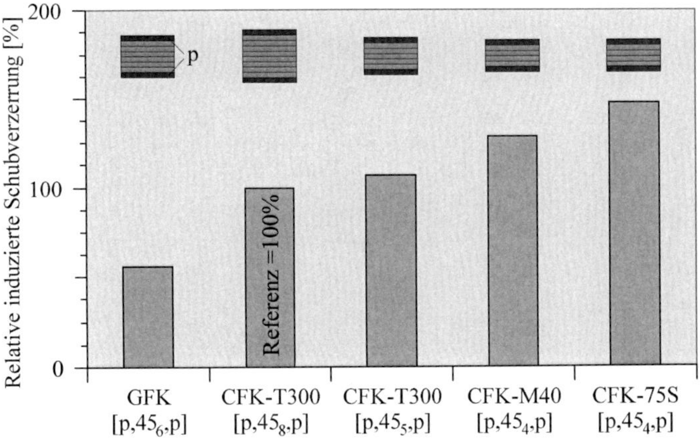

Bild 3.5: Zug-Schubkopplung aktiver Laminate mit unterschiedlichen Substratmaterialien bei isotroper Aktuation unter Angabe des jeweils optimalen Laminataufbaus

Zu erkennen ist, daß es je nach Substratmaterial eine optimale Anzahl von 45°-Schichten für eine möglichst hohe induzierte Schubverformung gibt. Mit steigendem Anisotropiegrad sind es weniger Schichten zwischen den beiden isotropen Schichtaktoren. Dieses ermittelte Optimum ist allerdings recht flach, wie am Vergleich des optimalen aktiven CFK-T300-Laminat mit dem Referenzlaminat zu erkennen ist.

Dieser hier aufgezeigte Effekt einer optimalen Schichtanzahl beruht auf der Kombination der unterschiedlichen Materialeigenschaften. Mit zunehmender Schichtanzahl nimmt die Steifigkeit des Trägerlaminats zu, so daß sich immer kleinere Dehnungen mit der konstanten Aktuation einstellen und auch die elastische Kopplung abnimmt. Mit abnehmender Schichtanzahl nimmt die elastische Kopplung zwar zu, aber nur soweit, wie die Isotropie der Schichtaktoren selbst, die ja auch Eingang in die Gesamtsteifigkeit des Laminats findet, die zur elastischen Kopplung notwendige Anisotropie des Trägerlaminats nicht zu stark überdeckt.

Eine ähnliche parametrische Untersuchung findet man bei *Rapp* [59], auch wenn dort die elastische Kopplung nicht direkt betrachtet wird. Für unidirektionale Laminate bestehend aus unterschiedlichen CFK-Materialien und aktiven isotropen Deckschichten wird der absolute aktive Verzerrungszustand in Abhängigkeit vom Dickenanteil der aktiven Schichten am Gesamtlaminat betrachtet. Durch die orthotrope Materialeigenschaft des Laminats stellen sich richtungsabhängige Verzerrungszustände ein, die vom Anisotropiegrad des Trägerlaminats und vom genannten Dickenverhältnis abhängen, so daß durch Querkontraktionseffekte Dehnungen entstehen können, die sogar größer als die aktive Piezodehnung selbst sein können. Solche, auf Querkontraktionsbehinderung beruhende Verformungseffekte werden im folgenden nicht weiter betrachtet, da sie nicht zu den hier untersuchten gewünschten Verformungen führen.

Schon diese erste Betrachtung einfacher aktiver anisotroper Laminate zeigt die Komplexität des Wechselspiels zwischen Aktoren und Träger. Diese wird noch gesteigert, wenn man nicht nur material-elastische Kopplungen sondern auch geometrie-elastische Kopplungen betrachtet. Bei der demonstrierten Zug-Schubkopplung spielt die Position der Aktoren innerhalb des Laminats keine Rolle, da eine Scheibenkraft induziert und eine Scheibenverformung erzeugt wird. Im Falle induzierter Plattenmomente und/oder erzeugter Plattenverformungen hängen diese auch von der Position der Aktoren innerhalb des Laminats ab.

Als Beispiel wird die Zug-Torsionskopplung aktiver antimetrischer Laminate mit konstanter Schichtanzahl betrachtet. Die Position der isotropen Schichtaktoren innerhalb des zehnschichtigen Laminats wandert dabei nach innen. Der Einfluß dieser Positionsänderung auf die induzierte Verdrillung in Abhängigkeit vom Faserverbundmaterial ist im folgenden Diagramm des Bildes 3.6 dargestellt.

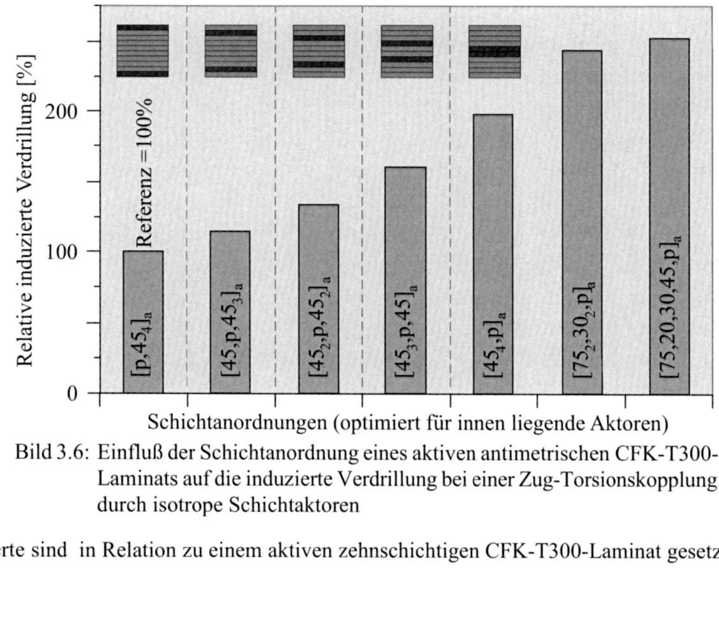

Bild 3.6: Einfluß der Schichtanordnung eines aktiven antimetrischen CFK-T300-Laminats auf die induzierte Verdrillung bei einer Zug-Torsionskopplung durch isotrope Schichtaktoren

Alle Werte sind in Relation zu einem aktiven zehnschichtigen CFK-T300-Laminat gesetzt, diesmal mit der Schichtung $[p, 45_4, -45_4, p]$. Der Referenzwert 100% entspricht hier einer aktiven Verdrillung von 0,098‰ mm^{-1} unter den gleichen Randbedingungen wie bei der aktiven Zug-Schubkopplung.

Da zur Induzierung einer Normalkraft die Position der Aktoren beliebig ist, ihr Anteil an der Torsionssteifigkeit aber möglichst gering sein soll und auch deren Isotropie wiederum die elastische Kopplung stört, ist die beste Position der Aktoren genau in der Mitte des Laminats. Die Einzelschichten des Trägerlaminats sind hierbei durchwegs antimetrisch mit 45° orientiert, um eine maximale elastische Kopplung durch die isotrope Aktuation zu erreichen. Zum gleichen Ergebnis kommt *Rapp* [64] mit Hilfe eines Laminatoptimierungsprogramms für ein dreischichtiges Laminat bestehend aus zwei außen liegenden, mit 45° gegensinnig orientierten CFK-HT-Schichten sowie einem innen liegenden isotropen PZT-Schichtaktor.

Im Gegensatz zum vorher behandelten induzierten Schub über eine Zug-Schubkopplung kann hier im Falle einer induzierten Verdrillung diese durch gezielte Anpassung des Laminataufbaus weiter gesteigert werden, sofern das Laminat aus mehreren Faserverbundschichten besteht, wie an den letzten beiden Säulen des Bilds 3.6 zu ersehen ist. Es ergeben sich je nachdem, ob jeweils zwei oder alle acht Faserverbundschichten eine beliebige Orientierung einnehmen können, weitere Steigerungen der induzierten elastischen Kopplung. Diese Steigerungen liegen deutlich höher als sie in Kapitel 2 bei der Betrachtung der Zug-Torsionskopplung bei eindimensionaler äußerer mechanischer Beanspruchung ausfielen. Dies hat seinen Grund in der hier vorliegenden zweidimensionalen Aktuation in x- und y-Richtung. Die Schichten orientieren sich hier zur x- und y-Achse hin, um die elastische Kopplung besser auszunutzen. Trotzdem ist in der Schichtanordnung nicht immer eine Symmetrie zur 45°-Richtung festzustellen, was wiederum an der unterschiedlichen Position der einzelnen Schichten innerhalb des Laminats und somit ihrem Anteil an der Gesamtsteifigkeit liegt.

In Tabelle 3.2 sind die Ergebnisse der maximalen induzierten Verdrillung für alle vier Faserverbundmaterialien aus Tabelle 2.1 unter Angabe des jeweils optimalen Laminataufbaus bei freier Orientierung aller Faserverbundschichten zusammengefaßt. Mit steigendem Anisotropiegrad des Materials des Trägerlaminats ist folglich eine höhere Steigerung der induzierten Verdrillung bei jeweils optimaler Schichtung gegenüber der Schichtung $[45_4, p]_a$ zu erreichen.

Die absolute aktive Verdrillung des Referenzlaminats ist mit 0,098‰ mm^{-1} sehr gering und um den Faktor 10 niedriger als bei dem oben erwähnten Laminat von *Rapp*. Dies hat seine Ursache in den verschiedenen Dickenverhältnissen im Laminat. Das hier betrachtete Laminat hat einen Anteil der Piezoschichten von 20%; bei dem optimierten dreischichtigen Laminat von *Rapp* ist deren Anteil 47%. Ähnlich, wie bei der Zug-Schubkopplung gibt es somit ein optimales Dickenverhältnis des aktiven Laminats. Da das Dickenverhältnis meist durch konstruktive Randbedingungen vorgegeben ist, werden bei den Analysen im weiteren Verlauf durchwegs zehnschichtige aktive Laminate betrachtet, um eine größere Bandbreite bezüglich optimaler Schichtanordnungen untersuchen zu können.

Tabelle 3.2: Maximale relative induzierte Verdrillung zehnschichtiger aktiver Laminate (bezogen auf das Referenzlaminat aus Bild 3.6)

	GFK	CFK-T300	CFK-M40	CFK-S75
relative induzierte Verdrillung bei Schichtung $[45_4,p]_a$	148%	199%	198%	213%
relative induzierte Verdrillung bei optimaler Schichtung:	162% $[75,25,40,45,p]_a$	252% $[75,20,30,45,p]_a$	295% $[75,15,60,40]_a$	397% $[80,15,20,50]_a$

Eine Steigerung der elastischen Kopplung durch Variation der einzelnen Schichtorientierungen ist natürlich auch für die anderen Positionierungen der Aktoren im Laminat möglich. Im Hinblick auf die konsequente Steigerung dieser Kopplung durch die richtige Positionierung der Aktoren innerhalb des Laminats wurde auf die Darstellung dieser Ergebnisse verzichtet.

Eine induzierte elastische Kopplung, bei der nicht nur die Position der Aktoren die Steifigkeitsmatrix beeinflußt, sondern auch die Höhe der Aktuation selbst, ist die Biege-Torsionskopplung eines aktiven Laminats. Im folgenden Bild 3.7 ist wie im vorherigen Diagramm der Einfluß der Position der Aktoren auf die elastische Kopplung im Falle von CFK-T300 als Substratmaterial dargestellt.

Zur Erzeugung einer Biegung durch die beiden aktiven Schichten müssen sie mit gegensätzlicher Polung angeregt werden, so daß ein Schichtaktor Zug und der andere Druck induziert. Die maximale Biege-Torsionskopplung wird unabhängig vom Faserverbundmaterial und der Position der Aktoren bei einer einheitlichen Faserorientierung von 45° in allen Faserverbundschichten erreicht. Dies ist aus den Ergebnissen bei der Zug-Torsionskopplung nicht unbedingt zu erwarten, ist aber aufgrund der im Kapitel 2 aufgezeigten Ähnlichkeit von Zug-Schub- und Biege-Torsionskopplung nachvollziehbar. Für eine maximale elastische Kopplung müssen die aktiven Schichten relativ weit innerhalb des CFK-T300-Laminats liegen, obwohl das erzeugte Biegemoment dadurch deutlich kleiner ist als bei ganz außen liegenden Aktoren. Dies ist ein weiteres Indiz dafür, wie stark die isotropen Schichtaktoren die Elemente der Steifigkeitsmatrix und hier speziell die Koppelsteifigkeiten beeinflussen, wenn sie im äußeren Bereich des Laminats angeordnet werden.

Die ermittelten Maxima sind im Falle der Biege-Torsionskopplung sehr flach. Die Analysen haben gezeigt, daß die Faserverbundschichten in einem großen Winkelbereich gegensinnig um 45° variieren können und dabei die elastische Kopplung nur um wenige Prozent beeinflussen. Diese Abweichungen umfassen zum Teil Winkelbereiche von bis zu 50°. Es besteht also bei aktiven, biege-torsionsgekoppelten Laminaten die Möglichkeit, das Laminat in gewissem Rahmen frei nach zusätzlichen Anforderungen wie einer definierten Biegesteifigkeit auszulegen, ohne relevante Einbußen bei der erzeugten gekoppelten Verformung erwarten zu müssen.

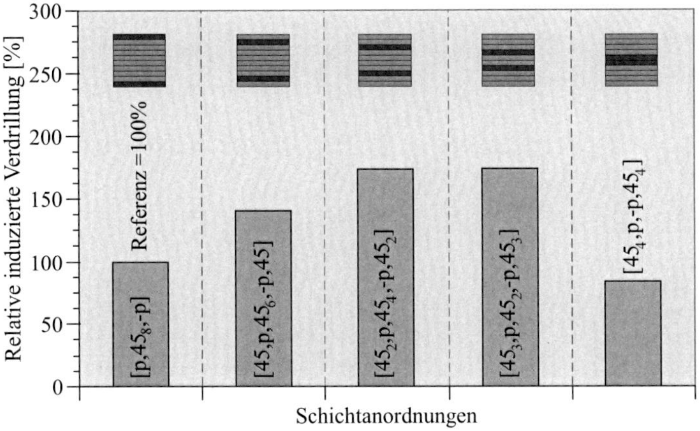

Bild 3.7: Einfluß der Positionierung der isotropen Aktoren in einem CFK-T300-Laminat auf die induzierte Verdrillung bei einer Biege-Torsionskopplung

Für die hier nicht betrachteten drei anderen Faserverbundmaterialien GFK, CFK-M40 und CFK-75S ergeben sich für die Positionierung der Piezoschichten dieselben Ergebnisse. Die relative induzierte Verdrillung ist wieder proportional dem Anisotropiegrad des Faserverbundmaterials. Ein Vergleich der induzierten Verdrillung bei Zug-Torsionskopplung zu der bei Biege-Torsionskopplung zeigt, daß mit letzterer um den Faktor 2 bis 3 höhere Verformungen induziert werden können. Eine aktive Biege-Torsionskopplung ist somit effektiver als eine aktive Zug-Torsionskopplung. Da die direkt erzeugte Biegekrümmung allerdings ebenso eine Plattenverformung ist wie die induzierte Verdrillung und sich mit ihr überlagert, kann sie dabei für den gewünschten Torsionseffekt störend wirken.

Zusammenfassend läßt sich für aktive Laminate mit isotropen Schichtaktoren sagen, daß eben diese Isotropie großen Einfluß auf das optimale Design aktiver Laminate hinsichtlich der Positionierung der Schichtaktoren innerhalb des Laminats, des Verhältnisses der Anteile Aktoren zu Faserverbundschichten und der Orientierung dieser Faserverbundschichten hat. Die in der Literatur zu findenden Beispiele zu aktiven anisotropen Laminaten zur Induzierung von Plattenverformungen, bei denen die isotropen Schichtaktoren auf den Außenseiten des Laminats angebracht sind, sind nach den hier vorgestellten Ergebnissen oftmals die am wenigsten wirksame Variante des Laminataufbaus.

3.3.4 Erzeugung von Schubverformung und Verdrillung mit orthotropen Aktoren

Wichtig für die nachfolgenden Betrachtungen ist die Tatsache, daß die im vorigen Abschnitt beschriebenen besonderen Effekte wegfallen, die durch die Isotropie der Aktoren bei orthotroper Aktuation hervorgerufen werden. Dafür bieten die orthotropen Aktoren die Möglichkeit, die zu erzeugenden Verformungen entweder wie bei den isotropen Aktoren über eine elastische Kopplung oder durch entsprechende Orientierung direkt hervorzurufen. In Bild 3.8 sind diese beiden prinzipiellen Funktionsweisen schematisch dargestellt. Zu beachten ist hierbei, daß zur direkten Erzeugung der Schubverformung die orthotropen Schichtaktoren im Vergleich zu der Orientierung der Schichten des Trägerlaminats im Falle einer induzierten Schubverformung über eine Zug-Schubkopplung entgegengesetzt gerichtet orientiert sein müssen.

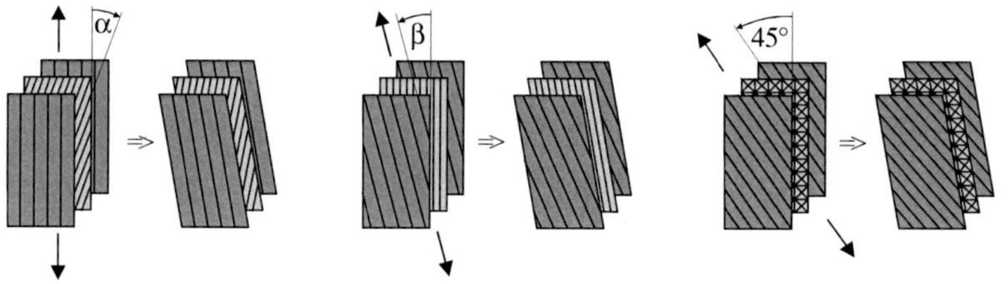

a) Indirekte Schubinduzierung über Zug-Schubkopplung des anisotropen Trägerlaminats b) Direkte Schubinduzierung über orientierte Aktoren bei orthotropem Trägerlaminat c) Direkte Schubinduzierung über orientierte Aktoren bei quasiisotropem Trägerlaminat

Bild 3.8: Möglichkeiten zur Induzierung von Schub mittels orthotroper Aktuation

Wird der Schub direkt induziert, so muß unterschieden werden, ob das Trägerlaminat orthotrop oder quasiisotrop ist. Im letzteren Fall müssen die orthotropen Aktoren für den größtmöglichen induzierten Schub mit einer Orientierung von 45° appliziert werden. Die 45°-Richtung ist auch optimal für isotrope Substratmaterialien. Ist hingegen das Trägerlaminat orthotrop, so gibt es, wie noch gezeigt wird, eine bestimmte Orientierung β im Bereich zwischen 0° und 45°, bei der die größtmögliche Schubverzerrung induziert wird. β hängt dabei vom Anisotropiegrad des verwendeten Trägerlaminats ab.

Zur Untersuchung der Induzierung einer Schubverzerrung in Abhängigkeit von den verschiedenen Parametern wie Anisotropiegrad der aktiven orthotropen Schichten und Faserverbundmaterial des Trägerlaminats wird ein aktives Laminat mit außen liegenden orthotropen Schichtaktoren und einem aus acht Schichten bestehenden Trägerlaminat betrachtet. Im folgenden Bild 3.9 sind die entsprechenden Ergebnisse dargestellt. Als Referenzwert ist die entsprechende Säulengruppe aus Bild 3.5 für isotrope Aktuation (Anisotropiegrad $k_{12} = 1$) angegeben, um auch direkt einen Vergleich zur isotropen Aktuation zu ermöglichen.

Eine direkte Schubinduzierung ist dann effektiver als eine solche über die Zug-Schubkopplung, wenn die aktiven Schichten einen entsprechend hohen Anisotropiegrad aufweisen und die Schichtung des

Trägerlaminats keine zu hohe Schubsteifigkeit hervorbringt (folglich also nicht im Falle aktiver Fasern sondern besonders bei der DAP-Methode).

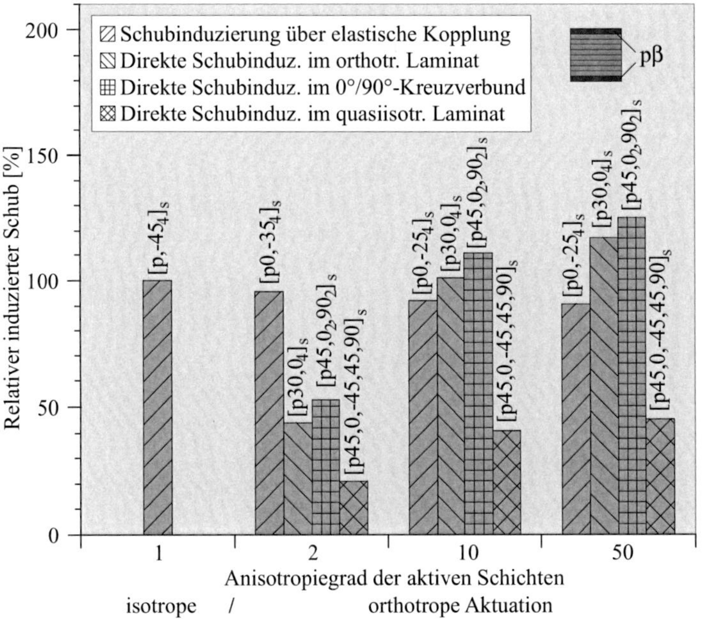

Bild 3.9: Einfluß des Anisotropiegrads der aktiven Schichten auf die relative induzierte Schubkopplung bei einem CFK-T300-Trägerlaminat wahlweise bei direkter Schubinduzierung durch mit β orientierte aktive Schichten oder durch Zug-Schubkopplung über das mit α orientierte Trägerlaminat jeweils unter Angabe des optimalen Laminataufbaus

Im Falle einer Modulnreduzierung von 50% (Anisotropiegrad $k_{12} = 2$), wie sie typischerweise bei Verwendung aktiver Fasern auftritt, ist die indirekte Induzierung über die Zug-Schubkopplung besser, da in Quer- und vor allem Schubrichtung noch eine zu hohe Steifigkeit in den aktiven Schichten selbst vorhanden ist, die einem direkt induzierten Schub entgegen wirkt. Bei der direkten Schubinduzierung ist generell nur die Schubsteifigkeit des Trägerlaminats ausschlaggebend. Demnach ist der induzierte Schub bei dem Substratmaterial bzw. der Laminatschichtung mit der geringsten Schubsteifigkeit am höchsten.

Die direkte Schubinduzierung bei einem 0°/90°-Kreuzverbund ist generell höher als bei einem rein 0°-orientiertem Trägerlaminat. Obwohl die Schubsteifigkeit beider Laminatanordnungen gleich groß ist, verhindert die Orthotropie des 0°-Laminats eine optimale Ausnutzung der bestmöglichen Schubinduzierung bei Orientierung der orthotropen Schichtaktoren in 45°-Richtung. Quasiisotrope Laminate oder gar isotrope Platten haben wiederum eine deutlich höhere Schubsteifigkeit, so daß die induzierte Schubverzerrung in diesen Fällen wesentlich geringer ausfällt.

Für den Fall der direkten Schubinduzierung mit orthotroper Aktuation gibt es keine optimale Schichtanzahl des Trägerlaminats zwischen den aktiven Schichten. Durch diese Orthotropie nimmt generell der induzierte Schub mit steigender Schichtanzahl ab, und ist somit praktisch am höchsten für den Fall, daß das Trägerlaminat nur noch aus einer Schicht besteht.

In der folgenden Tabelle 3.3 sind die Ergebnisse auch für die übrigen Faserverbundmaterialien des Trägerlaminats zusammengefaßt, hier allerdings beschränkt auf die isotrope Aktuation und auf die erreichten Ergebnisse mittels DAP ($k_{12} = 50$). Sie bestätigen, daß es im Falle der Applizierung von DAP-Streifen stets besser ist, eine gewünschte Schubverformung direkt durch entsprechende Orientierung der Streifen zu verursachen, als die Streifen in 0°-Richtung zu applizieren und die Verformung über eine elastische Kopplung zu induzieren.

Tabelle 3.3: Maximale relative induzierte Schubverzerrung zehnschichtiger aktiver Laminate (bezogen auf das Referenzlaminat aus Bild 3.9)

Aktuation/Anisotropiegrad/ Schichtung	GFK	CFK-T300	CFK-M40	CFK-S75
isotrop / 1 / $[p, -45_4]_a$	56%	100%	123%	146%
orthotrop / 50 / $[p0, \alpha_4]_a$	79% / α=20°	91% / α=25°	104% / α=25°	142% / α=20°
orthotrop / 50 / $[p\beta, 0_4]_a$	135% / β=35°	117% / β=30°	122% / β=30°	202% / β=25°
orthotr. / 50 / $[p45, 0_2, 90_2]_a$	136%	125%	133%	157%
orthotrop / 50 / quasiisotrop	33%	45%	31%	26%

Soll eine Verdrillung eines aktiven Laminats erzeugt werden, so ist leicht nachvollziehbar, daß die aktiven Schichtaktoren hierzu in einer noch zu bestimmenden Orientierung antimetrisch auf der Ober- und Unterseite des Laminats aufzubringen sind. Die erzeugte Torsion ist umso größer, je weiter außen die aktiven Schichten liegen. Es bleibt die Frage zu klären, welche Orientierung sie für eine maximale induzierte Verdrillung einzunehmen haben, denn wie bei der direkten Schubinduzierung ist damit zu rechnen, daß der Anisotropiegrad des Trägerlaminats einen merklichen Einfluß ausübt.

Bild 3.10 zeigt die Abhängigkeit der induzierten Verdrillung unterschiedlich geschichteter, aktiver antimetrischer Laminate mit außen applizierten DAP-Streifen von deren Orientierung für zwei unterschiedliche Faserverbundmaterialien des Trägerlaminats. Um wiederum einen Anhaltspunkt zur

Verbesserung der induzierten Verdrillung bei Verwendung orthotroper Aktoren zu haben, ist im nachfolgenden Diagramm die induzierte Verdrillung bezogen auf diejenige bei isotroper Aktuation des CFK-T300-Laminats aus Bild 3.7.

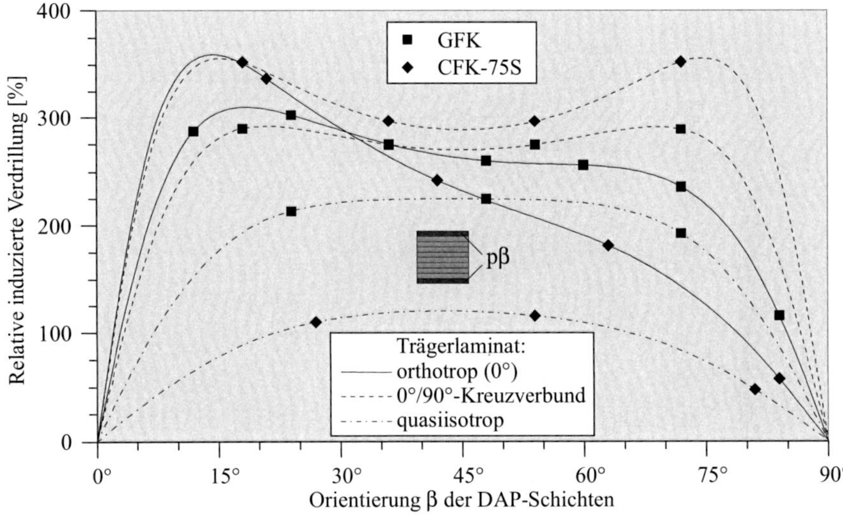

Bild 3.10: Einfluß des Anisotropiegrads aktiver Schichten auf die relative induzierte Verdrillung

Im Diagramm sind GFK mit dem geringsten und CFK-75S mit dem höchsten Anisotropiegrad einander gegenübergestellt. Zu erkennen ist, daß die induzierte Verdrillung mit steigendem Anisotropiegrad, hauptsächlich aber mit sinkender Schubsteifigkeit des Trägerlaminats zunimmt. Der höckerförmige Verlauf beim 0/90-Kreuzlaminat und das ausgeprägte Maximum bei orthotroper Trägerlaminatschichtung hat seine Ursache in der Anisotropie des gesamten aktiven Laminats und den auftretenden zusätzlichen elastischen Kopplungen, die mit steigendem Anisotropiegrad des Substratmaterials auch höher ausfallen. Aus diesem Grund ist bei antimetrisch unter 45° orientierten DAP-Streifen für rein 0°-orientierte Trägerlaminate die induzierte Verdrillung im Falle von GFK größer als bei CFK-75S. Diese ausgeprägten Abhängigkeiten von der Orientierung der DAP-Schichten treten bei der direkten Schubinduzierung nicht auf und liegen in der komplexen Kopplung zwischen Scheibenbeanspruchung und Plattenverformung begründet.

Ebenso tritt dieser Effekt kaum auf im Falle niedriger Anisotropiegrade der aktiven Schichten. Entsprechende Analysen, die hier nicht weiter ausgeführt werden, zeigen, daß z.B. im Falle der Verwendung aktiver Fasern diese generell eine optimale Induzierung einer Verdrillung bei einer Orientierung von 45° der aktiven Schichten haben.

Die Ergebnisse sind wie im vorangegangenen Fall in der folgenden Tabelle 3.4 zusammengefaßt, ergänzt wieder um die im Bild 3.10 nicht dargestellten Werte für die Trägermaterialien CFK-T300 und CFK-M40.

Tabelle 3.4: Maximale relative induzierte Verdrillung zehnschichtiger aktiver Laminate (bezogen auf das Referenzlaminat aus Bild 3.10)

Aktuation / Schichtung	GFK	CFK-T300	CFK-M40	CFK-S75
DAP / $[p\beta, 0_4]_a$	309% (β=20°)	295% (β=20°)	308% (β=15°)	359% (β=15°)
DAP / $[p45, 0_4]_a$	262%	239%	238%	232%
DAP / $[p\beta, 0_2, 90_2]_a$	292% (β=20°)	287% (β=20°)	304% (β=20°)	356% (β=15°)
DAP / $[p45, 0_2, 90_2]_a$	269%	262%	270%	289%
DAP / β=45° quasiisotrop	225%	165%	134%	120%

Vergleicht man die Ergebnisse mit denen aus Tabelle 3.3, zeigt sich, daß bei hochgradig anisotropen Trägerlaminaten wie hier beim CFK-75S eine Aktuation über die elastische Kopplung mittels isotroper Aktuation unter Umständen höhere Verformungen induziert als eine direkte mit DAP-Schichten. Im Falle eines niedrigen Anisotropiegrads wie bei GFK tritt dieser Effekt nicht auf.

Für orthotrope Aktuation kann also zusammenfassend festgehalten werden, daß eine Kombination von gerichteter Aktuation und elastischer Kopplungen zur Erzeugung bestimmter Verformungen keinen Sinn macht, außer wenn der Anisotropiegrad der aktiven Schicht entsprechend klein ist, wie bei der Verwendung aktiver Fasern, mit denen wegen ihres geringen Faservolumenanteils in der aktiven Schicht nur niedrige Anisotropiegrade zu erreichen sind. Gerichtete Aktuation mit der DAP-Methode und somit direkte Verformungsinduzierung verspricht ein hohes Aktuationspotential. Entscheidend ist letztendlich die Laminatanordnung des Substrats, die die Hauptsteifigkeiten vorgibt. Hochgradig anisotrope Materialen wie CFK-75S können sich bei orthotroper Aktuation durchaus als nicht optimale Wahl herausstellen im Vergleich zur isotropen Aktuation über elastische Kopplungen.

3.3.5 Erzeugung elastischer Kopplungen mit Scheraktoren

Eine direkte Erzeugung von Schub bzw. Torsion in aktiven Laminaten mittels applizierter oder integrierter Scheraktoren ist nur von der Schubsteifigkeit des aktiven Laminats abhängig. Da Scheraktoren im Gegensatz zu orientierten orthotropen Aktoren einen reinen Schubspannungszustand induzieren, sind keine zusätzlichen störenden Effekte aufgrund elastischer Kopplungen vorhanden, sofern diese nicht durch bewußt anisotrope Schichtung des Trägerlaminats gezielt erzeugt werden. Beschränkt man sich also auf die Betrachtung orthotroper und quasiisotroper Trägerlaminate, wie in den vorangegangenen Beispielen, so ist leicht nachvollziehbar, daß mit Blick auf (3.15) im Gegensatz zu den orientierten orthotropen Aktoren der induzierte äquivalente Schubspannungszustand von Scheraktoren aufgrund der deutlich höheren Konstante d_{15} größer ist. Allerdings ist die äquivalente Schubkraft auch direkt proportional der Schubsteifigkeit der aktiven Schicht, die wiederum geringer ist als die Zugsteifigkeit, die Eingang findet bei der Ermittlung des äquivalenten Spannungszustandes isotroper oder orthotroper Aktoren.

Die erreichbaren relativen induzierten Verformungen liegen im allgemeinen etwa bei 300% bis 600% bezogen auf die jeweiligen Referenzlaminate und sind somit in jedem Fall höher als mit orthotropen oder isotropen Aktoren [58]. Zu beachten ist allerdings, daß zur Erzeugung des gleichen elektrischen Feldes bei Scheraktoren um Größenordnungen höhere elektrische Spannungen anzulegen sind, da dies, wie bereits erwähnt, über die seitlichen Schichtränder erfolgen muß. Der Vorteil der Scheraktoren muß also dem entsprechend höheren Aufwand kritisch gegenübergestellt werden.

3.3.6 Erzeugung elastischer Kopplungen in vorgegebenen Winkelverbunden

Bei allen bisherigen Betrachtungen wurde davon ausgegangen, daß das Trägerlaminat mit einer für die Aktuation optimalen Schichtung versehen ist. Dies betrifft sowohl die indirekte Verformungsinduzierung über die elastischen Kopplungen, als auch die direkte Verformungsinduzierung mittels orthotroper, gerichteter Aktoren. Bei der Auslegung aktiver Laminate muß meistens auch auf andere Randbedingungen geachtet werden, die oft ausgeglichene Winkelverbunde und somit eine orthotrope Laminatschichtung mit niedrigem Anisotropiegrad erfordern. Hier kann eine induzierte Schubverformung oder Verdrillung nur über eine gerichtete Aktuation erfolgen.

Wegen der vielen verschiedenen Möglichkeiten des Lagenaufbaus, des Anteils der aktiven Schichten im Laminat und der Materialwahl kann hier keine ausführliche Diskussion der Zusammenhänge erfolgen. Untersuchungen an einem 44/44/11-Laminat als typische orthotrope Schichtanordnung haben gezeigt, daß wegen des niedrigen Anisotropiegrads (vergleiche die Angaben in Tabelle 2.2) orthotrope Aktoren ihre beste Wirkung im Hinblick auf eine größtmögliche induzierte Schubverformung unter einer Orientierung von 45° haben. Erst bei deutlich höheren Anisotropiegraden ergeben sich die in den vorherigen Abschnitten gezeigten Effekte einer optimalen Positionierung unter einem Winkel, der kleiner ist als 45°.

3.4 Experimentelle und numerische Analyse eines zug-torsionsgekoppelten aktiven Laminats

Die vorangegangenen Betrachtungen im Abschnitt 3.3 basieren auf den angeführten Annahmen der Thermalanalogie und auf der Basis der klassischen Laminattheorie. Um diese Annahmen zu verifizieren, wurde ein aktives antimetrisches CFK-Laminat mit integrierten isotropen piezokeramischen Schichten hergestellt und sein Verformungsverhalten untersucht [65]. Die Dimensionen des Probenstücks und eine Abbildung der aktiven Platte sind Bild 3.11 zu entnehmen.

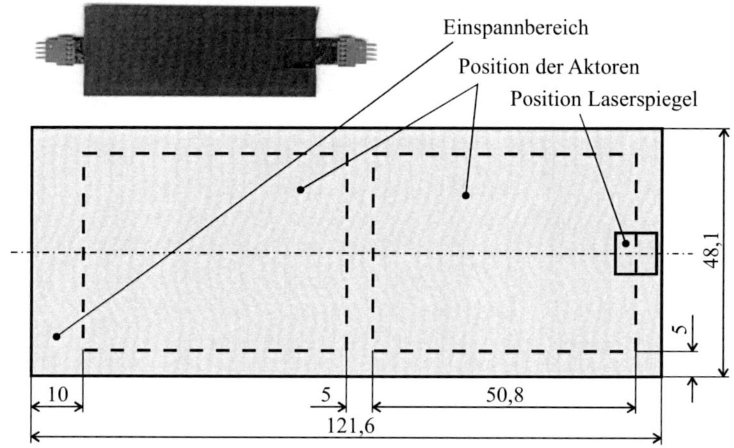

Bild 3.11: Abbildung und Skizze der aktiven Experimentalplatte, Maße in mm

Die aktive Platte wurde an dem Ende mit dem breiteren Rand fest eingespannt, und am freien Ende in der Mitte mit einem kleinen Laserspiegel versehen. Die Verdrehung der Platte wurde über die Ablenkung eines reflektierten Laserstrahls bestimmt. Als Aktoren wurden sogenannte Quick-Packs des Typs QP10W der Firma ACX [66] verwendet, die komplett verkabelt und isoliert geliefert werden. Die Dimensionen des Quickpacks betragen 50.8mm x 38.1mm x 0.38mm, wobei das Piezomaterial selbst eine Dicke von 0.254mm aufweist; der Rest besteht aus Isoliermaterial. Die Materialdaten der Piezos sowie des verwendeten CFK sind in Tabelle 3.5 angegeben.

Tabelle 3.5: Materialdaten der aktiven zug-torsionsgekoppelten Platte

	E_1 [GPa]	E_2 [GPa]	G_{12} [GPa]	ν_{12} [-]	d_{31} [$\mathrm{mm\,V^{-1}}$]
CFK	129	8,4	4,2	0,34	-
PZT	69	69	26,5	0,3	$-179 \cdot 10^{-9}$

Die Schichtung der antimetrischen Platte ist $[75, 70, 25, 35, p]_a$, wobei die Dicke einer CFK-Schicht 0,13mm beträgt, und die Gesamtdicke der aktiven Platte somit 1,1mm ist. Die Kabel der Aktoren sind jeweils stirnseitig aus der Platte herausgeführt. Um einen besseren Verbund der Platte zu gewährleisten, sind die Aktoren seitlich mit orthotropen, in Plattenlängsachse orientierten CFK-Schichten der

Dicke der Aktoren berandet. An die Aktoren wurde eine elektrische Spannung von 192V angelegt.

Mit Hilfe der FE-Methode wurde das Experiment unter Verwendung der Thermalanalogie numerisch nachgerechnet. Hierbei wurden exakt die Randbedingungen des Experiments modelliert, also ein „reales" FE-Schalenmodell erstellt. Ein zweites FE-Modell sollte die Korrelation der analytischen Ergebnisse nach der klassischen Laminatheorie mit den experimentell gewonnenen herbeiführen. Bei diesem „idealen" Schalenmodell wurden die seitlichen Faserverbundränder und der mittlere Steg weggelassen und somit nur der aktive Teil der Platte modelliert. Die unterschiedlichen Ergebnisse sind in Tabelle 3.6 einander gegenübergestellt.

Tabelle 3.6: Zusammenstellung der erhaltenen Verformungen am freien Plattenende

	Experiment	reales FE-Modell	ideales FE-Modell	analytisch mit klass. LT
resultierende Verdrehung	0,58°	0,59°	0,92°	0,92°

Die jeweiligen Ergebnisse aus der FE-Rechnung stimmen sehr gut mit den experimentellen bzw. analytischen Ergebnissen überein. Die Übereinstimmung im ersteren Fall bedeutet eine Bestätigung der Zulässigkeit des Thermalanalogiemodells. Zwischen diesen beiden Ergebnispaaren besteht allerdings ein großer Unterschied. Die Ursache hierfür liegt in den vorhandenen, die Verformung behindernden Faserverbundrändern und dem Steg. Der sich im aktiven Teil der Platte ausbildende Dehnungszustand klingt zu den Rändern hin ab und ist somit über seine gesamte Fläche nicht konstant.

Trotz dieser auftretenden Verformungsbehinderungen ist die mittels der klassischen Laminattheorie ermittelte optimale Laminatschichtung unabhängig von den Verformungsbehinderungen. Auch für nur streckenweise aktive Faserverbundplatten können jeweils optimale Schichtanordnungen mit Hilfe einer entsprechenden Optimierung auf der Basis der klassischen Laminattheorie ermittelt werden. Bei einer Schichtung der Platte von $[45_4, p, -45_4]$ ergibt sich ein Verdrehwinkel des freien Plattenrandes von nur 0,51°. Die Optimierung des Lagenaufbaus in diesem Beispiel führt zu einer um 14% höheren Verformung.

3.5 Zusammenfassung zu den elastischen Kopplungen anisotroper aktiver Laminate

Wie im vorangegangenen Kapitel soll an dieser Stelle eine Zusammenfassung der wichtigsten Erkenntnisse aus der Betrachtung der elastischen Kopplungen aktiver anisotroper Laminate einen Überblick über die wichtigsten Effekte und Phänomene des komplexen Zusammenspiels zwischen aktiven und passiven Schichten im anisotropen Verbund geben.

- Aus der Vielzahl vorhandener Aktoren werden in dieser Arbeit Piezoschichtaktoren zur Integration in Faserverbundlaminaten ausgewählt, die durch Anlegen eines elektrischen Feldes in ihrer Dickenrichtung eine seitliche Ausdehnung oder Kontraktion in der Schichtebene über den sogenannten d_{31}-Effekt des piezoelektrischen Materials erfahren.

- Neben isotropen Schichtaktoren, die sich hinsichtlich der Aktuation und der Eigensteifigkeit in alle Richtungen der Schichtebene gleich verhalten, werden auch orthotrope Aktoren mit veränderlichem Anisotropiegrad betrachtet, der für entsprechende Auswirkungen auf die Eigensteifigkeit und die nun gerichtete Aktuation sorgt. Typische Vertreter dieser Aktuationsklasse sind sogenannte DAP-Streifen (directionally attached piezoelectric elements), die einen Anisotropiegrad k_{12} von bis zu 50 aufweisen.

- Eine Scheraktuation über den d_{15}-Effekt wird wegen der schwierigen praktischen Umsetzbarkeit des Anlegens des elektrischen Felds über die Seitenränder nicht weiter in Betracht gezogen, obwohl die d_{15}-Konstante grundsätzlich bis zu viermal so hohe Werte im Vergleich zur d_{31}-Konstante haben kann und somit eine höhere Aktuation verspricht.

- Die Isotropie integrierter Piezoaktoren birgt zwar ein hohes Aktuationspotential, behindert allerdings wiederum entstehende elastische Kopplungen im Verbund durch ihre Eigensteifigkeit. So kann für den Fall einer zu erzeugenden Zug-Schubkopplung ein optimales Verhältnis der Anteile von passiven und aktiven Schichten im Laminat gefunden werden, was übertragbar auf sämtliche durch isotrope Piezoaktoren erzeugten elastischen Kopplungen ist. Für die Zug-Torsionskopplung müssen die isotropen Piezoschichten in der Mitte des Laminats liegen, da die Induzierung der Dehnung von der Position der Piezoaktoren unabhängig ist, ihr Drillsteifigkeitsanteil aber möglichst niedrig gehalten werden muß. Darüber hinaus ist in diesem Fall eine Kopplungssteigerung durch gezielte Orientierung der einzelnen Lagen weg von den für höchste Zug-Schubkopplung notwendigen 45° möglich. Dieser Effekt beruht auf der geometrie-elastischen Kopplung im Laminat und ist im Falle der Biege-Torsionskopplung nicht anzutreffen.

- Generell können mit der Verwendung von hochmoduligeren Fasertypen im Verbund mit isotropen Schichtaktoren höhere elastische Kopplungen erzeugt werden. Bei aktiven zugtorsionsgekoppelten Laminaten mit einem hohen Anisotropiegrad des Faserverbundmaterials lohnt eine Optimierung des Lagenaufbaus vor allem hinsichtlich der Orientierung der einzelnen Schichten, da hier die höchsten Steigerungen der elastischen Kopplung zu erwarten sind.

- Im Falle von orthotropen Piezoaktoren wie den DAP-Streifen eröffnen sich zur Erzeugung einer Schubverzerrung oder Drillung die beiden Möglichkeiten der direkten Induzierung über gerichtete Aktoren oder indirekt über die elastische Kopplung des Trägerlaminats. Da die gerichteten DAP-Streifen selbst als anisotrope Einzelschicht in den Verbund eingehen, können sekundäre elastische Kopplungen auftreten, die der induzierten Verformung entgegengerichtet sind. Dies führt je nach Laminatanordnung zu einer optimalen Ausrichtung der DAP-Streifen, die nicht immer die vermeintlich notwendigen 45° betragen muß.

- Im Prinzip ist die gerichtete direkte Induzierung mit DAP-Streifen derjenigen über die elastische Kopplung als auch der mit isotropen Piezoaktoren über die elastische Kopplung überlegen. Bei der gerichteten Aktuation ist letztendlich nur auf eine möglichst niedrige Steifigkeit des Laminats gegen die erwünschte Verformung zu achten. Ausnahmefälle sind bei hochgradig anisotropen Faserverbundmaterialien zu finden, die zu hohen elastischen Kopplungen führen. Hier kann eine Torsionserzeugung mittels isotroper Schichtaktoren in einem optimierten anisotropen Schichtenverbund zu höheren Verdrillungen des Laminats führen als durch gerichtete DAP-Streifen in einem möglichst torsionsweichen Laminat.

- Experimentelle Untersuchungen und Vergleichsrechnungen sowohl mit der FE-Methode als auch auf analytischem Weg bestätigen zum einen die Gültigkeit des verwendeten Thermalanalogiemodells und der Voraussetzungen der klassischen Laminattheorie, zeigen zum anderen aber auch den starken Einfluß der passiven Ränder um aktive Bereiche herum auf, die eine vollständige Ausbildung der Aktuation stören.

4 Elastizitätsgesetz aktiver und passiver anisotroper dünnwandiger Balken

Die in den beiden vorangegangenen Kapiteln durchgeführten Untersuchungen wurden allesamt an einem relativ einfachen Strukturelement in Form der geschichteten Platte durchgeführt. Die Idealisierung einer Struktur als Platte stößt schnell an ihre Grenzen, da die Ergebnisse der Analysen zwar grundlegend richtig sind, aber nur Aussagen von allgemeinem Charakter liefern. Um die Aussagekraft deutlich zu erhöhen, soll der Übergang von Laminaten zu konkreten Faserverbundstrukturen am Beispiel von dünnwandigen Faserverbundbalken vollzogen werden. Wegen der für Faserverbundstrukturen meist typischen dünnwandigen Bauweise ergibt sich durch die Aufstellung und Anwendung eines Elastizitätsgesetzes für solche Faserverbundbalken eine detaillierte Möglichkeit der Modellbildung und der Analyse besonderer Effekte, die auf Laminatebene nicht erfaßbar sind.

Mit dem Elastizitätsgesetz für aktive und passive anisotrope dünnwandige Balken werden im wesentlichen zwei Ziele verfolgt. Zum einen ergibt sich die Möglichkeit der Beurteilung und Analyse der elastischen Kopplungen solcher Faserverbundstrukturen unter äußerer Belastung und des Strukturverhaltens anisotroper aktiver Faserverbundbalken, zum anderen die Herleitung geschlossener analytischer Lösungen für ausgewählte wichtige Lastfälle, die eine weitere Anwendung der Balkentheorie erlauben.

Das im folgenden hergeleitete Elastizitätsgesetz für aktive anisotrope dünnwandige Balken geht aus der Balkentheorie von *Chandra* und *Chopra* für offene [28] und geschlossene Querschnitte [29] hervor. Diese Theorie wurde aus derjenigen für dünnwandige isotrope Balken nach *Wlassow* [1] bzw. *Gjelsvik* [2] für anisotrope Materialien erweitert. Sie gilt allerdings, wie noch gezeigt wird, nur unter bestimmten Voraussetzungen. Zur Beschreibung des Strukturverhaltens hochgradig anisotroper Balken auch mit integrierten aktiven Schichten ist eine weitere Modifizierung dieser Balkentheorie erforderlich [49], [58], [67].

Auf eine ausführliche Herleitung wird hier verzichtet. Dies kann mit Hilfe der oben angeführten Literaturverweise vertiefend studiert werden. Die entscheidenden Schritte der Herleitung sind allerdings zum besseren Verständnis der vorgenommenen Modifizierung und der in späteren Kapiteln diskutierten Zusammenhänge notwendig.

Die Balkentheorie nach *Chandra* und *Chopra* wurde aus einer Vielzahl von unterschiedlichen Theorien als Ausgangspunkt gewählt, da sie auch sogenannte nicht-klassische Effekte wie Querschnittsverwölbung und Schubverformung erfaßt. Darüber hinaus macht sie keinerlei Einschränkungen bezüglich der Schichtung des Faserverbundmaterials in den einzelnen Profilabschnitten. Somit können also auch unsymmetrische Schichtungen berücksichtigt werden, was in bezug auf die Untersuchung der elastischen Kopplungen unabdingbare Voraussetzung ist.

4.1 Definitionen und Voraussetzungen

4.1.1 Balkentheorie nach *Chandra* und *Chopra*

Für die hier vorgestellte Balkentheorie ist die Verwendung von drei Koordinatensystemen sinnvoll. Das kartesische Koordinatensystem x,y,z gemäß Bild 4.1a gilt für den gesamten Balken mit der x-Richtung entlang der Balkenlängsachse. Die einzelnen Balkensegmente werden beschrieben mit Hilfe des kartesischen Koordinatensystems x,s,n, wie in Bild 4.1b dargestellt. Darüber hinaus gibt es ein Konturkoordinatensystem s, wobei s der Konturmittellinie des Balkenquerschnitts folgt.

Für den Balken muß eine Pollinie parallel zur Balkenlängsachse x festgelegt werden, die durch den Pol P des Balkenquerschnitts verläuft. Dieser Pol P dient hierbei als Referenzpunkt für die Balkenverformungen U,V,W und -rotationen $\varphi_x, \varphi_y, \varphi_z$ bezüglich des Balkenkoordinatensystems x,y,z. Üblicherweise wird er im Falle vorhandener Querschnittssymmetrien auf den Schnittpunkt der Symmetrieachsen oder den Schnittpunkt zwischen der Symmetrieachse mit einem Profilabschnitt gelegt. Die geometrische Lage eines Punkts A auf der Mittelinie eines Balkensegments (und somit auf der Konturlinie des Balkenquerschnitts) wird gemäß Bild 4.1b durch die Funktionen $r(s)$, $q(s)$ und $\theta(s)$ in Abhängigkeit von der Konturkoordinate s beschrieben. Die Wandstärke des Balkens sei durch die Funktion $t(s)$ festgelegt. Darüber hinaus sei der dünnwandige Balken von zylindrischer Natur, so daß sein Querschnitt entlang der Balkenlängsachse konstant ist.

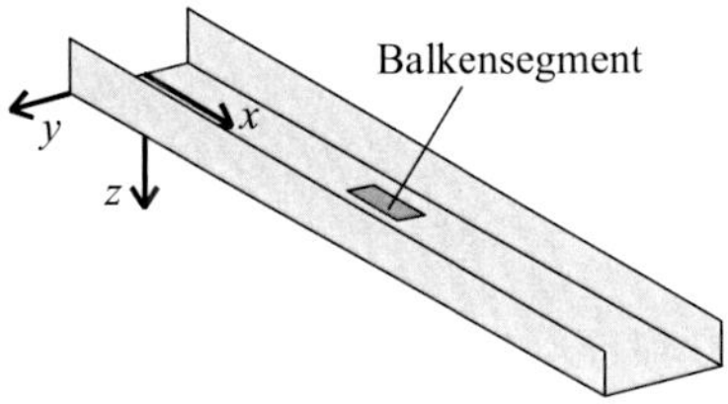

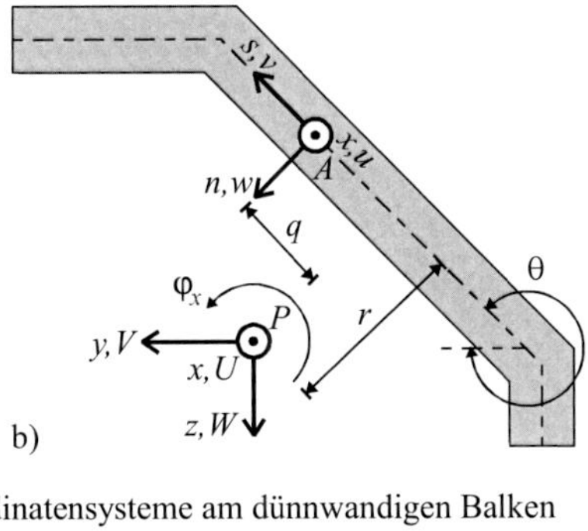

Bild 4.1: Definition der globalen und lokalen Koordinatensysteme am dünnwandigen Balken

Folgende Voraussetzungen gelten für die Balkentheorie nach *Chandra* und *Chopra*:

1. Die Querschnittskontur verformt sich nicht in ihrer Ebene. Dies bedeutet, daß eine Querschnittsverformung vernachlässigt wird, und somit Dehnungen ε_s und Krümmungen κ_s in Querschnittskonturrichtung s gegenüber den Dehnungen ε_x und Krümmungen κ_x in Balkenlängsachse x vernachlässigt werden.

2. Jedes einzelne Balkensegment verhält sich wie eine dünne ebene Platte. Dies bedeutet in Verbindung mit Voraussetzung 1, daß eine Schubverformung γ_{xs} in bezug auf das Verformungsverhalten dieses einzelnen Balkensegments vernachlässigt wird, im Hinblick auf die Schubverformungen γ_{xy} und γ_{xz} des gesamten Balkens jedoch berücksichtigt wird.

3. Bei einem geschlossenen Querschnitt oder Querschnittzug kann γ_{xs} nicht vernachlässigt werden und wird daher im Falle einer Torsion des Balkens durch die Schubverformung aufgrund St. Venant'scher Torsion erfaßt.

4. Wegen Voraussetzung 1 werden eventuell auftretende Normalspannungen σ_s gegenüber den Normalspannungen σ_x vernachlässigt.

5. Jedes einzelne geschichtete Balkensegment unterliegt einem ebenen Spannungszustand, und sein Elastizitätsgesetz wird durch die klassische Laminattheorie beschrieben.

Die erste der oben aufgeführten Voraussetzungen wurde von *Wlassow* eingeführt und ist gültig im Hinblick auf seine Theorie zur Beschreibung des Strukturverhaltens dünnwandiger isotroper Balken. Diese Voraussetzung ist wichtig für die nachfolgend aufgezeigten einfachen kinematischen Zusammenhänge der Starrkörperbewegungen des Balkenquerschnitts.

4.1.2 Modifizierte Balkentheorie

Chandra und *Chopra* haben Voraussetzung 1 übernommen, ohne sie bei der Verwendung von Faserverbundmaterialien im Hinblick auf eine beliebige Laminatschichtung in den Balkensegmenten zu hinterfragen. Die in ihren Arbeiten angeführten Untersuchungen an dünnwandigen Faserverbundbalken bestätigen die Richtigkeit ihrer Theorie, weil ihre Verifikationsbeispiele so gewählt sind, daß Voraussetzung 1 und 3 - also die Vernachlässigung von ε_s und σ_s - wegen des speziellen Laminataufbaus mit einem hohen Anteil von Faserlagen in Balkenlängsachse und in Querschnittskonturrichtung erfüllt wird. Diese Faseranordnungen sorgen für eine hohe Steifigkeit des Balkenquerschnitts. Liegt eine solche Schichtung nicht vor, muß die Richtigkeit der Voraussetzung 1 in Frage gestellt werden. Hieraus ergibt sich der Ansatz für eine wesentliche Modifikation der Balkentheorie.

Speziell bei Verwendung von Faserverbundmaterialien zeigt sich schon bei einfachen anisotropen Strukturen ein komplexes Verformungsverhalten, wie an den Beispielen in Kapitel 2 gezeigt werden konnte. Eine Vernachlässigung des Verformungsverhaltens in Querrichtung hat zum Teil großen Einfluß auf die korrekte Beschreibung der elastischen Kopplungen und des anisotropen Strukturverhaltens. Im Falle aktiver Strukturen mit z.B. integrierten isotropen piezoelektrischen Schichten würde eine Vernachlässigung der Aktuation in Querrichtung zu gänzlich falschen Ergebnissen führen.

Um trotzdem den von *Chandra* und *Chopra* gewählten Weg der Herleitung beibehalten zu können, wird folgende Modifizierung der Voraussetzung 1 vorgenommen:

6. Die Querschnittskontur verformt sich weiterhin nicht in ihrer Ebene. Die Normalspannungen σ_s werden gegenüber den Normalspannungen σ_x vernachlässigt. Die Dehnungen ε_s und Krümmungen κ_s in Querschnittskonturrichtung s werden gegenüber den Dehnungen ε_x und Krümmungen κ_x in Balkenlängsachse x als zu vernachlässigend klein im Hinblick auf die Verformung der Querschnittskontur angesehen, nicht jedoch im Hinblick auf ihren Einfluß auf die übrigen Dehnungen und Krümmungen.

Daß eine Nicht-Berücksichtigung der Querdehnungen und -krümmungen im Zuge der Behandlung von anisotropen dünnwandigen Faserverbundbalken zu einer Überbewertung der Steifigkeiten führt, wird u.a. auch von *Wu* und *Sun* in [30] explizit erwähnt, ohne daß sie auf die Konsequenzen weiter eingehen. Die Methode der reduzierten Steifigkeiten, die im Abschnitt 2.3.3 bereits genannt wurde, entspricht in ihrem Ansatz dieser genannten Berücksichtigung der Quereffekte, bleibt in der Literatur jedoch auf orthotrope Laminate oder die Behandlung anisotroper Scheiben beschränkt. Beispiele hierzu finden sich in [16] und [34].

In dieser Arbeit wird die Berücksichtigung der Querdehnungen und -krümmungen sowie der Effekte aus den elastischen Kopplungen eines beliebig geschichteten anisotropen Laminats mit der Balkentheorie von *Chandra* und *Chopra* so verknüpft, wie es in [49] bereits vorgestellt wurde, und erstmals konsequent für die Berechnung aktiver anisotroper dünnwandiger Balken umgesetzt. Die entscheidende Modifizierung erfolgt hier bei der Aufstellung des Elastizitätsgesetzes der geschichteten Balkensegmente unter Verwendung der klassischen Laminattheorie.

Folgende geometrische Zusammenhänge und Abkürzungen werden mit Blick auf Bild 4.1 im weiteren Verlauf verwendet:

$$\frac{dy}{ds} = \cos\theta \quad ; \quad \frac{dz}{ds} = \sin\theta \quad ; \quad \frac{d}{dx}(\ ) = (\ )' \quad ; \quad \frac{d}{ds}(\ ) = (\ )^{\bullet} \tag{4.1}$$

4.2 Herleitung der modifizierten Balkentheorie

4.2.1 Zusammenhang zwischen Verformungen und Verzerrungen

Ausgehend von den in Bild 4.1b dargestellten Definitionen an einem Ausschnitt der Querschnittskontur kann für die Verschiebung eines Punktes A auf der Querschnittskontur in der Querschnittsebene in Abhängigkeit von den Verschiebungen V, W und φ_x des Querschnittpols P festgehalten werden:

$$v(x,s) = V(x)\cos\theta(s) + W(x)\sin\theta(s) + \varphi_x(x)\,r(s) \tag{4.2}$$

$$w(x,s) = -V(x)\sin\theta(s) + W(x)\cos\theta(s) + \varphi_x(x)q(s) \tag{4.3}$$

Nach *Chandra* und *Chopra* wird gemäß Voraussetzung 2 die Schubverzerrung der Plattensegmente hinsichtlich der Verformung der Plattensegmente vernachlässigt, hinsichtlich ihres Einflusses auf die Schubverformung des gesamten Balkens aber nicht. Im Grunde handelt es sich somit um eine ähnliche Modifizierung, wie sie in Voraussetzung 6 vorgenommen wurde. Somit gelte der folgende Zusammenhang:

$$\gamma_{xs}(x,s) = v'(x,s) + \dot{u}(x,s) = \gamma_{xy}(x)\cos\theta(s) + \gamma_{yz}(x)\sin\theta(s) + \gamma_{xs}^{T}(x,s) \tag{4.4}$$

Aus dieser Gleichung kann die u-Verschiebung des Punkts A hergeleitet werden. Hierfür muß bezüglich der Schubverformungen noch eine Fallunterscheidung durchgeführt werden: bei geschlossenem Querschnitt muß der Anteil der Schubverformung γ_{xs}^{T} aus einer Torsionsbeanspruchung des Balkens berücksichtigt werden. Eine Funktion $F(s)$ beschreibe gemäß *Gjelsvik* [2] die Variation der Schubverformung entlang der Querschnittskontur als eine reine Geometriefunktion. Im Falle von Faserverbundbalken kann es durch unterschiedliche Schichtanordnungen auch zu unterschiedlichen Schubmoduln in den einzelnen Balkensegmenten kommen. Dies muß nach *Chandra* und *Chopra* [29] mit einer weiteren Materialfunktion $G(s)$ beschrieben werden. Für γ_{xs}^{T} ergibt sich somit unter Verwendung der zusammenfassenden Schubverteilungsfunktion $G_S(s) = F(s)G(s)$:

$$\gamma_{xs}^{T}(x,s) = \frac{G_S(s)}{Gt}\varphi_x'(x) \tag{4.5}$$

Die Ableitung von v nach x lautet:

$$v'(x,s) = V'(x)\cos\theta(s) + W'(x)\sin\theta(s) + \varphi_x'(x)r(s) \tag{4.6}$$

und man erhält für die Ableitung von u nach s aus (4.4) mit (4.6):

$$\dot{u}(x,s) = \left(\gamma_{xy}(x) - V'(x)\right)\cos\theta(s) + \left(\gamma_{xz}(x) - W'(x)\right)\sin\theta(s) - \varphi_x'(x)\left(r(s) - \frac{G_S(s)}{Gt}\right) \tag{4.7}$$

Mit den Abkürzungen:

$$\omega(s) = -\int_0^s\left(r(s) - \frac{G_S(s)}{Gt}\right)ds \quad ; \quad \varphi_y(x) = \gamma_{xz}(x) - W'(x) \quad ; \quad \varphi_z(x) = \gamma_{xy}(x) - V'(x) \tag{4.8}$$

kann (4.7) geschrieben werden als:

$$\dot{u}(x,s) = \varphi_y(x)\sin\theta(s) + \varphi_z(x)\cos\theta(s) - \varphi_x'(x)\left(r(s) - \frac{G_S(s)}{Gt}\right) \tag{4.9}$$

Durch Integration erhält man letztendlich für die Verschiebung u des Punktes A:

$$u(x,s) = U(x) + \varphi_y(x)z(s) + \varphi_z(x)y(s) + \omega(s)\varphi_x'(x) \tag{4.10}$$

Die Schubverteilungsfunktion $G_S(s)$ kann über die Randbedingung des verschwindenden Integrals der Querschnittsverwölbung über jeden einzelnen geschlossenen Querschnittzug j bestimmt werden. Mit Hilfe von (4.9) ergibt sich für die Bestimmungsgleichung für $G_S(s)$:

$$\oint_j du = \oint_j \dot{u}\, ds = 0 \quad \Rightarrow \quad \oint_j \frac{G_S(s)}{Gt} ds = \oint_j r\, ds = 2A_j \tag{4.11}$$

Für das später noch aufzustellende Elastizitätsgesetz eines geschichteten Balkensegments sind die gemäß den Voraussetzungen nicht verschwindenden Dehnungen und Krümmungen in Abhängigkeit von den Verschiebungen des Pols P notwendig. Für die Dehnung ε_x in Balkenlängsachse ergibt sich:

$$\varepsilon_x(x,s) = u'(x,s) = U'(x) + \varphi_y'(x)\, z(s) + \varphi_z'(x)\, y(s) + \omega(s)\, \varphi_x''(x) \tag{4.12}$$

Die Schubverformung γ_{xs} wurde bereits durch Beziehung (4.4) definiert. Zur Bestimmung der Krümmungen wird auf die klassische Plattentheorie 1. Ordnung zurückgegriffen [48] mit den bekannten Definitionen:

$$\kappa_x = -\frac{\partial^2 w}{\partial x^2} \quad ; \quad \kappa_{xy} = -2\frac{\partial^2 w}{\partial x\, \partial y} \quad ; \quad \varphi_x = \frac{\partial w}{\partial y} \tag{4.13}$$

Hieraus erhält man für die Krümmungen κ_x und κ_{xs}:

$$\kappa_x(x,s) = V(x)''\sin\theta(s) - W(x)''\cos\theta(s) - \varphi_x''(x)\, q(s) \tag{4.14}$$

$$\kappa_{xs}(x,s) = -2\varphi_x'(x) \tag{4.15}$$

4.2.2 Schalenkräfte und -momente am Balkensegment

Die gemäß den Voraussetzungen zu berücksichtigenden Schalenkräfte und -momente am Balkensegment sind die Scheibenkräfte n_x und n_{xs}, die Querkraft q_x sowie die Plattenmomente m_x und m_{xs} am Rand x. Aus den Plattenmomenten m_{sx} am Rand s resultieren konzentrierte Einzelkräfte m_{sx}^i und m_{sx}^j an den Ecken der Balkensegmente [2], die nicht vernachlässigt werden dürfen. In Bild 4.2 sind alle genannten Kräfte und Momente dargestellt.

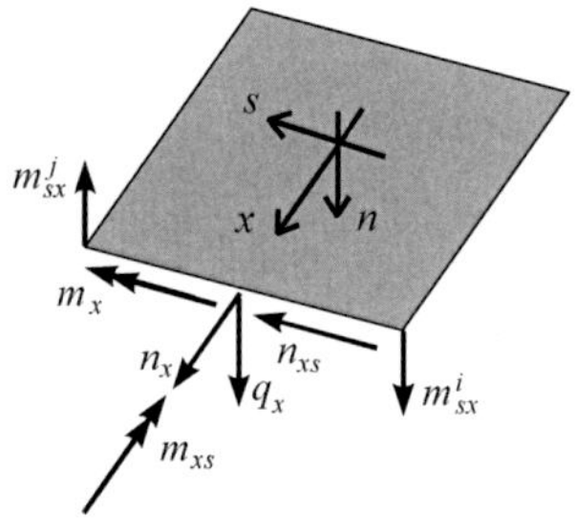

Bild 4.2: Zu berücksichtigende Kräfte und Momente am Balkensegment

4.2.3 Modifiziertes Elastizitätsgesetz der geschichteten Platte

Gemäß Voraussetzung 5 wird jedes Balkensegment als eine geschichtete ebene Platte behandelt und mit der klassischen Laminattheorie beschrieben. In der ursprünglichen Balkentheorie nach *Chandra* und *Chopra* wird das vollständige Elastizitätsgesetz der geschichteten Platte (2.19) zur Berücksichtigung der Voraussetzung 1 dahingehend vereinfacht, daß die zweite und fünfte Reihe und Spalte gestrichen werden, also sowohl n_y bzw. n_s und m_y bzw. m_s als auch ε_y bzw. ε_s und κ_y bzw. κ_s vernachlässigt werden. Dieses vereinfachte Elastizitätsgesetz hat im x,s,n-System daher die Form:

$$\begin{bmatrix} n_x \\ n_{xs} \\ m_x \\ m_{xs} \end{bmatrix} = \begin{bmatrix} A_{11} & A_{13} & B_{11} & B_{13} \\ A_{13} & A_{33} & B_{13} & B_{33} \\ B_{11} & B_{13} & D_{11} & D_{13} \\ B_{13} & B_{33} & D_{13} & D_{33} \end{bmatrix} \cdot \begin{bmatrix} \varepsilon_x \\ \gamma_{xs} \\ \kappa_x \\ \kappa_{xs} \end{bmatrix} \tag{4.16}$$

Die Modifizierung des Elastizitätsgesetzes (2.19) unter Berücksichtigung der Voraussetzung 6 geht davon aus, daß zwar n_s und m_s vernachlässigt werden, nicht aber ε_s und κ_s (d.h. keine Querkontraktions- und Querkrümmungsbehinderung) bezüglich ihres Einflusses auf die anderen Verformungen. Im Falle aktiver Schichten wird das Elastizitätsgesetz gemäß (3.19) um den Term der aktorischen Ersatzkräfte erweitert. Hier müssen die aktorischen Kräfte und Momente n_{ps} und m_{ps} im Hinblick auf ihren Einfluß auf die übrigen Dehnungen und Krümmungen berücksichtigt werden. Ausgangspunkt der Modifizierung ist also der Zusammenhang:

$$\begin{bmatrix} n_x \\ 0 \\ n_{xs} \\ m_x \\ 0 \\ m_{xs} \end{bmatrix} = \begin{bmatrix} A & B \\ B & D \end{bmatrix} \cdot \begin{bmatrix} \varepsilon_x \\ \varepsilon_s \\ \gamma_{xs} \\ \kappa_x \\ \kappa_s \\ \kappa_{xs} \end{bmatrix} - \begin{bmatrix} n_{px} \\ n_{ps} \\ n_{pxs} \\ m_{px} \\ m_{ps} \\ m_{pxs} \end{bmatrix} \tag{4.17}$$

ε_s und κ_s werden nun in Abhängigkeit von den übrigen Dehnungen und Krümmungen sowie durch n_{ps} und m_{ps} ausgedrückt. Aus der zweiten und fünften Zeile von (4.17) ergibt sich zusammengefaßt:

$$\begin{aligned} \varepsilon_s = {} & \frac{B_{12}B_{22}-A_{12}D_{22}}{A_{22}D_{22}-B_{22}^2}\varepsilon_x + \frac{B_{22}B_{23}-A_{23}D_{22}}{A_{22}D_{22}-B_{22}^2}\gamma_{xs} + \frac{B_{22}D_{12}-B_{12}D_{22}}{A_{22}D_{22}-B_{22}^2}\kappa_x + \frac{B_{22}D_{23}-B_{23}D_{22}}{A_{22}D_{22}-B_{22}^2}\kappa_{xs} + \\ & + \frac{D_{22}}{A_{22}D_{22}-B_{22}^2}n_{ps} - \frac{B_{22}}{A_{22}D_{22}-B_{22}^2}m_{ps} \end{aligned} \tag{4.18}$$

$$\kappa_s = \frac{A_{12}B_{22}-A_{22}B_{12}}{A_{22}D_{22}-B_{22}^2}\varepsilon_x + \frac{A_{23}B_{22}-A_{22}B_{23}}{A_{22}D_{22}-B_{22}^2}\gamma_{xs} + \frac{B_{12}B_{22}-A_{22}D_{12}}{A_{22}D_{22}-B_{22}^2}\kappa_x + \frac{B_{22}B_{23}-A_{22}D_{23}}{A_{22}D_{22}-B_{22}^2}\kappa_{xs} - \frac{B_{22}}{A_{22}D_{22}-B_{22}^2}n_{ps} + \frac{A_{22}}{A_{22}D_{22}-B_{22}^2}m_{ps} \tag{4.19}$$

Eingesetzt in die übrigen Zeilen von (4.17) reduziert sich somit (2.19) bzw. (3.19) auf das sogenannte modifizierte Elastizitätsgesetz der geschichteten aktiven Platte:

$$\begin{bmatrix} n_x \\ n_{xs} \\ m_x \\ m_{xs} \end{bmatrix} = \begin{bmatrix} A_{11}^* & A_{13}^* & B_{11}^* & B_{13}^* \\ A_{13}^* & A_{33}^* & B_{31}^* & B_{33}^* \\ B_{11}^* & B_{31}^* & D_{11}^* & D_{13}^* \\ B_{13}^* & B_{33}^* & D_{13}^* & D_{33}^* \end{bmatrix} \cdot \begin{bmatrix} \varepsilon_x \\ \gamma_{xs} \\ \kappa_x \\ \kappa_{xs} \end{bmatrix} - \begin{bmatrix} n_{px}^* \\ n_{pxs}^* \\ m_{px}^* \\ m_{pxs}^* \end{bmatrix} = \begin{bmatrix} A^* & B^* \\ B^{*T} & D^* \end{bmatrix} \cdot \begin{bmatrix} \varepsilon_x \\ \gamma_{xs} \\ \kappa_x \\ \kappa_{xs} \end{bmatrix} - \begin{bmatrix} n_{px}^* \\ n_{pxs}^* \\ m_{px}^* \\ m_{pxs}^* \end{bmatrix} \tag{4.20}$$

Man beachte, daß der Koppelquadrant $[B^*]$ nicht mehr symmetrisch ist, die gesamte Steifigkeitsmatrix $[ABD^*]$ aber weiterhin symmetrisch bleibt. Die einzelnen Koeffizienten der modifizierten Steifigkeitsmatrix $[ABD^*]$ und die modifizierten aktorischen Ersatzkräfte ergeben sich zu:

$$A_{11}^* = A_{11} + \frac{2A_{12}B_{12}B_{22} - A_{12}^2 D_{22} - B_{12}^2 A_{22}}{D_{22}A_{22} - B_{22}^2} \quad \text{(a)}$$

$$A_{13}^* = A_{13} + \frac{A_{12}(B_{22}B_{23} - A_{23}D_{22}) + B_{12}(A_{23}B_{22} - A_{22}B_{23})}{D_{22}A_{22} - B_{22}^2} \quad \text{(b)}$$

$$A_{33}^* = A_{33} + \frac{2A_{23}B_{22}B_{23} - A_{23}^2 D_{22} - B_{23}^2 A_{22}}{D_{22}A_{22} - B_{22}^2} \quad \text{(c)}$$

$$B_{11}^* = B_{11} + \frac{A_{12}(B_{22}D_{12} - B_{12}D_{22}) + B_{12}(B_{12}B_{22} - A_{22}D_{12})}{D_{22}A_{22} - B_{22}^2} \quad \text{(d)} \quad (4.21)$$

$$B_{13}^* = B_{13} + \frac{A_{12}(B_{22}D_{23} - B_{23}D_{22}) + B_{12}(B_{22}B_{23} - A_{22}D_{23})}{D_{22}A_{22} - B_{22}^2} \quad \text{(e)}$$

$$B_{31}^* = B_{13} + \frac{A_{23}(B_{22}D_{12} - B_{12}D_{22}) + B_{23}(B_{12}B_{22} - A_{22}D_{12})}{D_{22}A_{22} - B_{22}^2} \quad \text{(f)}$$

$$B_{33}^* = B_{33} + \frac{A_{23}(B_{22}D_{23} - B_{23}D_{22}) + B_{23}(B_{22}B_{23} - A_{22}D_{23})}{D_{22}A_{22} - B_{22}^2} \quad \text{(g)}$$

$$D_{11}^* = D_{11} + \frac{2B_{12}B_{22}D_{12} - B_{12}^2 D_{22} - D_{12}^2 A_{22}}{D_{22}A_{22} - B_{22}^2} \quad \text{(h)}$$

$$D_{13}^* = D_{13} + \frac{B_{12}(B_{22}D_{23} - B_{23}D_{22}) + D_{12}(B_{22}B_{23} - A_{22}D_{23})}{D_{22}A_{22} - B_{22}^2} \quad \text{(i)}$$

$$D_{33}^* = D_{33} + \frac{2B_{22}B_{23}D_{23} - B_{23}^2 D_{22} - D_{23}^2 A_{22}}{D_{22}A_{22} - B_{22}^2} \quad \text{(j)}$$

$$n_{px}^* = n_{px} + \frac{n_{ps}(B_{12}B_{22} - A_{12}D_{22}) + m_{ps}(A_{12}B_{22} - A_{22}B_{12})}{D_{22}A_{22} - B_{22}^2} \quad \text{(k) (4.21)}$$

$$n_{pxs}^* = n_{pxs} + \frac{n_{ps}(B_{22}B_{23} - A_{23}D_{22}) + m_{ps}(A_{23}B_{22} - A_{22}B_{23})}{D_{22}A_{22} - B_{22}^2} \quad \text{(l)}$$

$$m_{px}^* = m_{px} + \frac{n_{ps}(B_{22}D_{12} - B_{12}D_{22}) + m_{ps}(B_{12}B_{22} - A_{22}D_{12})}{D_{22}A_{22} - B_{22}^2} \quad \text{(m)}$$

$$m_{pxs}^* = m_{pxs} + \frac{n_{ps}(B_{22}D_{23} - B_{23}D_{22}) + m_{ps}(B_{22}B_{23} - A_{22}D_{23})}{D_{22}A_{22} - B_{22}^2} \quad \text{(n)}$$

Durch diese Umstellung wird erreicht, daß trotz der Vernachlässigung der entsprechenden Größen und folglich einer eindimensionalen Betrachtungsweise der geschichteten Platte unter der Randbedingung $n_s = m_s = 0$ quasi mit dem vollständigen Materialgesetz gearbeitet wird. Die Umformung berücksichtigt den Einfluß der Querkontraktion und der Querkrümmung auf die übrigen Verformungen, wie es in Voraussetzung 6 als Modifikation der Voraussetzung 1 von *Chandra* und *Chopra* postuliert wurde.

Zu beachten ist, wie in den Gleichungen (4.21k-n) nun die aktorische Ersatzkraft n_{ps} und das aktorische Ersatzmoment m_{ps} über die je nach Laminatschichtung vorhandenen Koppelsteifigkeiten bzw. Querkontraktions- und Querkrümmungssteifigkeiten in die Berechnung der übrigen aktorischen Ersatzkräfte und -momente eingehen. So ergibt sich zum Beispiel im Falle eines antimetrisch geschichteten Laminats mit einer Zug-Torsionskopplung aufgrund seiner [*ABD*]-Matrix, wie sie in (2.20) angegeben ist, für das aktorische Ersatzdrillmoment m_{pxs}:

$$m_{pxs}^* = m_{pxs} - n_{ps}\frac{B_{23}}{A_{22}} \quad (4.22)$$

Die Aktuation in Querrichtung n_{ps} erzeugt folglich über die Zug-Torsionskopplung B_{23} in Querrichtung ein aktorisches Ersatzdrillmoment.

4.2.4 Balkenschnittkräfte und -momente

Die Schnittkräfte und -momente des dünnwandigen anisotropen Balkens ergeben sich aus der Integration der Schalenkräfte und -momente aus Bild 4.2 über die gesamte Querschnittskontur. Ihre Bestimmung erfolgt mit Hilfe des Prinzips der virtuellen Arbeit. Die Schalenkräfte und -momente aller Balkensegmente erzeugen die virtuelle Arbeit:

$$W_e = \oint \left(n_x u + n_{xs} v - m_x w' + q_x w - m_{xs} \varphi_x \right) ds - \sum_{\text{Segmente}} \left(m_{sx}^j w^j - m_{sx}^i w^i \right) \quad (4.23)$$

Die virtuelle Arbeit kann auch ausgedrückt werden durch die Summe der Produkte aus den einzelnen Balkenverformungen und ihren korrespondierenden Balkenschnittkräften und -momenten:

$$W_e = N U + Q_y V + Q_z W + M_T \varphi_x + B_{WT} \varphi_x' + M_y \varphi_y + M_z \varphi_z + G_z \gamma_{xy} + G_y \gamma_{xz} \quad (4.24)$$

Hierbei bezeichnet nun N die Normalkraft, Q_y und Q_z die Querkräfte, M_y und M_z die Biegemomente sowie M_T das Torsionsmoment gemäß der Elementaren Technischen Biegetheorie (ETB). Als weitere Schnittgröße wird bei der hier vorgestellten erweiterten Balkentheorie ein Wölbbimoment B_{WT} als Schnittgröße für die in der ETB nicht enthaltene Querschnittsverwölbung des Balkens eingeführt. Alle genannten Schnittgrößen sind in Bild 4.3 dargestellt. Für die ebenso in der ETB nicht enthaltene Schubverformung des Balkens werden sogenannte Schubmomente G_y und G_z als Schnittgrößen definiert.

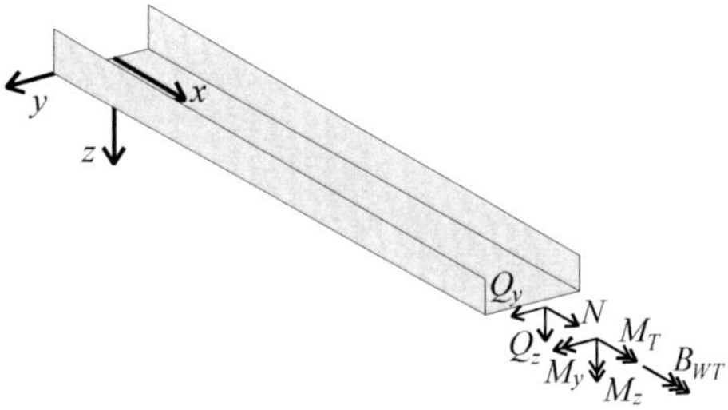

Bild 4.3: Balkenschnittkräfte und -momente

Setzt man die in Abschnitt 4.2.1 hergeleiteten Ausdrücke für die Verformungen u, v, w und w' in (4.23) ein und führt einen Koeffizientenvergleich mit (4.24) durch, ergeben sich für die Balkenschnittkräfte und -momente:

$$N(x) = \oint n_x(x,s)\, ds \quad \text{(a)}$$

$$Q_y(x) = \oint \left(n_{xs}(x,s) \cos\theta(s) - q_x(x,s) \sin\theta(s) \right) + \sum_{\text{Segmente}} \left(m_{sx}^j \sin\theta^j - m_{sx}^i \sin\theta^i \right) \quad \text{(b)} \quad (4.25)$$

$$Q_z(x) = \oint \left(n_{xs}(x,s) \sin\theta(s) + q_x(x,s) \cos\theta(s) \right) - \sum_{\text{Segmente}} \left(m_{sx}^j \cos\theta^j - m_{sx}^i \cos\theta^i \right) \quad \text{(c)}$$

$$
\begin{aligned}
M_y(x) &= \oint \left(n_x(x,s)\, z(s) + m_x(x,s) \cos\theta(s) \right) ds && \text{(d)}\\
M_z(x) &= \oint \left(n_x(x,s)\, y(s) - m_x(x,s) \sin\theta(s) \right) ds && \text{(e)}\\
M_T(x) &= \oint \left(n_{xs}(x,s)\, r(s) + q_x(x,s)\, q(s) - m_{xs}(x,s) \right) - \sum_{\text{Segmente}} \left(m_{sx}^{j} q^{j} - m_{sx}^{i} q^{i} \right) && \text{(f)}\\
B_{WT}(x) &= \oint \left(n_x(x,s)\, \omega(s) - m_x(x,s)\, q(s) \right) ds && \text{(g)}\\
G_z(x) &= \oint \left(m_x(x,s) \sin\theta(s) \right) ds && \text{(h)}\\
G_y(x) &= \oint \left(- m_x(x,s) \cos\theta(s) \right) ds && \text{(i)}
\end{aligned}
\qquad (4.25)
$$

Die sich aus dem Koeffizientenvergleich ergebenden Ausdrücke für Schnittgrößen Q_y, Q_z und M_T sind schwierig aufzulösen. Zu einer anderen Beschreibung dieser Größen gelangt man mit Hilfe der Zusammenhänge gemäß klassischer Plattentheorie 1. Ordnung [2]. Aus dem Kräftegleichgewicht am infinitesimalen Balkenelement ergeben sich die bekannten Beziehungen:

$$
Q_y(x) = M_z'(x) \quad ; \quad Q_z(x) = M_y'(x) \qquad (4.26)
$$

Das Torsionsmoment M_T setzt sich zusammen aus einem Anteil M_{STV} aufgrund St. Venant'scher Torsion und M_{WT} aus der Wölbkrafttorsion, so daß gilt:

$$
M_T(x) = M_{STV}(x) + M_{WT}(x) \qquad (4.27)
$$

Für die Wölbkrafttorsion gilt aus Gleichgewichtsgründen [2]:

$$
M_{WT}(x) = -B_{WT}'(x) \qquad (4.28)
$$

Die St. Venant'sche Torsion M_{STV} läßt sich nach [29] schreiben als:

$$
M_{STV}(x) = \oint \left(n_{xs}(x,s) \frac{G_s(s)}{Gt} - 2\, m_{xs}(x,s) \right) ds \qquad (4.29)
$$

Durch die Formulierungen (4.26) und (4.29) wird erreicht, daß alle aufgeführten Balkenschnittgrößen nur durch die im vorherigen Abschnitt im vereinfachten und auch modifizierten Elastizitätsgesetz der geschichteten Platte enthaltenen Scheibenkräfte n_x und n_{xs} sowie Plattenmomente m_x und m_{xs} beschrieben werden.

Die Natur der Balkenschnittgrößen wird noch etwas deutlicher beim Aufstellen der Dehnungsenergie pro Längeneinheit am Balken. Ausgehend von den Dehnungen und Krümmungen gemäß dem Elastizitätsgesetz (4.20) ergibt sich für die Formänderungsenergie pro Längeneinheit:

$$
\Pi = \frac{1}{2} \oint \left(n_x\, \varepsilon_x + n_{xs}\, \gamma_{xs} + m_x\, \kappa_x + m_{xs}\, \kappa_{xs} \right) ds \qquad (4.30)
$$

Ersetzt man in (4.30) die Dehnungen und Krümmungen durch ihre Ausdrücke in Abhängigkeit von den Balkenverformungen (4.4), (4.12), (4.13) und (4.14), so gelangt man mit Hilfe der oben gefundenen Zusammenhänge zwischen den Balkenschnittgrößen und den Schalenkräften und -momenten zu dem Ausdruck:

$$\Pi = \frac{1}{2}\Big(N\,U' + M_{STV}\,\varphi_x' + B_{WT}\,\varphi_x'' + M_y\,\varphi_y' + M_z\,\varphi_z' + S_y\,\gamma_{xy} + S_z\,\gamma_{xz} + G_z\,\gamma_{xy}' + G_y\,\gamma_{xz}' \Big)ds \qquad (4.31)$$

In dieser Formulierung der Formänderungsenergie pro Längeneinheit tauchen nur die aktiven, sogenannten generalisierten Schnittgrößen N, M_{STV}, B_{WT}, M_y, M_z, G_y und G_z auf sowie die beiden Schubkräfte S_y und S_z, für die gilt:

$$S_y(x) = \oint n_{xs}(x,s)\cos\theta(s)\,ds \quad ; \quad S_z(x) = \oint n_{xs}(x,s)\sin\theta(s)\,ds \qquad (4.32)$$

In (4.31) sind die generalisierten Schnittgrößen jeweils multipliziert mit ihren korrespondierenden generalisierten Balkenverformungen. Nur sie verrichten eine innere Arbeit und müssen im weiteren Verlauf betrachtet werden. Die Schnittgrößen Q_y, Q_z und M_{WT} sind demnach reaktive Schnittgrößen und somit als Reaktionskräfte und -momente zu behandeln. Das Torsionsmoment M_T setzt sich also aus einer in bezug auf die innere Arbeit aktiven und reaktiven Schnittgröße zusammen. Dies hat seinen Grund in der Berücksichtigung der Schubverformung bezüglich der St. Venant'schen Torsion und der Vernachlässigung der Schubverformung bezüglich der Wölbkrafttorsion.

4.2.5 Differentialgleichungssystem zwischen generalisierten Schnittgrößen und Balkenverformungen

Setzt man in die Beziehungen (4.25a,d,e,g-i), (4.29) und (4.32) zwischen den generalisierten Schnittgrößen und den Schalenkräften und -momenten das modifizierte Elastizitätsgesetz der geschichteten, aktiven Platte (4.20) ein, so ergibt sich ein System von neun Differentialgleichungen zwischen den generalisierten Schnittgrößen und Balkenverformungen. Dieses Differentialgleichungssystem als Elastizitätsgesetz des anisotropen dünnwandigen und aktiven Balkens lautet in Matrixschreibweise:

$$\begin{Bmatrix} N + N_p \\ M_y + M_{py} \\ M_z + M_{pz} \\ B_T + B_{pT} \\ M_{STV} + M_{pSTV} \\ S_y + S_{py} \\ S_z + S_{pz} \\ G_z + G_{pz} \\ G_y + G_{py} \end{Bmatrix} = \begin{bmatrix} K_{11}^* & K_{12}^* & K_{13}^* & K_{14}^* & K_{15}^* & K_{16}^* & K_{17}^* & K_{18}^* & K_{19}^* \\ & K_{22}^* & K_{23}^* & K_{24}^* & K_{25}^* & K_{26}^* & K_{27}^* & K_{28}^* & K_{29}^* \\ & & K_{33}^* & K_{34}^* & K_{35}^* & K_{36}^* & K_{37}^* & K_{38}^* & K_{39}^* \\ & & & K_{44}^* & K_{45}^* & K_{46}^* & K_{47}^* & K_{48}^* & K_{49}^* \\ & & & & K_{55}^* & K_{56}^* & K_{57}^* & K_{58}^* & K_{59}^* \\ & & & & & K_{66}^* & K_{67}^* & K_{68}^* & K_{69}^* \\ & & \text{symmetrisch} & & & & K_{77}^* & K_{78}^* & K_{79}^* \\ & & & & & & & K_{88}^* & K_{89}^* \\ & & & & & & & & K_{99}^* \end{bmatrix} \begin{Bmatrix} U' \\ \varphi_y' \\ \varphi_z' \\ \varphi_x'' \\ \varphi_x' \\ \gamma_{xy} \\ \gamma_{xz} \\ \gamma_{xy}' \\ \gamma_{xz}' \end{Bmatrix} \qquad (4.33)$$

Zu den generalisierten Schnittgrößen auf der linken Seite addiert sich jeweils eine in bezug auf im Balken enthaltene piezoelektrische Schichten aktive Schnittgröße, die sich aus der Integration der modifizierten aktorischen Schnittlasten n_{px}^{*}, n_{pxs}^{*}, m_{px}^{*} und m_{pxs}^{*} am Balkensegment über die gesamte Querschnittskontur ergeben. Zu deren Ermittlung können die Gleichungen (4.25a,d,e,g-i), (4.29) und (4.32) herangezogen werden, wobei die Größen n_x, n_{xs}, m_x und m_{xs} jeweils durch n_{px}^{*}, n_{pxs}^{*}, m_{px}^{*} und m_{pxs}^{*} zu ersetzen sind. Man erhält somit:

$$
\begin{aligned}
N_p(x) &= \oint n_{px}^{*}(x,s)\, ds && \text{(a)}\\
M_{py}(x) &= \oint \Big(n_{px}^{*}(x,s)\, z(s) + m_{px}^{*}(x,s) \cos\theta(s) \Big)\, ds && \text{(b)}\\
M_{pz}(x) &= \oint \Big(n_{px}^{*}(x,s)\, y(s) - m_{px}^{*}(x,s) \sin\theta(s) \Big)\, ds && \text{(c)}\\
B_{pWT}(x) &= \oint \Big(n_{px}^{*}(x,s)\, \omega(s) - m_{px}^{*}(x,s)\, q(s) \Big)\, ds && \text{(d)}\\
M_{pSTV}(x) &= \oint \left(n_{pxs}^{*}(x,s) \frac{G_s(s)}{Gt} - 2\, m_{pxs}^{*}(x,s) \right) ds && \text{(e)} \quad (4.34)\\
S_{py}(x) &= \oint n_{pxs}^{*}(x,s) \cos\theta(s)\, ds && \text{(f)}\\
S_{pz}(x) &= \oint n_{pxs}^{*}(x,s) \sin\theta(s)\, ds && \text{(g)}\\
G_{pz}(x) &= \oint \Big(m_{px}^{*}(x,s) \sin\theta(s) \Big)\, ds && \text{(h)}\\
G_{py}(x) &= \oint \Big(-m_{px}^{*}(x,s) \cos\theta(s) \Big)\, ds && \text{(i)}
\end{aligned}
$$

4.2.6 Ermittlung der Steifigkeiten anisotroper dünnwandiger Balken

Die einzelnen Steifigkeiten K_{ij}^{*} der Steifigkeitsmatrix $[K^{*}]$ aus Beziehung (4.33) ergeben sich aus Koeffizientenvergleichen der jeweiligen Zusammenhänge zwischen den generalisierten Balkenschnittgrößen und den generalisierten Balkenverformungen. Nur im nachfolgend ersten Fall der generalisierten Normalkraft sei die Herleitung ausführlich dargelegt; in den übrigen Fällen erfolgt die Herleitung analog. Erinnert sei an die Symmetrie der Steifigkeitsmatrix $[K^{*}]$, so daß gilt $K_{ij}^{*} = K_{ji}^{*}$. Es ergibt sich jeweils unter Verwendung des modifizierten Elastizitätsgesetzes (4.20) und der Zusammenhänge zwischen den Schalendehnungen und -krümmungen der Balkensegmente und den generalisierten Balkenverformungen (4.4), (4.12), (4.13) und (4.14) im einzelnen:

• aus (4.25a):

$$\begin{aligned}
N &= \oint n_x\, ds = \oint \left(A_{11}^{*}\, \varepsilon_x + A_{13}^{*}\, \gamma_{xs} + B_{11}^{*}\, \kappa_x + B_{13}^{*}\, \kappa_{xs} \right) ds \\
&= \oint \Bigg[A_{11}^{*}\, U' + \left(A_{11}^{*}\, z + B_{11}^{*} \cos\theta \right) \varphi_y' + \left(A_{11}^{*}\, y - B_{11}^{*} \sin\theta \right) \varphi_z' + \left(A_{11}^{*}\, \omega - B_{11}^{*}\, q \right) \varphi_x'' - \\
&\qquad \left(A_{13}^{*}\, \frac{G_S(s)}{Gt} - 2\, B_{13}^{*} \right) \varphi_x' + A_{13}^{*} \cos\theta\, \gamma_{xy} + A_{13}^{*} \sin\theta\, \gamma_{xz} + B_{11}^{*} \sin\theta\, \gamma_{xy}' - B_{11}^{*} \cos\theta\, \gamma_{xz}' \Bigg] ds \\
&= \oint \left(K_{11}^{*}\, U' + K_{12}^{*}\, \varphi_y' + K_{13}^{*}\, \varphi_z' + K_{14}^{*}\, \varphi_x'' + K_{15}^{*}\, \varphi_x' + K_{13}^{*}\, \gamma_{xy} + K_{17}^{*}\, \gamma_{xz} + K_{18}^{*}\, \gamma_{xy}' + K_{19}^{*}\, \gamma_{xz}' \right) ds
\end{aligned} \tag{4.35}$$

und hieraus für die einzelnen Koeffizienten:

$$K_{11}^{*} = \oint A_{11}^{*}\, ds \qquad \text{(a)}$$

$$K_{12}^{*} = \oint \left(A_{11}^{*}\, z + B_{11}^{*} \cos\theta \right) ds \qquad \text{(b)}$$

$$K_{13}^{*} = \oint \left(A_{11}^{*}\, y - B_{11}^{*} \sin\theta \right) ds \qquad \text{(c)}$$

$$K_{14}^{*} = \oint \left(A_{11}^{*}\, \omega - B_{11}^{*}\, q \right) ds \qquad \text{(d)}$$

$$K_{15}^{*} = \oint \left(A_{13}^{*}\, \frac{G_S(s)}{Gt} - 2\, B_{13}^{*} \right) ds \qquad \text{(e)} \quad (4.36)$$

$$K_{16}^{*} = \oint A_{13}^{*} \cos\theta\, ds \qquad \text{(f)}$$

$$K_{17}^{*} = \oint A_{13}^{*} \sin\theta\, ds \qquad \text{(g)}$$

$$K_{18}^{*} = \oint B_{11}^{*} \sin\theta\, ds \qquad \text{(h)}$$

$$K_{19}^{*} = -\oint B_{11}^{*} \cos\theta\, ds \qquad \text{(i)}$$

• aus (4.25d):

$$K_{22}^{*} = \oint \left[\left(A_{11}^{*}\, z + B_{11}^{*} \cos\theta \right) z + \left(B_{11}^{*}\, z + D_{11}^{*} \cos\theta \right) \cos\theta \right] ds \qquad \text{(a)}$$

$$K_{23}^{*} = \oint \left[\left(A_{11}^{*}\, z + B_{11}^{*} \cos\theta \right) y - \left(B_{11}^{*}\, z + D_{11}^{*} \cos\theta \right) \sin\theta \right] ds \qquad \text{(b)}$$

$$K_{24}^{*} = \oint \left[\left(A_{11}^{*}\, z + B_{11}^{*} \cos\theta \right) \omega - \left(B_{11}^{*}\, z + D_{11}^{*} \cos\theta \right) q \right] ds \qquad \text{(c)}$$

$$K_{25}^{*} = \oint \left[\left(A_{13}^{*}\, z + B_{31}^{*} \cos\theta \right) \frac{G_S(s)}{Gt} - 2 \left(B_{13}^{*}\, z + D_{13}^{*} \cos\theta \right) \right] ds \qquad \text{(d)} \quad (4.37)$$

$$K_{26}^{*} = \oint \left(A_{13}^{*}\, z + B_{31}^{*} \cos\theta \right) \cos\theta\, ds \qquad \text{(e)}$$

$$K_{27}^{*} = \oint \left(A_{13}^{*}\, z + B_{31}^{*} \cos\theta \right) \sin\theta\, ds \qquad \text{(f)}$$

$$K_{28}^* = \oint \left(B_{11}^* z + D_{11}^* \cos\theta \right) \cos\theta \, ds \qquad \text{(g)}$$

$$K_{29}^* = -\oint \left(B_{11}^* z + D_{11}^* \cos\theta \right) \sin\theta \, ds \qquad \text{(h)} \qquad (4.37)$$

• aus (4.25e):

$$K_{33}^* = \oint \left[\left(A_{11}^* y - B_{11}^* \sin\theta \right) y - \left(B_{11}^* y - D_{11}^* \sin\theta \right) \sin\theta \right] ds \qquad \text{(a)}$$

$$K_{34}^* = \oint \left[\left(A_{11}^* y - B_{11}^* \sin\theta \right) \omega - \left(B_{11}^* y - D_{11}^* \sin\theta \right) q \right] ds \qquad \text{(b)}$$

$$K_{35}^* = \oint \left[\left(A_{13}^* y - B_{31}^* \sin\theta \right) \frac{G_S(s)}{Gt} - 2 \left(B_{13}^* y - D_{13}^* \sin\theta \right) \right] ds \qquad \text{(c)}$$

$$K_{36}^* = \oint \left(A_{13}^* y - B_{31}^* \sin\theta \right) \cos\theta \, ds \qquad \text{(d)} \qquad (4.38)$$

$$K_{37}^* = \oint \left(A_{13}^* y - B_{31}^* \sin\theta \right) \sin\theta \, ds \qquad \text{(e)}$$

$$K_{38}^* = \oint \left(B_{11}^* y - D_{11}^* \sin\theta \right) \sin\theta \, ds \qquad \text{(f)}$$

$$K_{39}^* = -\oint \left(B_{11}^* y - D_{11}^* \sin\theta \right) \cos\theta \, ds \qquad \text{(g)}$$

• aus (4.25g):

$$K_{44}^* = \oint \left(A_{11}^* \omega^2 - 2 B_{11}^* \omega q + D_{11}^* q^2 \right) ds \qquad \text{(a)}$$

$$K_{45}^* = \oint \left[\left(A_{13}^* \omega - B_{31}^* q \right) \frac{G_S(s)}{Gt} - 2 \left(B_{13}^* \omega - D_{13}^* q \right) \right] ds \qquad \text{(b)}$$

$$K_{46}^* = \oint \left(A_{13}^* \omega - B_{31}^* q \right) \cos\theta \, ds \qquad \text{(c)}$$

$$K_{47}^* = \oint \left(A_{13}^* \omega - B_{31}^* q \right) \sin\theta \, ds \qquad \text{(d)} \qquad (4.39)$$

$$K_{48}^* = \oint \left(B_{11}^* \omega - D_{11}^* q \right) \sin\theta \, ds \qquad \text{(e)}$$

$$K_{49}^* = -\oint \left(B_{11}^* \omega - D_{11}^* q \right) \cos\theta \, ds \qquad \text{(f)}$$

• aus (4.29):

$$K_{55}^* = \oint \left(\frac{G_S^2(s)}{(Gt)^2} A_{33}^* - 4 \frac{G_S(s)}{Gt} B_{33}^* + 4 D_{33}^* \right) ds \qquad \text{(a)}$$

$$K_{56}^* = \oint \left(A_{33}^* \frac{G_S(s)}{Gt} - 2 B_{33}^* \right) \cos\theta \, ds \qquad \text{(b)} \qquad (4.40)$$

$$K_{57}^* = \oint \left(A_{33}^* \frac{G_S(s)}{Gt} - 2 B_{33}^* \right) \sin\theta \, ds \qquad \text{(c)}$$

$$K_{58}^{*} = \oint \left(B_{31}^{*} \frac{G_S(s)}{Gt} - 2\, D_{13}^{*} \right) \sin\theta\, ds \qquad \text{(d)}$$

(4.40)

$$K_{59}^{*} = -\oint \left(B_{31}^{*} \frac{G_S(s)}{Gt} - 2\, D_{13}^{*} \right) \cos\theta\, ds \qquad \text{(e)}$$

• aus (4.32):

$$K_{66}^{*} = \oint A_{33}^{*} \cos^2\theta\, ds \qquad \text{(a)}$$

$$K_{67}^{*} = \oint A_{33}^{*} \sin\theta \cos\theta\, ds \qquad \text{(b)}$$

(4.41)

$$K_{68}^{*} = \oint B_{31}^{*} \sin\theta \cos\theta\, ds \qquad \text{(c)}$$

$$K_{69}^{*} = -\oint B_{31}^{*} \cos^2\theta\, ds \qquad \text{(d)}$$

• sowie:

$$K_{77}^{*} = \oint A_{33}^{*} \sin^2\theta\, ds \qquad \text{(a)}$$

$$K_{78}^{*} = \oint B_{31}^{*} \sin^2\theta\, ds \qquad \text{(b)} \quad (4.42)$$

$$K_{79}^{*} = -\oint B_{31}^{*} \sin\theta \cos\theta\, ds \qquad \text{(c)}$$

• aus (4.25h):

$$K_{88}^{*} = \oint D_{11}^{*} \sin^2\theta\, ds \qquad \text{(a)}$$

(4.43)

$$K_{89}^{*} = -\oint D_{11}^{*} \sin\theta \cos\theta\, ds \qquad \text{(b)}$$

• und aus (4.25i):

$$K_{99}^{*} = \oint D_{11}^{*} \cos^2\theta\, ds \qquad (4.44)$$

5 Analytische Lösungen für anisotrope dünnwandige Balken unter ausgewählten Lastfällen

Nach der Herleitung des Elastizitätsgesetzes für aktive und passive anisotrope dünnwandige Balken wird in diesem Kapitel das Differentialgleichungssystem für ausgewählte typische Lastfälle analytisch gelöst, um eine Dimensionierung und parametrische Untersuchungen von anisotropen Balken vorzubereiten. Hierbei sollen abschnittsweise die einzelnen typischen Kopplungsformen behandelt werden. Am Schluß des Kapitels werden die Balkensteifigkeiten für die in den späteren Kapiteln betrachteten Profilquerschnitte explizit hergeleitet.

5.1 Voraussetzungen und Einschränkungen

Um das Differentialgleichungssystem (4.33) auf analytischem Wege überhaupt lösen zu können, müssen bestimmte Voraussetzungen definiert und Einschränkungen an die Geometrie und Schichtung des anisotropen dünnwandigen Balkens formuliert werden. Im Hinblick auf einen Praxisbezug ist dies ebenso sinnvoll, da extrem anisotrope Schichtungen oder unsymmetrische Balkenquerschnitte zu mehreren elastischen Kopplungen gleichzeitig führen können, die meist nicht erwünscht sind. Vielmehr wird eine Struktur bewußt anisotrop dimensioniert, um nur eine bestimmte elastische Kopplung (z.B. Biegung-Torsion oder Zug/Druck-Torsion) gezielt zu nutzen. Daher werden für die nachfolgenden Betrachtungen folgende Voraussetzungen festgelegt:

1. Der anisotrope dünnwandige Balken habe einen doppelsymmetrischen Querschnitt.

2. Der Pol P liegt im geometrischen Mittelpunkt des Balkenquerschnitts.

3. Die einzelnen Flansche können unsymmetrische Schichtungen aufweisen, hierbei muß aber die Symmetrie zu einer Symmetrieachse des Balkenquerschnitts gewahrt bleiben.

4. Alle Kräfte und Momente wirken im bzw. um den Pol P des Querschnitts.

Darüber hinaus müssen Festlegungen getroffen werden, auf welche Weise eine Aktuation durch in dem Balken integrierte Aktoren berücksichtigt wird. Daher gelten die weiteren Voraussetzungen:

5. Eine Aktuation innerhalb des Balkens wird als konstant über die gesamte Balkenlänge betrachtet.

6. Innerhalb des Balkenquerschnitts können unter Beachtung der Voraussetzung 3 einzelne Segmente aktiv oder passiv sein.

Eine konstante Aktuation bedeutet konstante aktive Schnittgrößen entlang der Balkenlängsachse. Voraussetzung 5 muß getroffen werden, um Sprünge in den Schnittgrößenverläufen zu vermeiden. Soll trotzdem ein Balken untersucht werden, der entlang seiner Balkenlängsachse nur an ausgewählten Stellen über eine Aktuation verfügt, muß entweder eine geeignete Vereinfachung des Schnittgrößenverlaufs festgelegt werden, oder der Balken entlang seiner Achse abschnittsweise betrachtet werden. Die Differentialgleichungen sind dann mit entsprechenden Randbedingungen an den Übergangsstellen pro Abschnitt einzeln zu lösen.

In den nachfolgend betrachteten ausgewählten Lastfällen können die konstanten Schnittgrößenverläufe sowohl durch eine äußere Last als auch durch aktive Komponenten innerhalb des Balkens hervorgerufen werden.

5.2 Grundsätzliche Dimensionierungsmerkmale anisotroper Balken

Um in einem anisotropen Balken definierte elastische Kopplungen zu erreichen, müssen bezüglich der Schichtung je nach Querschnittsform bestimmte Auslegungsmerkmale beachtet werden. Hierbei muß ausgehend vom dünnwandigen Balken die qualitative Normal- und Schubspannungsverteilung im Querschnitt und somit für jeden einzelnen Flansch des Querschnitts bekannt sein, um über die elastischen Einzelkopplungen in den Flanschen die gewünschte Gesamtkopplung des Balkens zu erzielen.

Für die in den nachfolgenden Kapiteln näher betrachteten typischen Fälle der elastischen Kopplungen zwischen Zug und Torsion sowie Biegung und Torsion sind in den Abbildungen 5.1 und 5.2 die entsprechenden Wirkungsweisen in einem Balken mit offenem und geschlossenen Querschnitt erläutert. Zuerst sei die Zug-Torsionskopplung eines dünnwandigen anisotropen Balkens betrachtet. In Bild 5.1 ist die prinzipielle Funktionsweise der Zug-Torsionskopplung dargestellt.

Aufgrund einer gleichmäßigen Dehnungsverteilung im Balken können bei einer angreifenden Normalkraft alle Flansche zur Zug-Torsionskopplung beitragen. Die Kopplungsarten in den einzelnen Flanschen richten sich danach, wie im Falle einer angreifenden Torsion die Schubverteilung entlang der Querschnittskontur aussehen würde. Beim offenen Querschnitt muß somit die Schichtung in den Flanschen selbst auch jeweils eine Zug-Torsionskopplung bewirken. Beim geschlossenen Querschnitt muß für einen geschlossenen Schubflußverlauf gesorgt werden, der nur erreicht wird, wenn in den Flanschen eine Zug-Schubkopplung wirkt.

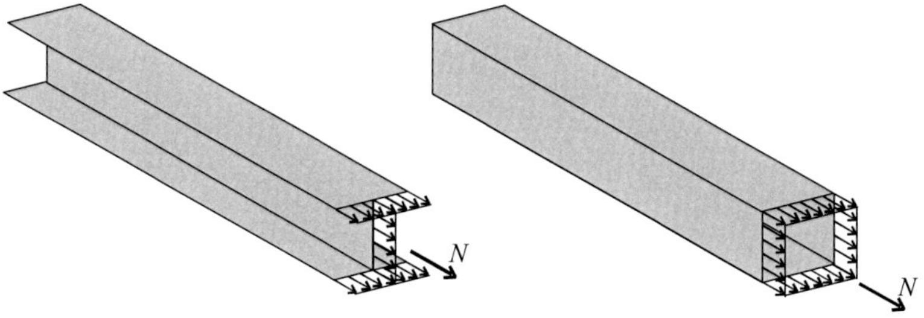

a) Dehnungsverteilung bei angreifender Normalkraft im offenen und geschlossenen Querschnitt.

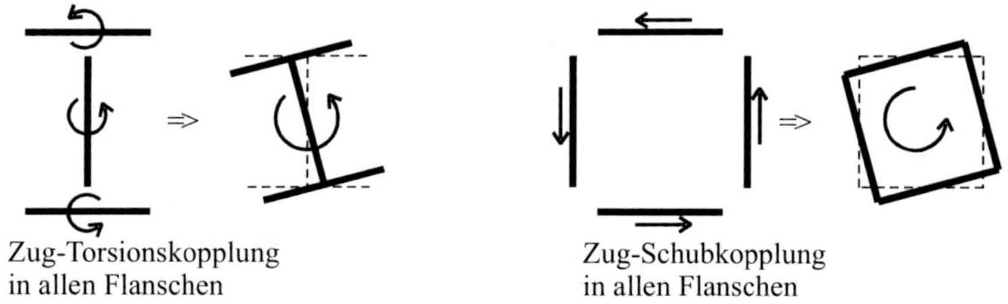

b) Notwendige Kopplungen in den Flanschen zur Erzeugung einer Verdrehung des Balkens mit offenem und geschlossenem Querschnitt.

Bild 5.1: Prinzipielle Funktionsweise der Zug-Torsionskopplung

In Bild 5.2 ist die prinzipielle Funktionsweise der Biege-Torsionskopplung dargestellt. Die Dehnungsverteilung aufgrund des Biegemoments verläuft linear über der Balkenhöhe. In den oberen und unteren Flanschen herrscht ein konstanter Zug- bzw. Druckzustand.

Die Stege können sich an einer Kopplung nicht beteiligen, wenn in ihnen jeweils eine einheitliche Schichtung vorhanden ist. Beim offenen Querschnitt muß also im oberen Flansch eine Zug-Torsionskopplung und im unteren eine Druck-Torsionskopplung vorliegen. Entsprechend muß der obere Flansch beim geschlossenen Querschnitt eine Schichtung für eine Zug-Schubkopplung und der untere eine solche für eine Druck-Schubkopplung aufweisen.

Die Schichtung in den einzelnen, zur elastischen Kopplung des Balkens beitragenden Flanschen ist bei einer Zug/Druck-Schubkopplung symmetrisch und bei einer Zug/Druck-Torsionskopplung antimetrisch zu ihren jeweiligen Mittelebenen. Die *ABD*-Matrizen dieser Flansche haben folglich den in (2.20) aufgezeigten Aufbau. Aufgrund der in Abschnitt 5.1 getroffenen Annahmen und der speziellen Flanschschichtungen zug-torsions- oder biege-torsionsgekoppelter Balken vereinfacht sich die Steifigkeitsmatrix $[K^*]$ des Differentialgleichungssystems (4.33) in beiden Fällen deutlich, da die meisten Steifigkeitskoeffizienten K_{ij}^* verschwinden.

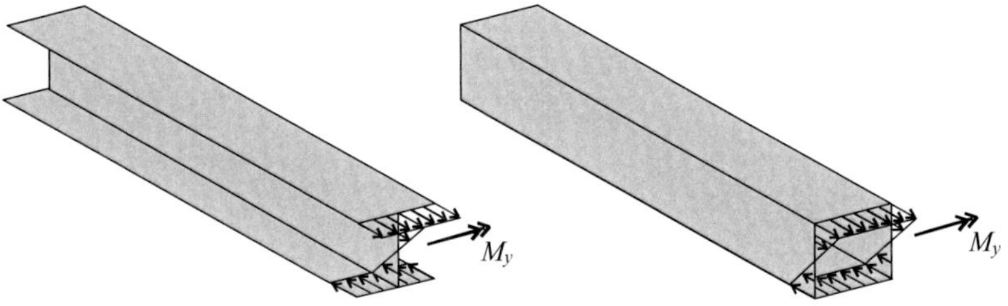

a) Dehnungsverteilung bei angreifendem Biegemoment im offenen und geschlossenen Querschnitt.

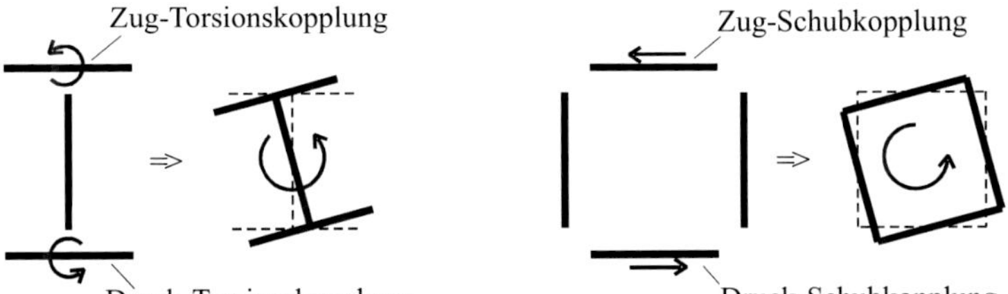

b) Notwendige Kopplungen in den Flanschen zur Erzeugung einer Verdrehung des Balkens mit offenem und geschlossenem Querschnitt.

Bild 5.2: Prinzipielle Funktionsweise der Biege-Torsionskopplung

Unter Beachtung der jeweiligen Dehnungs- oder Krümmungsverläufe entlang der Querschnittskontur für die direkte Verformung und der durch die elastische Kopplung induzierte Verformung sind die beiden aufgezeigten prinzipiellen Funktionsweisen auf alle anderen möglichen elastischen Kopplungen übertragbar.

5.3 Zug-Torsionskopplung

Die Zug-Torsionskopplung ist wegen des konstanten Längsdehnungsverlaufs aufgrund der äußeren Normalkraftbelastung relativ einfach zu handhaben. Alle Flansche des Querschnitts können zur elastischen Kopplung herangezogen werden. Die Steifigkeitsmatrix $[K^*]$ des Differentialgleichungssystems (4.33) eines zug-torsiongekoppelten doppelsymmetrischen Balkens vereinfacht sich typischerweise zu folgendem Aufbau:

$$\left[K^*\right]_{\text{Zug-Torsion}} = \begin{bmatrix} K_{11}^* & 0 & 0 & 0 & K_{15}^* & 0 & 0 & 0 & 0 \\ & K_{22}^* & 0 & 0 & 0 & K_{26}^* & K_{27}^* & 0 & K_{29}^* \\ & & K_{33}^* & 0 & 0 & K_{36}^* & K_{37}^* & K_{38}^* & 0 \\ & & & K_{44}^* & 0 & 0 & 0 & 0 & 0 \\ & & & & K_{55}^* & 0 & 0 & 0 & 0 \\ & & & & & K_{66}^* & 0 & 0 & 0 \\ & \text{symmetrisch} & & & & & K_{77}^* & 0 & 0 \\ & & & & & & & K_{88}^* & 0 \\ & & & & & & & & K_{99}^* \end{bmatrix} \tag{5.1}$$

Die Zug-Torsionskopplung wird repräsentiert durch den Steifigkeitskoeffizienten K_{15}^*. Eine Kopplung findet also nur statt zwischen den Schnittgrößen Normalkraft N und St. Venant'scher Torsion M_{STV}. Das Wölbbimoment B_{WT} ist hiervon nicht tangiert. Letzteres tritt erst beim Aufstellen des Differentialgleichungssystems in Erscheinung, da St. Venant'sche Torsion und Wölbkrafttorsion bzw. Wölbbimoment über die Beziehungen (4.27) und (4.28) miteinander verknüpft sind. Ein zug-torsionsgekoppelter Balken beinhaltet als Pendant per se eine Biege-Schubkopplung. Hierfür stehen die Steifigkeiten K_{26}^* und K_{27}^* bzw. K_{36}^* und K_{37}^*. Allerdings sind diese Biege-Schubkopplungen von der Zug-Torsionskopplung entkoppelt, so daß beide getrennt betrachtet werden können. Beide Biegemomente M_y und M_z sind darüber hinaus mit den korrespondierenden Schubmomenten G_y bzw. G_z über die Koeffizienten K_{29}^* und K_{38}^* gekoppelt. Dies ergibt sich schon aus der Definition von φ_y und φ_z gemäß (4.8).

5.3.1 Einseitig eingespannter Balken unter Normalkraft und Torsion am freien Ende

Der in diesem Abschnitt behandelte Belastungsfall ist im folgenden Bild 5.3 skizziert:

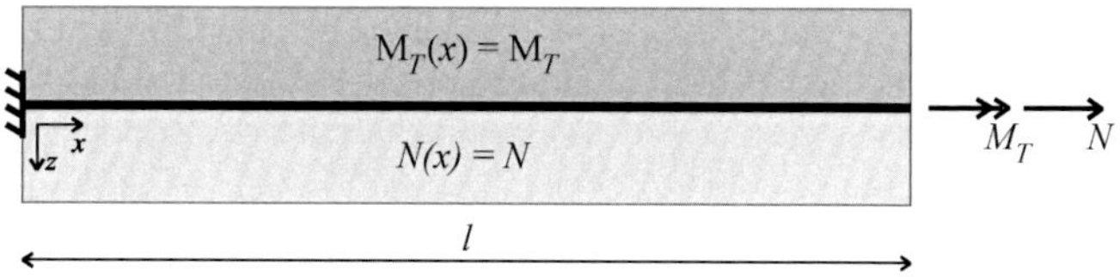

Bild 5.3: Einseitig eingespannter Balken unter Normalkraft und Torsion am freien Ende mit Normalkraft- und Torsionsmomentenverlauf

Aus dem Differentialgleichungssystem (4.33) erhält man unter Verwendung der Steifigkeitsmatrix (5.1) die beiden maßgebenden Differentialgleichungen in der Form:

$$\begin{aligned} N &= K_{11}^{*}\, U' + K_{15}^{*}\, \varphi_x' & \text{(a)} \\ M_T = M_{STV} - B_{WT}' &= K_{15}^{*}\, U' + K_{55}^{*}\, \varphi_x' - K_{44}^{*}\, \varphi_x''' & \text{(b)} \end{aligned} \qquad (5.2)$$

Durch Auflösen und Einsetzen der beiden Differentialgleichungen (5.2a) und (5.2b) erhält man eine Differentialgleichung in φ_x:

$$-K_{44}^{*}\,\varphi_x''' + K_{55r}^{*}\,\varphi_x' + \frac{K_{15}^{*}}{K_{11}^{*}} N - M_T = 0 \quad \text{mit} \quad K_{55r}^{*} = K_{55}^{*} - \frac{K_{15}^{*2}}{K_{11}^{*}} \qquad (5.3)$$

Zur Lösung der Differentialgleichung (5.3) wird als Ansatz für φ_x die Funktion gewählt:

$$\varphi_x(x) = \left(\frac{M_T}{K_{55r}} - \frac{K_{15}}{K_{11}\, K_{55r}} N \right) x + A + B \sinh \lambda x + C \cosh \lambda x \quad \text{mit} \quad \lambda^2 = \frac{K_{55r}^{*}}{K_{44}^{*}} \qquad (5.4)$$

Für den Fall eines einseitig eingespannten Balkens unter Normalkraft und Torsion am freien Ende soll eine Fallunterscheidung bezüglich der Randbedingungen am freien Ende durchgeführt werden. Berücksichtigt wird im weiteren Verlauf sowohl eine freie Verwölbung des belasteten Endquerschnitts als auch eine Verwölbungsbehinderung am freien Ende, um keine Einschränkung bezüglich der Ausführung der Lasteinleitung am freien Ende festlegen zu müssen und eine Aussage über den Einfluß der Wölbkrafttorsion zu erhalten.

a) freie Verwölbung am freien Ende

Eine feste Einspannung bedeutet eine komplette Verwölbungsbehinderung des Querschnitts. Die Randbedingungen hierfür lauten $\varphi_x'(0) = 0$ und $\varphi_x(0) = 0$. Eine freie Verwölbung am freien Ende entspricht der Randbedingung $\varphi_x''(l) = 0$. Aus diesen Randbedingungen ergeben sich die drei Konstanten *A*, *B* und *C* zu:

$$\begin{aligned} A &= \left(\frac{K_{15}^{*}}{\lambda\, K_{11}^{*}\, K_{55r}^{*}} N - \frac{M_T}{\lambda\, K_{55r}^{*}} \right) \tanh \lambda l & \text{(a)} \\ B &= \frac{K_{15}^{*}}{\lambda\, K_{11}^{*}\, K_{55r}^{*}} N - \frac{M_T}{\lambda\, K_{55r}^{*}} & \text{(b)} \\ C &= \left(\frac{M_T}{\lambda\, K_{55r}^{*}} - \frac{K_{15}^{*}}{\lambda\, K_{11}^{*}\, K_{55r}^{*}} N \right) \tanh \lambda l & \text{(c)} \end{aligned} \qquad (5.5)$$

Mit diesen Konstanten erhält man die Gleichung für die Verdrehung φ_x bei freier Verwölbung am freien Ende:

$$\varphi_x(x) = \left(\frac{M_T}{\lambda K^*_{55r}} - \frac{K^*_{15}}{\lambda K^*_{11} K^*_{55r}} N \right) [\, \lambda x + \tanh \lambda l \,(\, \cosh \lambda x - 1\,) - \sinh \lambda x \,] \tag{5.6}$$

Die Differentialgleichung für die Längsverschiebung U erhält man aus (5.2a). Mit der Randbedingung $U(0) = 0$ an der festen Einspannung ergibt sich durch Einsetzen der Ableitung von φ_x aus (5.6) und anschließendem Integrieren die Gleichung für die Längsverschiebung U bei freier Verwölbung am freien Ende:

$$U(x) = \left(\frac{K^*_{15}}{\lambda K^*_{11} K^*_{55r}} N - \frac{M_T}{\lambda K^*_{55r}} \right) [\, \lambda x + \tanh \lambda l \,(\, \cosh \lambda x - 1\,) - \sinh \lambda x \,] + \frac{N}{K^*_{11}} x \tag{5.7}$$

Die Verformungen am freien Ende ergeben sich somit zu:

$$\varphi_x(l) = \left(\frac{M_T}{\lambda K^*_{55r}} - \frac{K^*_{15}}{\lambda K^*_{11} K^*_{55r}} N \right) (\, \lambda l - \tanh \lambda l \,) \tag{5.8}$$

$$U(l) = \frac{K^*_{15}}{K^*_{11}} \left(\frac{K^*_{15}}{\lambda K^*_{11} K^*_{55r}} N - \frac{M_T}{\lambda K^*_{55r}} \right) (\, \lambda l - \tanh \lambda l \,) + \frac{N l}{K^*_{11}} \tag{5.9}$$

und zusammengefaßt:

$$\begin{Bmatrix} U(l) \\ \varphi_x(l) \end{Bmatrix} = \begin{bmatrix} S_N & S_{NM_T} \\ S_{NM_T} & S_{M_T} \end{bmatrix} \begin{Bmatrix} N \\ M_T \end{Bmatrix} =$$

$$= \begin{bmatrix} \frac{K^{*2}_{15}}{\lambda K^{*2}_{11} K^*_{55r}} (\, \lambda l - \tanh \lambda l \,) + \frac{l}{K^*_{11}} & - \frac{K^*_{15}}{\lambda K^*_{11} K^*_{55r}} (\, \lambda l - \tanh \lambda l \,) \\ - \frac{K^*_{15}}{\lambda K^*_{11} K^*_{55r}} (\, \lambda l - \tanh \lambda l \,) & \frac{1}{\lambda K^*_{55r}} (\, \lambda l - \tanh \lambda l \,) \end{bmatrix} \begin{Bmatrix} N \\ M_T \end{Bmatrix} \tag{5.10}$$

Die Koppelsteifigkeiten S_{NM_T} aus den Gleichungen (5.8) und (5.9) müssen hierbei gleich sein.

b) Verwölbung am freien Ende behindert

Betrachtet man den Fall einer Verwölbungsbehinderung am freien Ende ($\varphi_x^{/}(l) = 0$), so ergeben sich zusammen mit den Randbedingungen für den einseitig fest eingespannten Balken ($\varphi_x(0) = 0$, $\varphi_x^{/}(0) = 0$) belastet durch eine Normalkraft und ein Torsionsmoment am freien Ende die Konstanten A, B und C zu:

$$
\begin{aligned}
A &= \left(\frac{K_{15}^*}{\lambda\, K_{11}^*\, K_{55r}^*} N - \frac{M_T}{\lambda\, K_{55r}^*} \right) \frac{1 - \cosh\lambda l}{\sinh\lambda l} && \text{(a)} \\
B &= \frac{K_{15}^*}{\lambda\, K_{11}^*\, K_{55r}^*} N - \frac{M_T}{\lambda\, K_{55r}^*} && \text{(b)} \\
C &= \left(\frac{M_T}{\lambda\, K_{55r}^*} - \frac{K_{15}^*}{\lambda\, K_{11}^*\, K_{55r}^*} N \right) \frac{1 - \cosh\lambda l}{\sinh\lambda l} && \text{(c)}
\end{aligned}
\tag{5.11}
$$

Für die Verdrehung φ_x bei Verwölbungsbehinderung am freien Ende ergibt sich hiermit:

$$
\varphi_x(x) = \left(\frac{M_T}{\lambda\, K_{55r}^*} - \frac{K_{15}^*}{\lambda\, K_{11}^*\, K_{55r}^*} N \right) \left[\lambda\, x + \frac{\cosh\lambda l - 1}{\sinh\lambda l} (\cosh\lambda x - 1) - \sinh\lambda x \right] \tag{5.12}
$$

und somit für die Längsverschiebung U:

$$
U(x) = \left(\frac{K_{15}^*}{\lambda\, K_{11}^*\, K_{55r}^*} N - \frac{M_T}{\lambda\, K_{55r}^*} \right) \left[\lambda\, x + \frac{\cosh\lambda l - 1}{\sinh\lambda l} (\cosh\lambda x - 1) - \sinh\lambda x \right] + \frac{N}{K_{11}^*} x \tag{5.13}
$$

Für die Verformungen am freien Ende erhält man:

$$
\varphi_x(l) = \left(\frac{M_T}{\lambda\, K_{55r}^*} - \frac{K_{15}^*}{\lambda\, K_{11}^*\, K_{55r}^*} N \right) \left(\lambda\, l - 2\, \frac{\cosh\lambda l - 1}{\sinh\lambda l} \right) \tag{5.14}
$$

$$
U(l) = \frac{K_{15}^*}{K_{11}^*} \left(\frac{K_{15}^*}{\lambda\, K_{11}^*\, K_{55r}^*} N - \frac{M_T}{\lambda\, K_{55r}^*} \right) \left(\lambda\, l - 2\, \frac{\cosh\lambda l - 1}{\sinh\lambda l} \right) + \frac{N\, l}{K_{11}^*} \tag{5.15}
$$

Die beiden Gleichungen werden wieder zusammengefaßt:

$$
\begin{Bmatrix} U(l) \\ \varphi_x(l) \end{Bmatrix} = \begin{bmatrix} S_N & S_{NM_T} \\ S_{NM_T} & S_{M_T} \end{bmatrix} \begin{Bmatrix} N \\ M_T \end{Bmatrix} =
$$

$$
= \begin{bmatrix} \frac{K_{15}^{*2}}{\lambda\, K_{11}^{*2}\, K_{55r}^*} \left(\lambda\, l - 2\, \frac{\cosh\lambda l - 1}{\sinh\lambda l} \right) + \frac{l}{K_{11}^*} & \frac{-K_{15}^*}{\lambda\, K_{11}^*\, K_{55r}^*} \left(\lambda\, l - 2\, \frac{\cosh\lambda l - 1}{\sinh\lambda l} \right) \\ \frac{-K_{15}^*}{\lambda\, K_{11}^*\, K_{55r}^*} \left(\lambda\, l - 2\, \frac{\cosh\lambda l - 1}{\sinh\lambda l} \right) & \frac{1}{\lambda\, K_{55r}^*} \left(\lambda\, l - 2\, \frac{\cosh\lambda l - 1}{\sinh\lambda l} \right) \end{bmatrix} \begin{Bmatrix} N \\ M_T \end{Bmatrix} \tag{5.16}
$$

Auch hier ist die geforderte Gleichheit der Koppelsteifigkeiten S_{NM_T} aus den Gleichungen (5.14) und (5.15) erfüllt.

c) Vernachlässigung der Wölbkrafttorsion

In den Gleichungen für φ_x und U in den beiden oben diskutierten Fällen a) und b) stehen die Hyperbelterme in den Beziehungen für den Einfluß der Wölbkrafttorsion. Man erkennt deutlich, daß vor allem λ maßgebend für diesen Einfluß verantwortlich ist. Sieht man sich die Definition für λ aus (5.4) an, so erkennt man, daß vor allem bei offenen Profilen der Einfluß der Wölbkrafttorsion deutlicher hervortreten wird als bei geschlossenen Profilen. Dieser Aspekt wird im nächsten Kapitel bei den verschiedenen Beispielen genauer untersucht. An dieser Stelle soll nur generell auf die Auswirkung der Vernachlässigung der Wölbkrafttorsion auf die analytische Lösung für die Verformungen des Balkens eingegangen werden.

Wenn der Einfluß der Wölbkrafttorsion überhaupt nicht berücksichtigt wird, so vernachlässigt man den Term der dritten Ableitung von φ_x im Differentialgleichungssystem (5.2). Dies ist gleichbedeutend mit der Vernachlässigung sämtlicher Hyperbelterme in den Lösungen für φ_x und U. Der Zusammenhang vereinfacht sich auf Grund dieser Vorgehensweise auch dadurch, daß sich der Parameter λ heraus kürzt, und man erhält sowohl aus (5.10) und (5.16):

$$\begin{Bmatrix} U(l) \\ \varphi_x(l) \end{Bmatrix} = \begin{bmatrix} S_N & S_{NM_T} \\ S_{NM_T} & S_{M_T} \end{bmatrix} \begin{Bmatrix} N \\ M_T \end{Bmatrix} = \frac{l}{K_{11}^* K_{55}^* - K_{15}^{*2}} \begin{bmatrix} K_{55}^* & -K_{15}^* \\ -K_{15}^* & K_{11}^* \end{bmatrix} \begin{Bmatrix} N \\ M_T \end{Bmatrix} \tag{5.17}$$

5.4 Biege-Torsionskopplung

Als klassischer Fall der elastischen Kopplung anisotroper Balken soll in diesem Abschnitt die Biege-Torsionskopplung unter verschiedenen Lager- und Lastbedingungen behandelt werden. Diese Randbedingungen lehnen sich vor allem an die später dargestellten experimentellen Untersuchungen an. Aber auch analytische Lösungen für allgemeine parametrische Untersuchungen sollen hergeleitet werden.

Die Steifigkeitsmatrix $[K^*]$ des Differentialgleichungssystems (4.33) eines biege-torsionsgekoppelten, doppelsymmetrischen Balkens vereinfacht sich typischerweise zu der Form:

$$
\left[K^{*}\right]_{\text{Biege-Torsion}} = \begin{bmatrix}
K_{11}^{*} & 0 & 0 & 0 & 0 & K_{16}^{*} & K_{17}^{*} & 0 & 0 \\
 & K_{22}^{*} & 0 & 0 & K_{25}^{*} & 0 & 0 & 0 & K_{29}^{*} \\
 & & K_{33}^{*} & 0 & 0 & 0 & 0 & K_{38}^{*} & 0 \\
 & & & K_{44}^{*} & 0 & 0 & 0 & 0 & 0 \\
 & & & & K_{55}^{*} & 0 & 0 & 0 & K_{59}^{*} \\
 & & & & & K_{66}^{*} & 0 & 0 & 0 \\
 & \text{symmetrisch} & & & & & K_{77}^{*} & 0 & 0 \\
 & & & & & & & K_{88}^{*} & 0 \\
 & & & & & & & & K_{99}^{*}
\end{bmatrix} \tag{5.18}
$$

Hierbei wird angenommen, daß die Kopplung zwischen dem Biegemoment M_y und der St. Venant'schen Torsion M_{STV} stattfindet. Diese wird durch den Koeffizienten K_{25}^{*} repräsentiert. Das Wölbbimoment B_{WT} kommt wieder beim Aufstellen des Differentialgleichungssystems hinzu. In der xy-Ebene gibt es nun eine Zug-Schubkopplung über den Koeffizienten K_{16}^{*} sowie bei entsprechender Querschnittsform und Flanschschichtung ebenso in der xz-Ebene über den Koeffizienten K_{17}^{*}. Diese Zug-Schubkopplungen sind von der Biege-Torsionskopplung entkoppelt. Beide Biegemomente M_y und M_z sind wiederum mit den korrespondierenden Schubmomenten G_y bzw. G_z über die Koeffizienten K_{29}^{*} und K_{38}^{*} gekoppelt. Wegen der vorherrschenden Biege-Torsionskopplung ist letztendlich auch die St. Venant'sche Torsion M_{STV} mit dem Schubmoment G_y über K_{59}^{*} gekoppelt.

5.4.1 Einseitig eingespannter Balken unter Querkraft, Biegemoment und Torsion am freien Ende

Der im diesem Abschnitt behandelte Belastungsfall ist im folgenden Bild 5.4 skizziert:

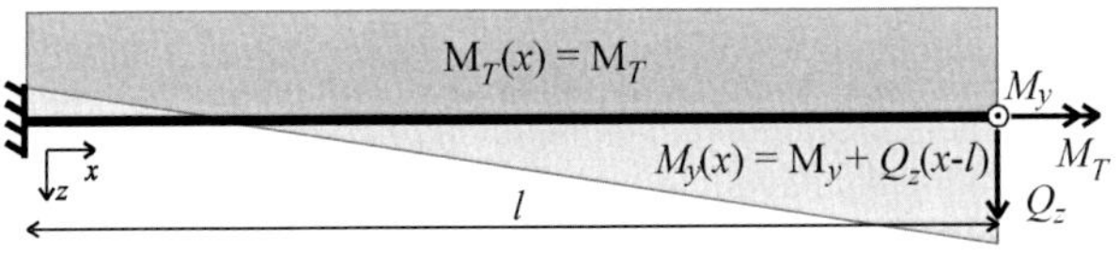

Bild 5.4: Einseitig eingespannter Balken unter Querkraft, Biegemoment und Torsion am freien Ende mit Torsions- und Biegemomentenverlauf.

Die beiden resultierenden Differentialgleichungen für den doppelsymmetrischen, biege-torsionsgekoppelten Balken erhält man aus dem Differentialgleichungssystem (4.33) unter Verwendung der Steifigkeitsmatrix (5.18):

$$M_y + Q_z(x - l) = K_{22}^* \varphi_y' + K_{25}^* \varphi_x' \qquad \text{(a)}$$
$$M_T = M_{STV} - B_{WT}' = K_{25}^* \varphi_y' + K_{55}^* \varphi_x' - K_{44}^* \varphi_x''' \qquad \text{(b)} \tag{5.19}$$

Zur Absenkung w gelangt man über die Definition (4.8) und erhält mit der Randbedingung einer konstanten Schubverzerrung bei konstantem Querkraftverlauf den einfachen Zusammenhang:

$$\varphi_y' = -W'' \tag{5.20}$$

Durch Auflösen und Einsetzen der beiden Differentialgleichungen (5.19a) und (5.19b) erhält man die Differentialgleichung in φ_x:

$$-K_{44}^* \varphi_x''' + K_{55r}^* \varphi_x' + \frac{K_{25}^*}{K_{22}^*} M_y + \frac{K_{25}^*}{K_{22}^*} Q_z(x - l) - M_T = 0 \tag{5.21}$$

$$\text{mit} \quad K_{55r}^* = K_{55}^* - \frac{K_{25}^{*2}}{K_{22}^*}$$

Als Ansatz für φ_x wird gewählt:

$$\varphi_x(x) = \left(\frac{M_T}{K_{55r}^*} - \frac{K_{25}^*}{K_{22}^* K_{55r}^*} M_y \right) x - \frac{K_{25}^*}{2 K_{22}^* K_{55r}^*} Q_z (x - l)^2 + A + B \sinh \lambda x + C \cosh \lambda x \tag{5.22}$$

Hierbei wird wieder die Abkürzung verwendet:

$$\lambda^2 = \frac{K_{55r}^*}{K_{44}^*} \tag{5.23}$$

Für den Fall eines einseitig eingespannten Balkens unter Querkraft, Biegemoment und Torsion am freien Ende soll ebenfalls eine Fallunterscheidung bezüglich der Randbedingung am freien Ende durchgeführt werden. Im weiteren Verlauf wird wieder sowohl eine freie Verwölbung des belasteten Endquerschnitts als auch eine Verwölbungsbehinderung am freien Ende berücksichtigt, um keine Einschränkung bezüglich der Ausführung der Lasteinleitung am freien Ende festlegen zu müssen und eine Aussage über den Einfluß der Wölbkrafttorsion treffen zu können.

a) freie Verwölbung am freien Ende

Für den Fall eines einseitig fest eingespannten Balkens ($\varphi_x(0) = 0$, $\varphi_x'(0) = 0$) belastet durch eine Querkraft, ein Biegemoment und ein Torsionsmoment am freien Ende, an dem die Verwölbung nicht behindert ist ($\varphi_x''(l) = 0$), führen diese Randbedingungen über die entsprechenden Bestimmungsgleichungen zu den Konstanten A, B und C:

$$A = \frac{K_{25}^*}{\lambda^2 K_{22}^* K_{55r}^*} Q_z \left(\frac{\lambda^2 l^2}{2} - \frac{\lambda l \sinh \lambda l + 1}{\cosh \lambda l} \right) - \left(\frac{M_T}{\lambda K_{55r}^*} - \frac{K_{25}^*}{\lambda K_{22}^* K_{55r}^*} M_y \right) \tanh \lambda l \quad \text{(a)}$$

$$B = -\frac{M_T}{\lambda K_{55r}^*} + \frac{K_{25}^*}{\lambda K_{22}^* K_{55r}^*} M_y - \frac{K_{25}^*}{\lambda K_{22}^* K_{55r}^*} Q_z l \quad \text{(b)} \qquad (5.24)$$

$$C = \frac{K_{25}^*}{K_{22}^* K_{55r}^*} Q_z \frac{\lambda l \sinh \lambda l + 1}{\lambda^2 \cosh \lambda l} + \left(\frac{M_T}{\lambda K_{55r}^*} - \frac{K_{25}^*}{\lambda K_{22}^* K_{55r}^*} M_y \right) \tanh \lambda l \quad \text{(c)}$$

Es ergibt sich die Gleichung für die Verdrehung φ_x bei freier Verwölbung am freien Ende:

$$\begin{aligned} \varphi_x(x) = & \left(\frac{M_T}{\lambda K_{55r}^*} - \frac{K_{25}^*}{\lambda K_{22}^* K_{55r}^*} M_y \right) \left[\lambda x + \tanh \lambda l (\cosh \lambda x - 1) - \sinh \lambda x \right] + \\ & + \frac{K_{25}^*}{\lambda^2 K_{22}^* K_{55r}^*} Q_z \left[\lambda^2 l x - \frac{\lambda^2 x^2}{2} + \frac{\lambda l \sinh \lambda l + 1}{\cosh \lambda l} (\cosh \lambda x - 1) - \lambda l \sinh \lambda x \right] \end{aligned} \qquad (5.25)$$

Die Differentialgleichung in W erhält man aus (5.19a):

$$W'' = \frac{K_{25}^*}{K_{22}^*} \varphi_x' - \frac{M_y}{K_{22}^*} - \frac{Q_z}{K_{22}^*} (x - l) \qquad (5.26)$$

und somit durch Einsetzen und anschließendem Integrieren unter Berücksichtigung der Randbedingungen an der Einspannung ($W(0) = 0,\ W'(0) = 0$) für die Absenkung W:

$$\begin{aligned} W(x) = & \frac{K_{25}^*}{\lambda^2 K_{22}^* K_{55r}^*} M_T \left[\frac{\lambda^2 x^2}{2} + \tanh \lambda l (\sinh \lambda x - \lambda x) - \cosh \lambda x + 1 \right] + \frac{K_{25}^{*2}}{\lambda^3 K_{22}^{*2} K_{55r}^*} Q_z \cdot \\ & \cdot \left[\left(\frac{K_{22}^* K_{55r}^*}{K_{25}^{*2}} + 1 \right) \left(\frac{l x^2}{2} - \frac{x^3}{6} \right) \lambda^3 + \frac{\lambda l \sinh \lambda l + 1}{\cosh \lambda l} (\sinh \lambda x - \lambda x) - \lambda l (\cosh \lambda x - 1) \right] - \\ & - \frac{K_{25}^{*2}}{\lambda^2 K_{22}^{*2} K_{55r}^*} M_y \left[\left(\frac{K_{22}^* K_{55r}^*}{K_{25}^{*2}} + 1 \right) \frac{\lambda^2 x^2}{2} + \tanh \lambda l (\sinh \lambda x - \lambda x) - \cosh \lambda x + 1 \right] \end{aligned} \qquad (5.27)$$

Bezüglich der Randbedingungen am freien Ende sei an dieser Stelle noch angemerkt, daß die üblicherweise geltende Bedingung $W(l) = 0$ nur erfüllt ist, sofern keine Kopplung zwischen Biegung und Torsion vorliegt, also die Koppelsteifigkeit K_{25}^* in (5.26) verschwindet.

Am einfachsten läßt sich das Strukturverhalten des Balkens wieder in seinen Verformungen am freien Ende analysieren. Man erhält für die Verdrehung und die Absenkung an der Stelle $x = l$:

$$\varphi_x(l) = \left(\frac{M_T}{\lambda\, K^*_{55r}} - \frac{K^*_{25}}{\lambda\, K^*_{22}\, K^*_{55r}} M_y \right) \left(\lambda\, l - \tanh \lambda l \right) + \\ + \frac{K^*_{25}}{\lambda^2\, K^*_{22}\, K^*_{55r}} Q_z \left(\frac{\lambda^2\, l^2}{2} - \frac{\lambda\, l \sinh \lambda l + 1}{\cosh \lambda l} + 1 \right) \tag{5.28}$$

$$W(l) = \frac{K^*_{25}}{\lambda^2\, K^*_{22}\, K^*_{55r}} M_T \left(\frac{\lambda^2\, l^2}{2} - \frac{\lambda\, l \sinh \lambda l + 1}{\cosh \lambda l} + 1 \right) + \\ + \frac{K^{*2}_{25}}{\lambda^3\, K^{*2}_{22}\, K^*_{55r}} Q_z \left[\left(\frac{K^*_{22}\, K^*_{55r}}{K^{*2}_{25}} + 1 \right) \frac{\lambda^3\, l^3}{3} + \tanh \lambda l \left(1 - \lambda^2\, l^2 \right) + \lambda\, l - \frac{\lambda\, l}{\cosh \lambda l} \right] - \\ - \frac{K^{*2}_{25}}{\lambda^2\, K^{*2}_{22}\, K^*_{55r}} M_y \left[\left(\frac{K^*_{22}\, K^*_{55r}}{K^{*2}_{25}} + 1 \right) \frac{\lambda^2\, l^2}{2} - \frac{\lambda\, l \sinh \lambda l + 1}{\cosh \lambda l} + 1 \right] \tag{5.29}$$

Um eine korrekte Zusammenfassung in Matrixschreibweise durchführen zu können, muß auch die dem Biegemoment korrespondierende Verformung berücksichtigt werden. Die ist der Biegewinkel φ_y bzw. $-W'$. Der Biegewinkel am freien Ende ergibt sich zu:

$$\varphi_y(l) = -\frac{K^*_{25}}{\lambda\, K^*_{22}\, K^*_{55r}} M_T \left(\lambda\, l - \tanh \lambda l \right) + \frac{K^{*2}_{25}}{\lambda\, K^{*2}_{22}\, K^*_{55r}} M_y \left[\left(\frac{K^*_{22}\, K^*_{55r}}{K^{*2}_{25}} + 1 \right) \lambda\, l - \tanh \lambda l \right] - \\ - \frac{K^{*2}_{25}}{\lambda^2\, K^{*2}_{22}\, K^*_{55r}} Q_z \left[\left(\frac{K^*_{22}\, K^*_{55r}}{K^{*2}_{25}} + 1 \right) \frac{\lambda^2\, l^2}{2} - \frac{\lambda\, l \sinh \lambda l + 1}{\cosh \lambda l} + 1 \right] \tag{5.30}$$

Die Zusammenfassung lautet dann:

$$\begin{Bmatrix} W(l) \\ \varphi_y(l) \\ \varphi_x(l) \end{Bmatrix} = \begin{bmatrix} S_{Q_z} & S_{Q_z M_y} & S_{Q_z M_T} \\ S_{Q_z M_y} & S_{M_y} & S_{M_y M_T} \\ S_{Q_z M_T} & S_{M_y M_T} & S_{M_T} \end{bmatrix} \begin{Bmatrix} Q_z \\ M_y \\ M_T \end{Bmatrix} = \frac{K^*_{25}}{\lambda^2\, K^*_{22} K^*_{55r}} \cdot \tag{5.31}$$

$$
\cdot \begin{bmatrix}
\frac{K_{25}^*}{\lambda K_{22}^*}\left(\left(\frac{K_{22}^* K_{55r}^*}{K_{25}^{*2}}+1\right)\frac{\lambda^3 l^3}{3} + \tanh\lambda l\left(1-\lambda^2 l^2\right)+\lambda l-\frac{\lambda l}{\cosh\lambda l}\right) & -\frac{K_{25}^*}{K_{22}^*}\left(\left(\frac{K_{22}^* K_{55r}^*}{K_{25}^{*2}}+1\right)\frac{\lambda^2 l^2}{2} - \frac{\lambda l \sinh\lambda l+1}{\cosh\lambda l}+1\right) & \frac{\lambda^2 l^2}{2} - \frac{\lambda l \sinh\lambda l+1}{\cosh\lambda l}+1 \\
-\frac{K_{25}^*}{K_{22}^*}\left(\left(\frac{K_{22}^* K_{55r}^*}{K_{25}^{*2}}+1\right)\frac{\lambda^2 l^2}{2} - \frac{\lambda l \sinh\lambda l+1}{\cosh\lambda l}+1\right) & \frac{\lambda K_{25}^*}{K_{22}^*}\left(\left(\frac{K_{22}^* K_{55r}^*}{K_{25}^{*2}}+1\right)\lambda l - \tanh\lambda l\right) & -\lambda\left(\lambda l-\tanh\lambda l\right) \\
\frac{\lambda^2 l^2}{2} - \frac{\lambda l \sinh\lambda l+1}{\cosh\lambda l}+1 & -\lambda\left(\lambda l-\tanh\lambda l\right) & \frac{\lambda K_{22}^*}{K_{25}^*}\left(\lambda l-\tanh\lambda l\right)
\end{bmatrix}
\begin{Bmatrix} Q_z \\ M_y \\ M_T \end{Bmatrix}
$$

Durch diese Zusammenfassung läßt sich wieder anhand der geforderten Gleichheit der Koppelsteifigkeiten $S_{Q_z M_y}$, $S_{Q_z M_T}$ und $S_{M_y M_T}$ die Richtigkeit der Gleichungen (5.28-30) kontrollieren.

b) Verwölbung am freien Ende behindert

Betrachtet man den Fall einer Verwölbungsbehinderung am freien Ende ($\varphi_x^{/}(l) = 0$), so ergeben sich zusammen mit den Randbedingungen für den einseitig fest eingespannten Balken ($\varphi_x(0) = 0$, $\varphi_x^{/}(0) = 0$) belastet durch eine Querkraft, ein Biegemoment und ein Torsionsmoment am freien Ende die Konstanten A, B und C zu:

$$
\begin{aligned}
A &= \frac{K_{25}^*}{K_{22}^* K_{55r}^*} Q_z \left(\frac{l^2}{2} - \frac{l \coth\lambda l}{\lambda}\right) - \left(\frac{M_T}{\lambda K_{55r}^*} - \frac{K_{25}^*}{\lambda K_{22}^* K_{55r}^*} M_y\right) \frac{\cosh\lambda l - 1}{\sinh\lambda l} && \text{(a)} \\
B &= -\left(\frac{M_T}{\lambda K_{55r}^*} - \frac{K_{25}^*}{\lambda K_{22}^* K_{55r}^*} M_y\right) - \frac{K_{25}^*}{\lambda K_{22}^* K_{55r}^*} Q_z\, l && \text{(b)} \quad (5.32) \\
C &= \frac{K_{25}^*}{K_{22}^* K_{55r}^*} Q_z \frac{l \coth\lambda l}{\lambda} - \left(\frac{M_T}{\lambda K_{55r}^*} - \frac{K_{25}^*}{\lambda K_{22}^* K_{55r}^*} M_y\right) \frac{1 - \cosh\lambda l}{\sinh\lambda l} && \text{(c)}
\end{aligned}
$$

Die Gleichung für die Verdrehung φ_x lautet damit:

$$
\begin{aligned}
\varphi_x(x) = {} & \left(\frac{M_T}{\lambda K_{55r}^*} - \frac{K_{25}^*}{\lambda K_{22}^* K_{55r}^*} M_y\right)\left[\lambda x - \sinh\lambda x + \frac{\cosh\lambda l - 1}{\sinh\lambda l}\left(\cosh\lambda x - 1\right)\right] + \\
& + \frac{K_{25}^*}{\lambda^2 K_{22}^* K_{55r}^*} Q_z \left[\lambda^2 l x - \frac{\lambda^2 x^2}{2} + \lambda l \coth\lambda l \left(\cosh\lambda x - 1\right) - \lambda l \sinh\lambda x\right]
\end{aligned} \qquad (5.33)
$$

Wieder eingesetzt in (5.26) ergibt sich durch Integration mit den Randbedingungen der festen Einspannung ($W(0) = 0,\ W'(0) = 0$) für die Absenkung W:

$$W(x) = \frac{K_{25}^* M_T}{\lambda^2 K_{22}^* K_{55r}^*}\left[\frac{\lambda^2 x^2}{2} - \cosh\lambda x + 1 + \frac{\cosh\lambda l - 1}{\sinh\lambda l}(\sinh\lambda x - \lambda x)\right] + \frac{K_{25}^{*2} Q_z}{\lambda^3 K_{22}^{*2} K_{55r}^*}\cdot$$
$$\cdot\left[\left(\frac{K_{22}^* K_{55r}^*}{K_{25}^{*2}} + 1\right)\left(\frac{l x^2}{2} - \frac{x^3}{6}\right)\lambda^3 + \lambda l \coth\lambda l(\sinh\lambda x - \lambda x) - \lambda l(\cosh\lambda x - 1)\right] - \tag{5.34}$$
$$- \frac{K_{25}^{*2} M_y}{\lambda^2 K_{22}^{*2} K_{55r}^*}\left[\left(\frac{K_{22}^* K_{55r}^*}{K_{25}^{*2}} + 1\right)\frac{\lambda^2 x^2}{2} - \cosh\lambda x + 1 + \frac{\cosh\lambda l - 1}{\sinh\lambda l}(\sinh\lambda x - \lambda x)\right]$$

Für die Verdrehung und die Absenkung am freien Ende erhält man:

$$\varphi_x(l) = \left(\frac{M_T}{\lambda K_{55r}^*} - \frac{K_{25}^*}{\lambda K_{22}^* K_{55r}^*} M_y\right)\left(\lambda l - 2\frac{\cosh\lambda l - 1}{\sinh\lambda l}\right) +$$
$$+ \frac{K_{25}^*}{\lambda^2 K_{22}^* K_{55r}^*} Q_z\left(\frac{\lambda^2 l^2}{2} - \lambda l \frac{\cosh\lambda l - 1}{\sinh\lambda l}\right) \tag{5.35}$$

$$W(l) = \frac{K_{25}^*}{\lambda^2 K_{22}^* K_{55r}^*} M_T\left(\frac{\lambda^2 l^2}{2} - \lambda l \frac{\cosh\lambda l - 1}{\sinh\lambda l}\right) -$$
$$- \frac{K_{25}^{*2}}{\lambda^2 K_{22}^{*2} K_{55r}^*} M_y\left[\left(\frac{K_{22}^* K_{55r}^*}{K_{25}^{*2}} + 1\right)\frac{\lambda^2 l^2}{2} - \lambda l \frac{\cosh\lambda l - 1}{\sinh\lambda l}\right] + \tag{5.36}$$
$$+ \frac{K_{25}^{*2}}{\lambda^3 K_{22}^{*2} K_{55r}^*} Q_z\left[\left(\frac{K_{22}^* K_{55r}^*}{K_{25}^{*2}} + 1\right)\frac{\lambda^3 l^3}{3} - \lambda^2 l^2 \coth\lambda l + \lambda l\right]$$

Für den Biegewinkel erhält man:

$$\varphi_y(l) = -\frac{K_{25}^*}{\lambda K_{22}^* K_{55r}^*} M_T\left(\lambda l - 2\frac{\cosh\lambda l - 1}{\sinh\lambda l}\right) -$$
$$- \frac{K_{25}^{*2}}{\lambda^2 K_{22}^{*2} K_{55r}^*} Q_z\left(\left(\frac{K_{22}^* K_{55r}^*}{K_{25}^{*2}} + 1\right)\frac{\lambda^2 l^2}{2} - \lambda l \frac{\cosh\lambda l - 1}{\sinh\lambda l}\right) + \tag{5.37}$$
$$+ \frac{K_{25}^{*2}}{\lambda K_{22}^{*2} K_{55r}^*} M_y\left[\left(\frac{K_{22}^* K_{55r}^*}{K_{25}^{*2}} + 1\right)\lambda l - 2\frac{\cosh\lambda l - 1}{\sinh\lambda l}\right]$$

Die matrizielle Zusammenfassung lautet demnach:

$$\begin{Bmatrix} W(l) \\ \varphi_y(l) \\ \varphi_x(l) \end{Bmatrix} = \begin{bmatrix} S_{Q_z} & S_{Q_z M_y} & S_{Q_z M_T} \\ S_{Q_z M_y} & S_{M_y} & S_{M_y M_T} \\ S_{Q_z M_T} & S_{M_y M_T} & S_{M_T} \end{bmatrix} \begin{Bmatrix} Q_z \\ M_y \\ M_T \end{Bmatrix} = \frac{K_{25}^*}{\lambda^2 K_{22}^* K_{55r}^*} \cdot \tag{5.38}$$

$$\cdot \begin{bmatrix} \frac{K_{25}^*}{\lambda K_{22}^*}\left(\left(\frac{K_{22}^* K_{55r}^*}{K_{25}^{*2}} + 1\right)\frac{\lambda^3 l^3}{3} - \lambda^2 l^2 \coth \lambda l + \lambda l\right) & -\frac{K_{25}^*}{K_{22}^*}\left(\left(\frac{K_{22}^* K_{55r}^*}{K_{25}^{*2}} + 1\right)\frac{\lambda^2 l^2}{2} - \lambda l \frac{\cosh \lambda l - 1}{\sinh \lambda l}\right) & \frac{\lambda^2 l^2}{2} - \lambda l \frac{\cosh \lambda l - 1}{\sinh \lambda l} \\ -\frac{K_{25}^*}{K_{22}^*}\left(\left(\frac{K_{22}^* K_{55r}^*}{K_{25}^{*2}} + 1\right)\frac{\lambda^2 l^2}{2} - \lambda l \frac{\cosh \lambda l - 1}{\sinh \lambda l}\right) & \frac{\lambda K_{25}^*}{K_{22}^*}\left(\left(\frac{K_{22}^* K_{55r}^*}{K_{25}^{*2}} + 1\right)\lambda l - 2\,\frac{\cosh \lambda l - 1}{\sinh \lambda l}\right) & 2\lambda \frac{\cosh \lambda l - 1}{\sinh \lambda l} - \lambda^2 l \\ \frac{\lambda^2 l^2}{2} - \lambda l \frac{\cosh \lambda l - 1}{\sinh \lambda l} & 2\lambda \frac{\cosh \lambda l - 1}{\sinh \lambda l} - \lambda^2 l & \frac{K_{22}^*}{K_{25}^*}\left(\lambda^2 l - 2\lambda \frac{\cosh \lambda l - 1}{\sinh \lambda l}\right) \end{bmatrix} \begin{Bmatrix} Q_z \\ M_y \\ M_T \end{Bmatrix}$$

wieder mit der bereits erwähnten Gleichheit der Koppelsteifigkeiten.

c) Vernachlässigung der Wölbkrafttorsion

Wie schon im Falle der Zug-Torsionskopplung wird die Vernachlässigung der Wölbkrafttorsion durch Vernachlässigung der Hyperbelterme erreicht. Man erhält sowohl aus (5.31) als auch (5.38) den einfachen Zusammenhang:

$$\begin{Bmatrix} W(l) \\ \varphi_y(l) \\ \varphi_x(l) \end{Bmatrix} = \frac{l}{6\left(K_{22}^* K_{55}^* - K_{25}^{*2}\right)} \begin{bmatrix} 2 K_{55}^* l^2 & -3 K_{55}^* l & 3 K_{25}^* l \\ -3 K_{55}^* l & 6 K_{55}^* & -6 K_{25}^* \\ 3 K_{25}^* l & -6 K_{25}^* & 6 K_{22}^* \end{bmatrix} \begin{Bmatrix} Q_z \\ M_y \\ M_{STV} \end{Bmatrix} \tag{5.40}$$

Der Parameter λ kürzt sich durch diese Vorgehensweise wieder heraus. Zur klaren Unterscheidung steht an Stelle des allgemeinen Torsionsmomentes M_T nun das St. Venant'sche Torsionsmoment M_{STV}.

Geht man von einem nur durch Querkraft und Torsion beanspruchten Balken aus, so vereinfacht sich das Gleichungssystem (5.40) durch Weglassen der zweiten Reihe und Spalte. Invertiert man dieses reduzierte Gleichungssystem, gelangt man zu den Steifigkeiten des Balkens und erhält:

$$\begin{Bmatrix} Q_z \\ M_{STV} \end{Bmatrix} = \begin{bmatrix} C_F & C_{FM} \\ C_{FM} & C_M \end{bmatrix} \begin{Bmatrix} W(l) \\ \varphi_x(l) \end{Bmatrix} = \\ = \frac{2\left(K_{22}^* K_{55}^* - K_{25}^{*2}\right)}{l^3\left(4\, K_{22}^* K_{55}^* - 3\, K_{25}^{*2}\right)} \begin{bmatrix} 6\, K_{22}^* & -3\, K_{25}^*\, l \\ -3\, K_{25}^*\, l & 2\, K_{55}^*\, l^2 \end{bmatrix} \begin{Bmatrix} W(l) \\ \varphi_x(l) \end{Bmatrix} \tag{5.41}$$

Wie schon in Kapitel 2 bei den Betrachtungen an der biege-torsionsgekoppelten Platte erkennt man den steifigkeitsmindernden Einfluß der elastischen Kopplung. Der Faktor vor der Matrix wird kleiner, wenn die im Nenner und Zähler stehende Koppelsteifigkeit K_{25}^* mit steigender Biege-Torsionskopplung zunimmt.

Betrachtet man nur einen einzigen Plattenstreifen der Breite b, so ergeben sich für die einzelnen Steifigkeiten nach den Beziehungen (4.37a), (4.37d) und (4.40a):

$$K_{22}^* = D_{11}^*\, b \quad ; \quad K_{25}^* = -2\, D_{13}^*\, b \quad ; \quad K_{55}^* = 4\, D_{33}^*\, b \tag{5.42}$$

Setzt man diese Formulierungen in (5.41) ein, dann entspricht diese Beziehung dem Gleichungssystem (2.30) für eine biege-torsionsgekoppelte Platte. Diese Übereinstimmung bedeutet zum einen eine weitere Plausibilitätskontrolle, zum anderen aber auch, daß sich bei der Betrachtung von Balken mit offenen Profilquerschnitten die meisten Balkensteifigkeiten K_{ij}^* durch bloße Summation der Einzelsteifigkeiten der einzelnen Balkensegmente ergeben. Das Strukturverhalten dünnwandiger Balken mit offenen Querschnitten ergibt sich also aus der Summe des Strukturverhaltens seiner einzelnen Balkensegmente.

Einzig die Wölbbimomentsteifigkeit K_{44}^* und die entsprechenden Koppelsteifigkeiten K_{j4}^* müssen davon ausgenommen werden, da die Verwölbungsfunktion $\omega(s)$ von der Querschnittsform des Balkens abhängt. Geschlossene Profile weisen einen geschlossenen Schubflußverlauf je enthaltener Einzelzelle auf, weswegen hier auch die Torsionssteifigkeit K_{55}^* und die korrespondierenden Koppelsteifigkeiten K_{j5}^* von einer Querschnittsfunktion abhängen, nämlich von der Schubverteilungsfunktion $G_s(s)$.

5.4.2 Beidseitig gabelgelagerter Balken unter Querkraft und Torsion in der Mitte der Balkenlänge

Obwohl der Lastangriff in der Mitte des Balkens liegt, handelt es sich nicht um ein symmetrisches Problem. Der Torsionsmomentenverlauf ist im Gegensatz zum symmetrischen Biegemomentenverlauf antimetrisch. Bei der eingeleiteten Torsion in der Balkenmitte handelt es sich somit um eine reine Wölbkrafttorsion. Das bedeutet, daß in Balkenmitte im Falle einer angreifenden Querkraft zwar ein maximales Biegemoment auftritt, wegen der Antimetrie des Torsionsmomentenverlaufs dort aber keine elastische Biege-Torsionskopplung vorkommt. Das gleiche Phänomen tritt bezüglich der Torsions-Biegekopplung auf. Greift ein Torsionsmoment in der Balkenmitte an, gibt es dort keine Balkenabsenkung, und die Biegelinie hat folglich einen S-förmigen Verlauf. Im folgenden Bild 5.5 ist dieser Belastungsfall skizziert:

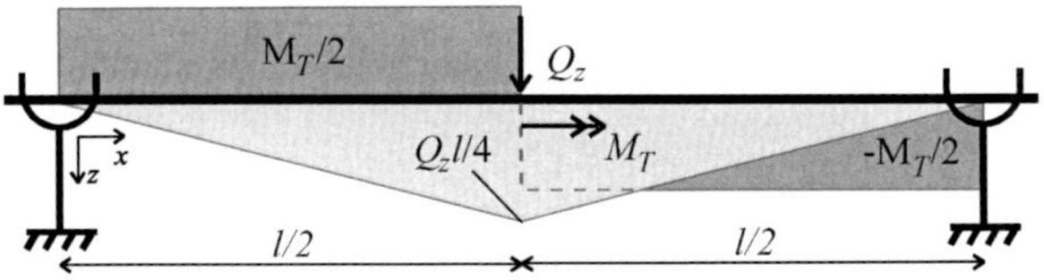

Bild 5.5: Gabelgelagerter Balken unter Querkraft und Torsion in Balkenmitte mit Torsions- und Biegemomentenverlauf

Um auf diese speziellen Effekte zwischen symmetrischem Biegemomentenverlauf und antimetrischem Torsionsmomentenverlauf eingehen zu können, wird bei diesem Lastfall kein zusätzlich angreifendes Biegemoment betrachtet. Dieses würde die Symmetrie des Biegemomentenverlaufs zunichte machen. Dieser Lastfall wird im späteren Verlauf nur an einem passiven Balken betrachtet und experimentell untersucht, so daß auch aus diesem Grund auf eine Berücksichtigung einer zusätzlichen aktiven Schnittgröße in Form eines aktiven Biegemoments verzichtet wird.

Wegen der Berücksichtigung unterschiedlicher Randbedingungen muß somit je nach Lastfall das System bezüglich Torsion und Querkraftbiegung getrennt voneinander betrachtet werden, um es später mit dem Superpositionsprinzip wieder zusammenzufügen. Die Lösung der Differentialgleichung wird generell nur für die linke Seite, nämlich den Bereich $0 \leq x \leq l/2$ ermittelt.

a) Gabelgelagerter Balken unter Torsion

Man erhält für das Differentialgleichungssystem für den Bereich $0 \leq x \leq l/2$:

$$- K_{44}^{*} \varphi_x^{\prime\prime\prime} + K_{55r}^{*} \varphi_x^{\prime} - \frac{M_T}{2} = 0 \tag{5.43}$$

Das Torsionsmoment wird von den beiden Lagern zu gleichen Teilen aufgenommen, so daß in (5.43) nur das halbe Torsionsmoment berücksichtigt werden muß. Für den hier betrachteten Fall wird als Ansatz für φ_x gewählt:

$$\varphi_x(x) = \frac{M_T}{2\,K_{55r}^{*}} x + A + B \sinh \lambda x + C \cosh \lambda x \tag{5.44}$$

Im Falle eines anliegenden Torsionsmoments in der Mitte des Balkens wird dort die Verwölbung des

Querschnitts aufgrund der Symmetriebedingung verhindert. Mit dieser Randbedingung ($\varphi_x^{/}(l/2) = 0$) und den Randbedingungen der Gabellagerung ($\varphi_x(0) = 0,\ \varphi_x^{//}(0) = 0$) erhält man mit den entsprechenden Bestimmungsgleichungen für die Konstanten A, B und C:

$$\begin{aligned} A &= 0 && \text{(a)} \\ B &= -\frac{M_T}{2\,\lambda\,K_{55r}^{*}\cosh\dfrac{\lambda l}{2}} && \text{(b)} \\ C &= 0 && \text{(c)} \end{aligned} \qquad (5.45)$$

Für die Verdrehung φ_x beim gabelgelagerten Balken unter Torsionsbelastung erhält man den einfachen Zusammenhang:

$$\varphi_x(x) = \frac{M_T}{2\,\lambda\,K_{55r}^{*}}\left(\lambda\,x - \frac{\sinh\lambda x}{\cosh\dfrac{\lambda l}{2}}\right) \qquad (5.46)$$

Die Differentialgleichung für W lautet:

$$W^{//} = \frac{K_{25}^{*}}{K_{22}^{*}}\,\varphi_x^{/} \qquad (5.47)$$

und es ergibt sich somit für die Absenkung w mit den Randbedingungen $W(0) = 0$ für die gelenkige Lagerung am Ende und $W(l/2) = 0$ in der Balkenmitte wegen der behinderten Biege-Torsionskopplung:

$$W(x) = \frac{K_{25}^{*}}{\lambda^2\,K_{22}^{*}\,K_{55r}^{*}}\,\frac{M_T}{2}\left(\frac{\lambda^2 x^2}{2} - \frac{\lambda^2 l x}{4} + \frac{2x}{l} - \frac{\cosh\lambda x - 1 + \dfrac{2x}{l}}{\cosh\dfrac{\lambda l}{2}}\right) \qquad (5.48)$$

Für die Verdrehung in der Balkenmitte erhält man:

$$\varphi_x(l/2) = \frac{M_T}{2\,\lambda\,K_{55r}^{*}}\left(\frac{\lambda l}{2} - \tanh\frac{\lambda l}{2}\right) \qquad (5.49)$$

b) Gabelgelagerter Balken unter Querkraft

Die Differentialgleichung für den Bereich $0 \le x \le l/2$ lautet:

$$-K_{44}^{*}\,\varphi_x^{///} + K_{55r}^{*}\,\varphi_x^{/} + \frac{K_{25}^{*}}{K_{22}^{*}}\,\frac{Q_z}{2}\,x = 0 \qquad (5.50)$$

Als Ansatz für φ_x wird gewählt:

$$\varphi_x(x) = -\frac{K_{25}^*}{4\,K_{22}^*\,K_{55r}^*}\,Q_z\,x^2 + A + B\sinh\lambda x + C\cosh\lambda x \tag{5.51}$$

Da in der Mitte des Balkens wieder eine Kopplungsbehinderung auftaucht, verschwindet dort die Verdrehung des Querschnitts. Mit dieser Randbedingung ($\varphi_x(l/2) = 0$) und den Randbedingungen der Gabellagerung ($\varphi_x(0) = 0,\ \varphi_x^{//}(0) = 0$) erhält man wieder die Bestimmungsgleichungen für die Konstanten *A*, *B* und *C* und für diese daher dann:

$$\begin{aligned}
A &= -\frac{K_{25}^*}{2\,\lambda^2\,K_{22}^*\,K_{55r}^*}\,Q_z && \text{(a)}\\
B &= \frac{K_{25}^*}{16\,\lambda^2\,K_{22}^*\,K_{55r}^*}\,Q_z\left(\frac{\lambda^2 l^2 + 8}{\sinh\frac{\lambda l}{2}} - 8\coth\frac{\lambda l}{2}\right) && \text{(b)}\\
C &= \frac{K_{25}^*}{2\,\lambda^2\,K_{22}^*\,K_{55r}^*}\,Q_z && \text{(c)}
\end{aligned} \tag{5.52}$$

Die Beziehung für die Verdrehung φ_x beim gabelgelagerten Balken unter mittiger Querkraft lautet:

$$\varphi_x(x) = \frac{K_{25}^*}{\lambda^2\,K_{22}^*\,K_{55r}^*}\,\frac{Q_z}{2}\left[-\frac{\lambda^2 x^2}{2} + \left(\frac{\lambda^2 l^2 + 8}{\sinh\frac{\lambda l}{2}} - 8\coth\frac{\lambda l}{2}\right)\frac{\sinh\lambda x}{8} + \cosh\lambda x - 1\right] \tag{5.53}$$

Die Differentialgleichung für *W* ist:

$$W^{//} = \frac{K_{25}^*}{K_{22}^*}\,\varphi_x^{/} - \frac{Q_z}{2\,K_{22}^*}\,x \tag{5.54}$$

Die Randbedingung für das gabelgelagerte Ende lautet $W(0) = 0$. Die Biegelinie aufgrund Querkraftbelastung muß einen symmetrischen Verlauf ergeben, so daß in der Balkenmitte $W^{/}(l/2) = 0$ gilt. Man erhält somit für die Absenkung *W*:

$$\begin{aligned}
W(x) = \frac{K_{25}^{*2}}{\lambda^3\,K_{22}^{*2}\,K_{55r}^*}\,\frac{Q_z}{2}\Bigg[&-\left(\frac{K_{22}^*\,K_{55r}^*}{K_{25}^{*2}} + 1\right)\left(\frac{\lambda^3 x^3}{6} - \frac{\lambda^3 l^2 x}{8}\right) - \lambda x\cosh\frac{\lambda l}{2} +\\
&+ \left(\frac{\lambda^2 l^2 + 8}{\sinh\frac{\lambda l}{2}} - 8\coth\frac{\lambda l}{2}\right)\frac{\cosh\lambda x - \lambda x\sinh\frac{\lambda l}{2} - 1}{8} + \sinh\lambda x\Bigg]
\end{aligned} \tag{5.55}$$

Für die Absenkung in Balkenmitte ergibt sich:

$$W(l/2) = \frac{K_{25}^{*2}}{\lambda^3 K_{22}^{*2} K_{55r}^{*}} \frac{Q_z}{2} \left[-\frac{\lambda l}{4} \left(\frac{K_{22}^{*} K_{55r}^{*}}{K_{25}^{*2}} + 1 \right) \left(\frac{\lambda^2 l^2}{12} - 2 \right) + \left(\frac{\lambda^2 l^2}{8} + 2 \right) \frac{\cosh \lambda x - 1}{\sinh \frac{\lambda l}{2}} \right] \tag{5.56}$$

5.5 Ermittlung der Balkensteifigkeiten für ausgewählte Profilquerschnitte

Zum Abschluß dieses Kapitels werden in den folgenden Abschnitten die relevanten Balkensteifigkeiten eines I-Profils sowie einer einfachen und zweizelligen Hohlzelle ermittelt. Dann können in den folgenden Kapiteln die Schwerpunkte allein auf die parametrischen Untersuchungen und den Vergleich zwischen experimentellen, numerischen und analytischen Ergebnissen gelegt werden, und zwar auf Basis der in diesem und dem vorigen Kapitel zusammengestellten analytischen Beziehungen.

Die relevanten direkten Balkensteifigkeiten sind die Dehnsteifigkeit K_{11}^{*} nach (4.36a), die Biegesteifigkeit K_{22}^{*} nach (4.37a), die Wölbbimomentsteifigkeit K_{44}^{*} nach (4.39a) und die Torsionssteifigkeit K_{55}^{*} nach (4.40a). Als relevante Koppelsteifigkeiten werden die Zug-Torsionssteifigkeit K_{15}^{*} nach (4.36e) und die Biege-Torsionssteifigkeit K_{25}^{*} nach (4.37d) betrachtet. Zu beachten ist wieder die Unterscheidung, daß im Falle einer Zug-Torsion-Kopplung des Balkens alle Profilsegmente an der Kopplung beteiligt sind, während dies bei der Biege-Torsionskopplung nur die oberen und unteren Gurte sind, wie Bild 5.2 bereits veranschaulichte.

5.5.1 I-Profil

Im folgenden Bild 5.6 ist die Geometrie des Profilquerschnitts definiert. Hierbei und auch bei den folgenden Profilquerschnitten werden die den Steg betreffenden Größen mit dem Index s und die die Gurte betreffenden mit dem Index g gekennzeichnet.

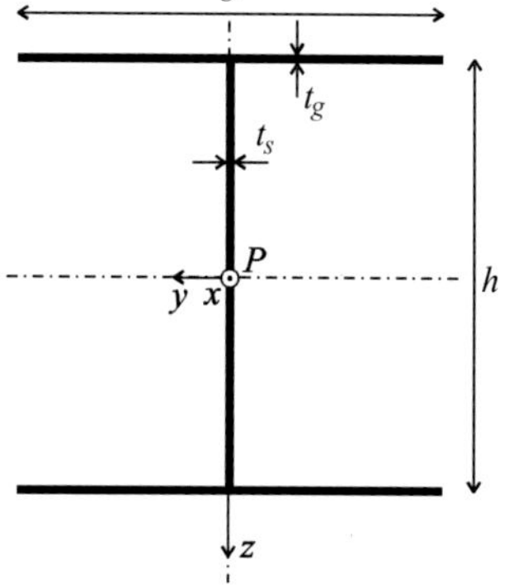

Bild 5.6: Geometrie des I-Profils

Die Steifigkeiten ergeben sich für diese Querschnittsform aus den Beziehungen (4.36a,e), (4.37a,d), (4.39) und (4.40) im einzelnen zu:

$$K^*_{11_1} = \oint A^*_{11_1}\,ds = 2\,A^*_{11_g}\,b + A^*_{11_s}\,h \qquad \text{(a)}$$

$$K^*_{15_1} = -2\oint B^*_{13_1}\,ds = -4\,B_{13_g}\,b - 2\,B^*_{13_s}\,h \qquad \text{(b)}$$

$$K^*_{22_1} = \oint A^*_{11_1} z^2 + D^*_{11_1}\cos^2\theta\,ds = \left(A^*_{11_g}\frac{h^2}{4} + D^*_{11_g} \right) 2b + A^*_{11_s}\frac{h^3}{12} \qquad \text{(c)}$$

$$K^*_{25_1} = -2\oint B^*_{13_1} z\,ds = -2\,B^*_{13_g}\,b\,h \qquad \text{(d)} \qquad (5.57)$$

$$K^*_{44_1} = \oint A^*_{11_1}\omega^2 + D^*_{11_1} q^2\,ds = A^*_{11_g}\frac{h^2 b^3}{24} + D^*_{11_g}\frac{b^3}{6} + D^*_{11_s}\frac{h^3}{12} \qquad \text{(e)}$$

$$K^*_{55_1} = 4\oint D^*_{33_1}\,ds = 8\,D^*_{33_g}\,b + 4\,D^*_{33_s}\,h \qquad \text{(f)}$$

5.5.2 Einfache Hohlzelle

Bild 5.7 zeigt die Geometrie einer einfachen Hohlzelle.

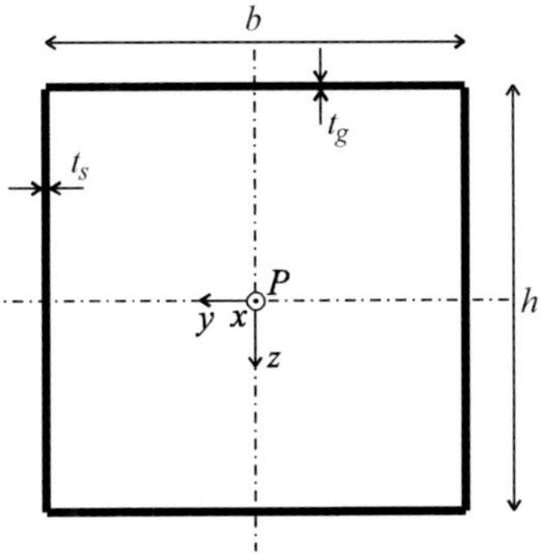

Bild 5.7: Geometrie der einfachen Hohlzelle

Vor der Bestimmung der einzelnen Balkensteifigkeiten müssen die beiden Querschnittsfunktionen $G_S(s)$ und $\omega(s)$ ermittelt werden. Für die Schubverteilungsfunktion $G_S(s)$ ergibt sich nach (4.11):

$$G_S(s) = \frac{b\,h}{\dfrac{b}{G_g t_g} + \dfrac{h}{G_s t_s}} \qquad (5.58)$$

Mit $G_S(s)$ läßt sich die Verwölbungsfunktion $\omega(s)$ für die einzelnen Profilsegmente gemäß (4.8) bestimmen. Geht man von einem Konturkoordinatensystem aus, das positiv um die Balkenlängsachse dreht, erhält man für die Gurte und die Stege:

$$\omega_g(s_g) = -\frac{h}{2}\cdot\frac{hG_gt_g - bG_st_s}{bG_st_s + hG_gt_g}\cdot s \quad \text{mit} \quad -\frac{b}{2} \le s_g \le \frac{b}{2} \qquad \text{(a)}$$

$$\omega_s(s_s) = \frac{b}{2}\cdot\frac{hG_gt_g - bG_st_s}{bG_st_s + hG_gt_g}\cdot s \quad \text{mit} \quad -\frac{h}{2} \le s_s \le \frac{h}{2} \qquad \text{(b)} \tag{5.59}$$

Mit diesen Querschnittsfunktionen errechnen sich die Balkensteifigkeiten wieder aus (4.36a,e), (4.37a,d), (4.39) und (4.40) zu:

$$K^*_{11_\square} = \oint A^*_{11_\square}\, ds = 2A^*_{11_g} b + 2A_{11_s} h \qquad \text{(a)}$$

$$K^*_{15_\square} = \oint A^*_{13_\square}\frac{G_S(s)}{Gt}\, ds = 2A^*_{13_g}\frac{b^2hG_st_s}{bG_st_s + hG_gt_g} + 2A^*_{13_s}\frac{bh^2G_gt_g}{bG_st_s + hG_gt_g} \qquad \text{(b)}$$

$$K^*_{22_\square} = \oint A^*_{11_\square}z^2 + D^*_{11_\square}\cos^2\theta\, ds = \left(A^*_{11_g}\frac{h^2}{4} + D^*_{11_g}\right)2b + A^*_{11_s}\frac{h^3}{6} \qquad \text{(c)}$$

$$K^*_{25_\square} = \oint A^*_{13_\square}z\frac{G_S(s)}{Gt} - 2D^*_{13_\square}\cos\theta\, ds = A^*_{13_g}\frac{b^2h^2G_st_s}{bG_st_s + hG_gt_g} - 4D_{13_g}b \qquad \text{(d)}$$

$$K^*_{44_\square} = \oint A^*_{11_\square}\omega^2 + D^*_{11_\square}q^2 ds = \tag{5.60}$$

$$= \frac{b^2h^2}{24}\left(\frac{hG_gt_g - bG_st_s}{bG_st_s + hG_gt_g}\right)^2\left(A^*_{11_g}b + A^*_{11_s}h\right) + D^*_{11_g}\frac{b^3}{6} + D^*_{11_s}\frac{h^3}{6} \qquad \text{(e)}$$

$$K^*_{55_\square} = \oint A^*_{33_\square}\frac{G_S(s)^2}{(Gt)^2} + 4D^*_{33_\square}\, ds =$$

$$= 2A^*_{33_g}\left(\frac{bhG_st_s}{bG_st_s + hG_gt_g}\right)^2 b + 2A^*_{33_s}\left(\frac{bhG_gt_g}{bG_st_s + hG_gt_g}\right)^2 h + 8D^*_{33_g}b + 8D^*_{33_s}h \qquad \text{(f)}$$

Eine deutliche Vereinfachung erfahren die Querschnittsfunktionen, wenn die Schichtungen der einzelnen Balkensegmente gleiche Schubmoduln bewirken und auch die Wandstärken gleich sind. Für den (auch später relevanten) Fall $G_s = G_g$ und $t_s = t_g$ vereinfachen sich die betroffenen Balkensteifigkeiten zu:

$$K^*_{15_\square} = 2\frac{bh}{b+h}\left(A^*_{13_g}b + A^*_{13_s}h\right) \qquad \text{(a)}$$

$$K^*_{25_\square} = \frac{b^2h^2}{b+h}A^*_{13_g} - 4D_{13_g}b \qquad \text{(b)}$$

$$K^*_{44_\square} = \frac{b^2h^2}{24}\left(\frac{h-b}{h+b}\right)^2\left(A^*_{11_g}b + A^*_{11_s}h\right) + D^*_{11_g}\frac{b^3}{6} + D^*_{11_s}\frac{h^3}{6} \qquad \text{(c)} \tag{5.61}$$

$$K^*_{55_\square} = 2\left(\frac{bh}{b+h}\right)^2\left(A^*_{33_g}b + A^*_{33_s}h\right) + 8D^*_{33_g}b + 8D^*_{33_s}h \qquad \text{(d)}$$

5.5.3 Doppelzelle

In Bild 5.8 ist die Geometrie eines zweizelligen Hohlprofils dargestellt. Bei den Stegen wird unterschieden zwischen den äußeren (Index *sa*) und dem inneren Steg (Index *sm*).

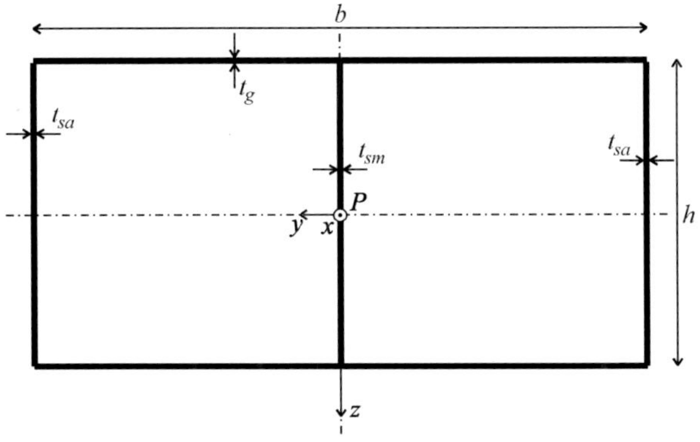

Bild 5.8: Geometrie der Doppelzelle.

Im Falle einer Belastung durch St. Venant'sche Torsion heben sich aufgrund der Symmetriebedingung im mittleren Steg die Schubflußanteile aus der rechten und der linken Zelle jeweils auf. Im Falle einer Querschnittsverwölbung ist der mittlere Steg aufgrund der Querschnittssymmetrie nicht betroffen. Für den mittleren Steg gilt also:

$$\tau^T_{sm}(s) = 0 \quad ; \quad \omega_{sm}(s) = 0 \tag{5.62}$$

Somit können für die Querschnittsfunktionen $G_S(s)$ und $\omega(s)$ die Beziehungen (5.58) und (5.59) der einfachen Hohlzelle herangezogen werden. Für die Balkensteifigkeiten erhält man somit aus (4.36a,e), (4.37a,d), (4.39) und (4.40):

$$K^*_{11_{\square\square}} = \oint A^*_{11_{\square\square}} \, ds = 2\, A^*_{11_g} b \; + \; 2\, A_{11_{sa}} h \; + \; A_{11_{sm}} h \qquad \text{(a)}$$

$$K^*_{15_{\square\square}} = \oint A^*_{13_{\square\square}} \frac{G_S(s)}{Gt} \, ds = 2\, A^*_{13_g} \frac{b^2 h\, G_{sa} t_{sa}}{b\, G_{sa} t_{sa} + h\, G_g t_g} + 2\, A^*_{13_{sa}} \frac{b\, h^2 G_g t_g}{b\, G_{sa} t_{sa} + h\, G_g t_g} \qquad \text{(b)}$$

$$K^*_{22_{\square\square}} = \oint A^*_{11_{\square\square}} z^2 + D^*_{11_{\square\square}} \cos^2\theta \, ds = \left(A^*_{11_g} \frac{h^2}{4} + D^*_{11_g} \right) 2b \; + \; A^*_{11_{sa}} \frac{h^3}{6} \; + \; A^*_{11_{sm}} \frac{h^3}{12} \qquad \text{(c)}$$

$$K^*_{25_{\square\square}} = \oint A^*_{13_{\square\square}} z \frac{G_S(s)}{Gt} - 2\, D^*_{13_{\square\square}} \cos\theta \, ds = A^*_{13_g} \frac{b^2 h^2 G_{sa} t_{sa}}{b\, G_{sa} t_{sa} + h\, G_g t_g} - 4\, D_{13_g} b \qquad \text{(d)}$$

(5.63)

$$K^*_{44_{\square\square}} = \oint A^*_{11_{\square\square}} \omega^2 + D^*_{11_{\square\square}} q^2 ds =$$

$$= \frac{b^2 h^2}{24} \left(\frac{h G_g t_g - b G_{sa} t_{sa}}{b G_{sa} t_{sa} + h G_g t_g} \right)^2 \left(A^*_{11_g} b + A^*_{11_{sa}} h \right) + D^*_{11_g} \frac{b^3}{6} + D^*_{11_{sa}} \frac{h^3}{6} + D^*_{11_{sm}} \frac{h^3}{12} \quad \text{(e)}$$

(5.63)

$$K^*_{55_{\square\square}} = \oint A^*_{33_{\square\square}} \frac{G_S(s)^2}{(Gt)^2} + 4 D^*_{33_{\square\square}} ds = 2 A^*_{33_g} \left(\frac{b h G_{sa} t_{sa}}{b G_{sa} t_{sa} + h G_g t_g} \right)^2 b +$$

$$+ 2 A^*_{33_{sa}} \left(\frac{b h G_g t_g}{b G_{sa} t_{sa} + h G_g t_g} \right)^2 h + 8 D^*_{33_g} b + 8 D^*_{33_{sa}} h + 4 D^*_{33_{sm}} h \quad \text{(f)}$$

Für den später interessierenden Fall $G_{sa} = G_{sm} = G_g$ und $2t_{sa} = 2t_g = t_{sm}$ lauten die betroffenen Balkensteifigkeiten:

$$K^*_{15_{\square\square}} = 2 \frac{bh}{b+h} \left(A^*_{13_g} b + A^*_{13_{sa}} h \right) \quad \text{(a)}$$

$$K^*_{25_{\square\square}} = \frac{b^2 h^2}{b+h} A^*_{13_g} - 4 D_{13_g} b \quad \text{(b)}$$

(5.64)

$$K^*_{44_{\square\square}} = \frac{b^2 h^2}{24} \left(\frac{h-b}{h+b} \right)^2 \left(A^*_{11_g} b + A^*_{11_{sa}} h \right) + D^*_{11_g} \frac{b^3}{6} + D^*_{11_{sa}} \frac{h^3}{6} + D^*_{11_{sm}} \frac{h^3}{12} \quad \text{(c)}$$

$$K^*_{55_{\square\square}} = 2 \left(\frac{bh}{b+h} \right)^2 \left(A^*_{33_g} b + A^*_{33_{sa}} h \right) + 8 D^*_{33_g} b + 8 D^*_{33_{sa}} h + 4 D^*_{33_{sm}} h \quad \text{(d)}$$

Somit sind alle relevanten Gleichungen bezüglich der unterschiedlichen Lastfälle und der interessierenden Balkensteifigkeiten zusammengestellt. Die Beziehungen (5.57), (5.60a,c), (5.61), (5.63a,c) und (5.64) für die einzelnen Balkensteifigkeiten sind aufgrund der getroffenen Voraussetzungen bezüglich der Querschnittsgeometrie und der Laminatschichtungen in den Gurten und Stegen relativ einfach formuliert. Hierdurch läßt sich allerdings recht anschaulich der Aufbau der Balkensteifigkeiten aus den Einzelsteifigkeiten der Balkensegmente studieren.

6 Anwendung und Bewertung der modifizierten Balkentheorie

In diesem Kapitel werden experimentell, numerisch und analytisch gewonnene Ergebnisse einander gegenübergestellt, um eine Verifikation der Modifikation der Balkentheorie nach *Chandra* und *Chopra* zu gewinnen und auch die Grenzen der modifizierten Theorie aufzuzeigen. Zur experimentellen Analyse wurden unterschiedliche dünnwandige anisotrope Faserverbundbalken gefertigt und unter verschiedenen Last- und Randbedingungen untersucht. Mit Hilfe der Finiten-Elemente-Methode (FEM) unter Verwendung des Programms ANSYS® wurden sowohl unter Beachtung der realen Versuchsbedingungen als auch der eingeschränkten Voraussetzungen der Balkentheorie nach *Chandra* und *Chopra* numerische Ergebnisse ermittelt. Ebenso wurden auf analytischem Weg Ergebnisse mit der modifizierten Balkentheorie und der nach *Chandra* und *Chopra* berechnet.

In diesem Kapitel wird ausschließlich die Biege-Torsionskopplung behandelt. Die Zug-Torsionskopplung wird in Kapitel 7 im Rahmen der Betrachtung aktiver anisotroper dünnwandiger Balken erörtert. Aufgrund der Analogiemodelle sind die Ergebnisse auf passive Balken übertragbar, wie dies auch für die Resultate dieses Kapitels auf das Strukturverhalten aktiver Balken gilt.

Zuerst aber soll anhand parametrischer Untersuchungen der Unterschied zwischen den beiden Balkentheorien an einfachen Beispielen verdeutlicht werden. Darüber hinaus werden auch generelle Aussagen über das Strukturverhalten anisotroper dünnwandiger Balken gemacht und der Einfluß von Laminataufbau, Materialwahl, Geometrie und Randbedingungen untersucht. Die Ergebnisse aus den parametrischen Untersuchungen bilden die Grundlage zur Gestaltung der Experimentalträger.

6.1 Analytische und numerische Untersuchungen an parametrischen Modellen

Gemäß der Differenzierung zwischen der Querschnittsgeometrie und dem Lastfall, wie sie auch im letzten Kapitel vorgenommen wurde, soll in diesem Abschnitt zuerst ein Balken mit offenem Querschnitt anhand eines doppelsymmetrischen I-Profils betrachtet werden, später ein solcher mit geschlossenem Querschnitt anhand einer Doppelzelle.

6.1.1 Einseitig eingespanntes I-Profil unter Querkraftbiegung

Als Ausgangspunkt der parametrischen Analyse soll ein Balken mit einem typischen Verhältnis von Querschnittsabmessungen zu Balkenlänge von 1 zu 20 betrachtet werden. Die Balkenlänge wird festgelegt zu $l = 1$m und die Breite und Höhe des Profils zu $b = h = 50$mm. Der obere und untere Gurt sind mit der Faserorientierung α antimetrisch geschichtet und haben die gleiche Wandstärke von $t = 2$mm wie der Steg, der mit der Faserorientierung α symmetrisch geschichtet ist. Durch diese Festlegung der Schichtungen vereinfacht sich die analytische Lösung deutlich, da sämtliche Steifigkeiten der Hauptdiagonalen der Steifigkeitsmatrix [*ABD*] für die Gurte und den Steg jeweils identisch sind.

Basis der folgenden Ergebnisse bilden die in Kapitel 5 hergeleiteten Gleichungen (5.31), (5.38) und (5.41) für die Biegung eines einseitig eingespannten, dünnwandigen anisotropen Balkens mit doppelsymmetrischem Querschnitt. Im hier betrachteten Lastfall wird der Balken an seinem freien Ende durch eine Querkraft beansprucht. Um den Einfluß der Wölbkrafttorsion zu untersuchen, werden drei verschiedene Randbedingungen bezüglich der Querschnittsverwölbung betrachtet. Zum einen sind dies eine freie und eine behinderte Verwölbung am freien Ende, sowie zum anderen eine freie Verwölbung an beiden Balkenenden, was gleichbedeutend mit einer gekoppelten reinen St. Venant'schen Torsion unter Vernachlässigung der Wölbkrafttorsion ist. In Bild 6.1 und 6.2 sind die Diagramme für die Absenkung und induzierte Verdrehung am freien Balkenende in Abhängigkeit von den drei genannten Randbedingungen für I-Profile aus den beiden Materialien GFK und CFK-T300 dargestellt.

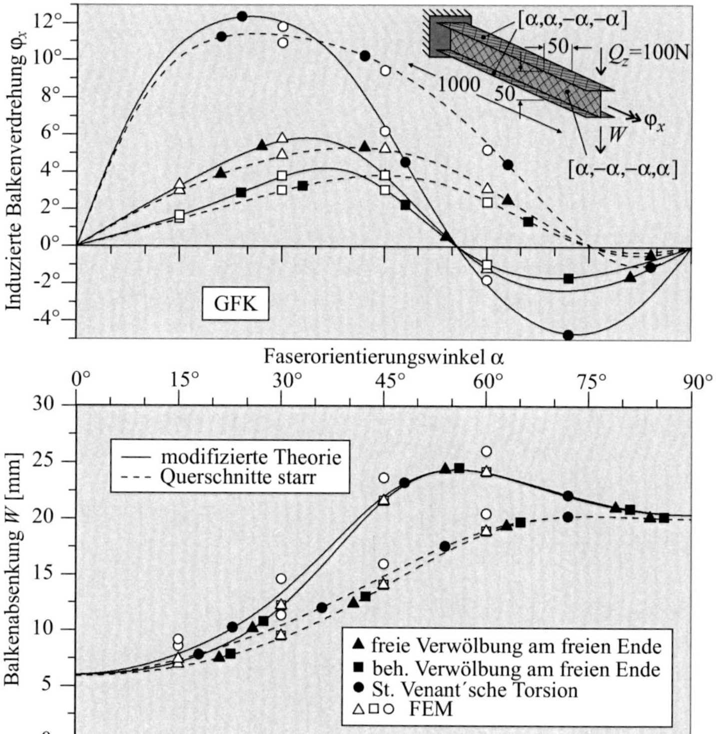

Bild 6.1: Strukturverhalten eines anisotropen GFK-I-Profils unter Querkraftbiegung. Vergleich analytische Lösung unter Verwendung der modifizierten Balkentheorie mit Theorie nach *Chandra* und *Chopra* und FEM-Ergebnissen für unterschiedliche Randbedingungen bezüglich Torsion

Die in den Diagrammen dargestellten FEM-Ergebnisse beruhen auf numerischen Modellen, in denen die genannten Randbedingungen durch entsprechende Beschränkung der Freiheitsgrade simuliert wurden. Ein Kompromiß mußte an der Einspannstelle bezüglich der Simulation der gekoppelten reinen St. Venant'schen Torsion einerseits und der festen Einspannung bezüglich Biegung andererseits eingegangen werden. Durch die simulierte freie Querschnittsverwölbung an der Einspannung können die Gurte nicht im vollen Umfang das Biegemoment übertragen, was zu einer geringeren Biegesteifigkeit führt. Diese Ungenauigkeit spiegelt sich in den ermittelten zu hohen FEM-Ergebnissen der Balkenabsenkungen bei reiner St. Venant'schen Torsion wider.

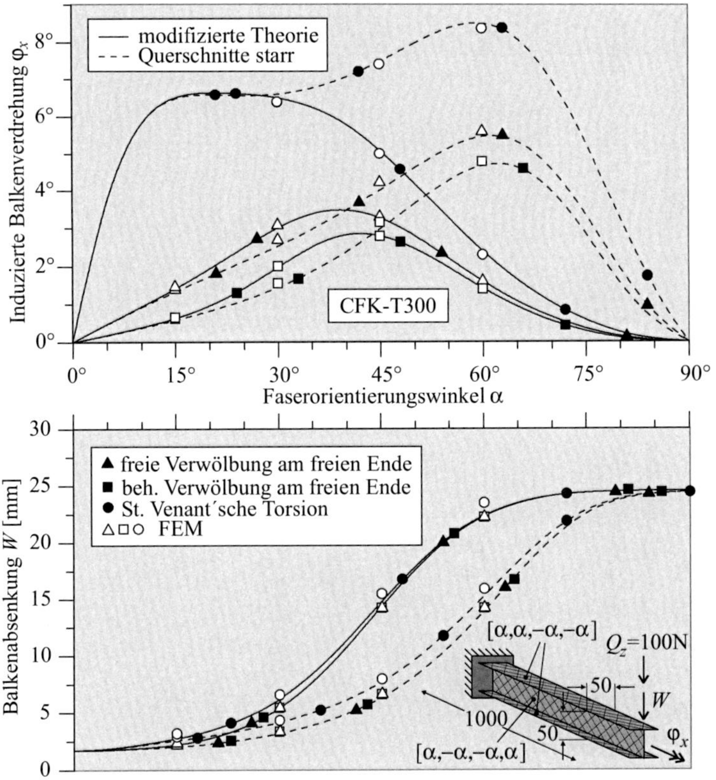

Bild 6.2: Strukturverhalten eines anisotropen CFK-T300-I-Profils unter Querkraftbiegung. Vergleich analytische Lösung unter Verwendung der modifizierten Balkentheorie mit Theorie nach *Chandra* und *Chopra* und FEM-Ergebnissen für unterschiedliche Randbedingungen bezüglich Torsion

Die beiden diskutierten Balkentheorien unterscheiden sich, wie schon mehrfach erwähnt, hauptsächlich in ihrer unterschiedlichen Behandlung der Querschnittsverformung. Bei *Chandra* und *Chopra* werden wie in allen anderen klassischen Balkentheorien alle Balkenquerschnitte als starr angenommen. Im entsprechenden FE-Modell wird jeder Querschnitt durch eine entsprechende Kopplung der Freiheitsgrade y, z und φ_x in seiner Querschnittsebene als starr modelliert, der entlang der Balkenachse durch Knoten aufgespannt wird. Versieht man den Balken außer an der Einspannstelle und am freien Ende mit keinen weiteren Beschränkungen der Freiheitsgrade, so entspricht dies einer Zulassung von Querschnittsverformungen und somit der Annahme der modifizierten Balkentheorie.

Auffällig beim Vergleich ist der Unterschied der Ergebnisse aus der Theorie nach *Chandra* und *Chopra* und denen nach der modifizierten Balkentheorie. Sobald die Faserorientierung im Steg und den Gurten um mehr als 15° von der Balkenlängsachse weg orientiert ist, wird ein gänzlich unterschiedliches Strukturverhalten beschrieben. Dieser Unterschied läßt sich recht genau mit Hilfe der FE-Analyse anhand von Beispielrechnungen mit ausgewählten Faserorientierungen nachbilden. Schon dieses erste Beispiel zeigt den entscheidenden Vorteil in der Berechnungsmethode nach der in Kapitel 4 modifizierten Balkentheorie. Die Querschnittsverformungen nehmen ab der genannten Faserorientierung deutlich zu und können ohne größere Fehler in der Vorhersage des Strukturverhaltens nicht vernachlässigt werden. Dies ist ein direkter Hinweis auf eine erste Verifikation der Korrektheit der vorgenommenen Modifikation am Elastizitätsgesetz der geschichteten Platte zur Berücksichtigung der Querkontraktions- und Querkrümmungseffekte sowie der Effekte aus den elastischen Kopplungen.

Die Randbedingung starrer Querschnitte bedeutet nicht generell eine Steifigkeitserhöhung, wie man vereinfacht annehmen könnte. Dies kann ausdrücklich nur für die direkten Steifigkeiten wie die Biegesteifigkeit festgehalten werden. Bei den Ergebnissen für den GFK-Balken läßt sich erkennen, daß eine minimale Biegesteifigkeit bei einer Faserorientierung erreicht wird, bei der die gekoppelte Balkenverdrehung einen Nulldurchgang hat. Dieser Effekt wurde schon in Kapitel 2 angesprochen und beruht auf der starken Verformung der einzelnen Balkensegmente quer zur Balkenachse. Auch dieser Effekt wird von der modifizierten Balkentheorie gut wiedergegeben. Die Koppelsteifigkeiten zeigen gerade bei hohen Faserorientierungswinkeln ein gänzlich unterschiedliches Verhalten in Abhängigkeit von dieser Randbedingung, im Falle von GFK neben dem betragsmäßigen Unterschied sogar ein unterschiedliches Vorzeichen. Auch dieser Effekt deckt sich mit dem, der schon an der anisotropen Einzelschicht gezeigt werden konnte.

Aus den obigen Diagrammen lassen sich noch andere wichtige Rückschlüsse auf das Strukturverhalten anisotroper I-Profile ziehen. Das rein theoretische Ergebnis der Vernachlässigung der Wölbkrafttorsion, das in der Realität in Verbindung mit einer Balkenbiegung kaum anzutreffen ist, dient zum Aufzeigen des großen Einflusses der Wölbkrafttorsion auf das gekoppelte Torsionsverhalten eines anisotropen Balkens mit typischem offenen Querschnitt. Für die Balkenabsenkung hat die zusätzliche Randbedingung einer Behinderung der Querschnittsverwölbung am freien Ende keinen Einfluß. Trotz des gekoppelten linearen Torsionsmomentenverlaufs (am Lastangriffspunkt verschwinden Biegemoment und Torsionsmoment) hat diese Randbedingung einen nicht unwesentlichen Einfluß auf das

Torsionsverhalten des Balkens.

Die Ergebnisse unter Verwendung der anderen beiden CFK-Materialien CFK-M40 und CFK-75S ähneln qualitativ denen für CFK-T300. Wegen des höheren Elastizitätsmoduls in Faserrichtung sind die Verformungen allerdings deutlich kleiner. Auf eine Darstellung in obiger Form wird daher verzichtet. Interessanter ist in diesem Zusammenhang das Kopplungspotential, das sich wie bei den betrachteten Laminaten in Kapitel 2 durch das Verhältnis von induzierter Verformung zu direkter Verformung ausdrückt. Im Diagramm des folgenden Bildes 6.3 ist dieses Verhältnis von gekoppelter Balkenverdrehung zur Absenkung jeweils am freien Balkenende wieder in Abhängigkeit von der Faserorientierung in den antimetrischen Gurten und im symmetrischen Steg dargestellt.

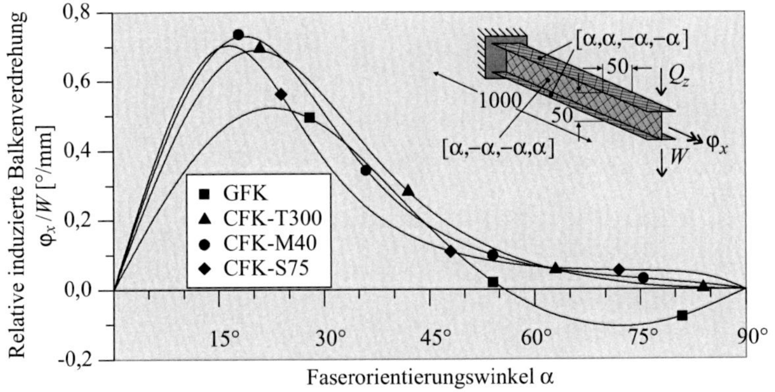

Bild 6.3: Relatives Biege-Torsionskopplungsverhalten von I-Profilen aus unterschiedlichen FV-Materialien unter Querkraftbiegung in Abhängigkeit von der Faserorientierung in den Gurten und dem Steg

Durch den Bezug der beiden Verformungsgrößen aufeinander sind die Ergebnisse wieder unabhängig von der angreifenden Last und können so zu einem objektiven Vergleich herangezogen werden. Anhand der Ergebnisse aus obigem Diagramm bestätigt sich die Aussage aus Kapitel 2, daß mit steigendem Anisotropiegrad des Faserverbundmaterials das Kopplungsverhalten einer aus diesem Material gefertigten Struktur nicht unbedingt besser wird. Das relative Kopplungsverhalten aller drei CFK-I-Profile unterscheidet sich nur unwesentlich voneinander. Das GFK hat erwartungsgemäß ein wesentlich schwächeres Kopplungspotential.

In den obigen Diagrammen wurden jeweils nur die Verformungen am Balkenende in Abhängigkeit von der Faserorientierung in den Profilabschnitten gezeigt. Das Verhalten entlang der Balkenachse soll im folgenden anhand eines GFK-I-Profils mit hohen elastischen Kopplungen in den Gurten untersucht werden. Hierzu wird aus Bild 6.1 die Faserorientierung $\alpha = 30°$ gewählt, bei der eine hohe Balkenverdrehung induziert wird. Die Verläufe der Biegelinien und der Verdrehung entlang der Balkenachse sind in Bild 6.4 dargestellt. Auch hier wird der Einfluß der drei verschiedenen Randbedingungen bezüglich der Torsion aufgezeigt.

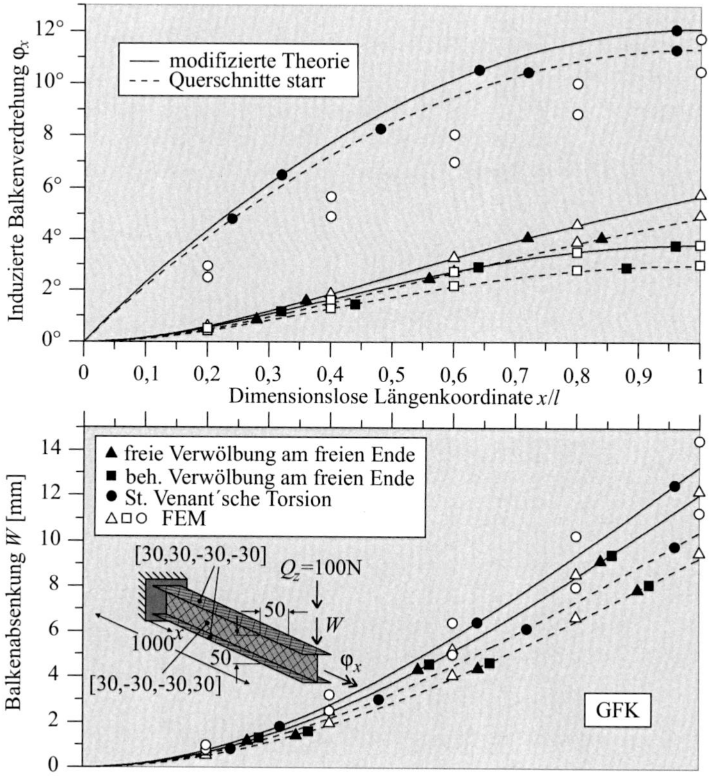

Bild 6.4: Biegelinien und Verdrehung entlang der Achse eines anisotropen GFK-I-Profils mit hohen elastischen Kopplungen unter Querkraftbiegung und verschiedenen Randbedingungen im Vergleich der unterschiedlichen Balkentheorien und der Ergebnisse aus der FE-Berechnung

Abgesehen von den Ergebnissen bezüglich der St. Venant'schen Torsion stimmen die aus der FE-Analyse sehr gut mit den analytischen überein. Die zu niedrigen numerischen Ergebnisse im Falle der St. Venant'schen Torsion zeugen von Wölbkrafttorsionsstörungen an der Einspannstelle im FE-Modell, die nicht eliminiert werden können, ohne die Biegesteifigkeit nachhaltig zu beeinflussen. Die unterschiedlichen Randbedingungen bzgl. der Torsion spiegeln sich vor allem im Verlauf der Verdrehung wider. Eine Behinderung der Querschnittsverwölbung entspricht der Randbedingung

$\varphi_x'(x) = 0$, welche sich an den entsprechenden Stellen der Linien im Diagramm wiederfindet. Betrachtet man im obigen Beispiel den Unterschied der Verformungen in bezug auf den Einfluß der Querschnittsverformung, so tritt ein Fehler von ca. 15% im Falle der Vorhersage der Verdrehung und sogar fast 25% bei der Absenkung des Balkenendes unter der Randbedingung starrer Profilquerschnitte auf.

Offene Profilquerschnitte zeigen bei einer angreifenden Torsion eine hohe Querschnittsverwölbung sowie einen hohen Wölbtorsionswiderstand bei Behinderung dieser Querschnittsverwölbung. Beim Blick auf die analytischen Beziehungen wird schnell deutlich, daß im wesentlichen ein Parameter den Einfluß der Wölbkrafttorsion beschreibt, der dimensionslos ist und im folgenden als Wölbparameter bezeichnet wird. Dieser ist das Produkt $\lambda\, l$, das gemäß Beziehung (5.23) sowohl sämtliche Geometrieparameter wie auch die Werkstoffkenngrößen in Form von Balkensteifigkeiten beinhaltet:

$$\lambda\, l = \sqrt{\frac{K^*_{55r}}{K^*_{44}}}\; l \qquad (6.1)$$

Auch bei *Chandra* und *Chopra* [28] findet man einen Hinweis auf den Einfluß dieses Parameters. Je kleiner dieser ist, desto größer ist der Einfluß der Wölbkrafttorsion. Liegt sein Wert über 40, kann dieser Einfluß vernachlässigt werden, und das Torsionsverhalten wird nahezu ausschließlich durch St. Venant'sche Torsion bestimmt. Im folgenden Bild 6.5 ist für das oben aufgeführte I-Profil die Abhängigkeit des Wölbparameters $\lambda\, l$ wieder von der Faserorientierung in den antimetrischen Gurten und dem symmetrischen Steg dargestellt.

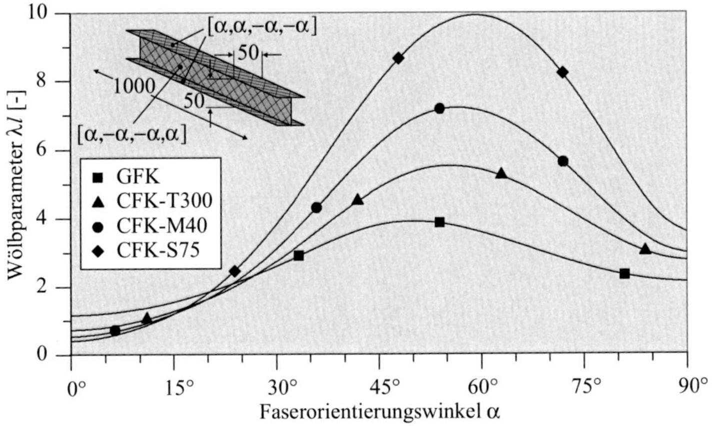

Bild 6.5: Wölbparameter von I-Profilen aus unterschiedlichen FV-Materialien in Abhängigkeit von der Faserorientierung in den Gurten und dem Steg

Der Einfluß der Wölbkrafttorsion ist bei rein mit 0°-Schichtungen versehenen I-Profilen erwartungsgemäß am höchsten. Bei Schichtungen, die eine hohe St. Venant'sche Torsionssteifigkeit hervorrufen, ist er deutlich geringer. Der Anisotropiegrad spielt hierbei eine wesentliche Rolle. Die Wölbbimomentsteifigkeit K_{44}^* wird gemäß Beziehung (4.39a) nur von der Längssteifigkeit C_{11} der Einzelschichten beeinflußt, die Eingang in die drei in (4.39a) enthaltenen Laminatsteifigkeiten A_{11}^*, B_{11}^* und D_{11}^* finden. Die St. Venant'sche Torsionssteifigkeit K_{55}^* hingegen wird gemäß (4.40a) ausschließlich durch die Schubsteifigkeit C_{33} beeinflußt. Der hohe Wölbparameter mit CFK-75S ist somit eine Folge des hohen Anisotropiegrades, der bei den genannten Faserorientierungen einen stärkeren Abfall von C_{11} und eine stärkere Zunahme von C_{33} verursacht als bei den übrigen Faserverbundmaterialien.

6.1.2 Beidseitig gabelgelagertes I-Profil unter Torsion in der Mitte der Balkenlänge

Unter Verwendung desselben parametrischen Modells wie im vorigen Abschnitt wird in diesem Ab-

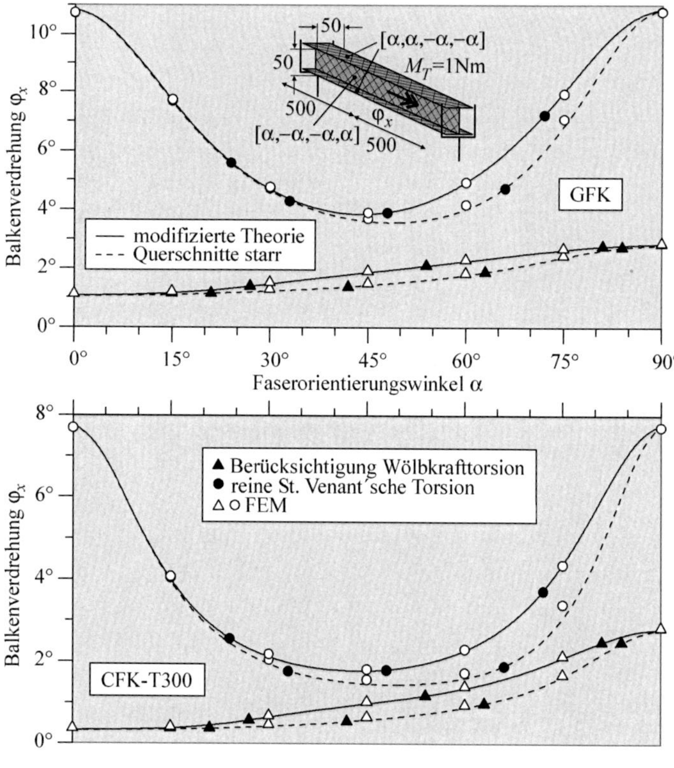

Bild 6.6: Torsionsverhalten eines gabelgelagerten anisotropen GFK-I-Profils unter mittiger Wölbkrafttorsion. Vergleich analytische Lösung unter Verwendung der modifizierten Balkentheorie mit Theorie nach *Chandra* und *Chopra* und FEM-Ergebnissen für unterschiedliche Randbedingungen

schnitt das Wölbkrafttorsionsverhalten anhand eines beidseitig gabelgelagerten Balkens mit Torsionsmomentenangriff in der Balkenmitte betrachtet. Die korrespondierende analytische Beziehung für die Balkenverdrehung in der Mitte wird durch (5.49) beschrieben.

Eine gekoppelte Balkenabsenkung tritt in der Balkenmitte wegen des antimetrischen Torsionsmomentenverlaufs nicht auf, wie in Kapitel 5 bereits ausführlich dargelegt wurde. In dem Diagramm des Bilds 6.6 ist die mittige Balkenverdrehung für das GFK- und CFK-T300-I-Profil wieder in Abhängigkeit von der Faserorientierung in den Gurten und dem Steg dargestellt. Noch deutlicher als zuvor tritt der Unterschied zwischen St. Venant'scher Torsion und Wölbkrafttorsion im Falle der Querkraftbiegung hervor. Wegen der hohen Balkenverdrehung bei Vernachlässigung der Wölbrafttorsion ist der Unterschied zwischen der Randbedingung starrer und elastischer Querschnitte nicht sehr deutlich; er fällt mit bis zu 30% jedoch relativ hoch aus.

Auch im Falle der Torsionsbelastung anisotroper dünnwandiger Balken sind die qualitativen Verläufe der Balkenverdrehung für die verschiedenen CFK-Materialien nahezu gleich. Zur Verdeutlichung des Einflusses der Querschnittsverformung wird das Torsionsverhalten entlang der Balkenachse für ein GFK-I-Profil mit der Faserorientierung von 45° in den antimetrischen Gurten und dem symmetrischen Steg im folgenden Bild 6.7 dargestellt.

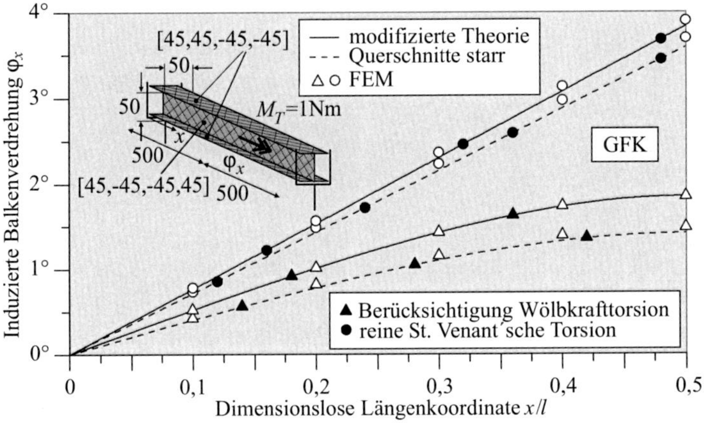

Bild 6.7: Verdrehung entlang der Achse eines gabelgelagerten anisotropen GFK-I-Profils unter mittiger Wölbkrafttorsion und verschiedenen Randbedingungen im Vergleich der unterschiedlichen Balkentheorien und der Ergebnisse aus der FE-Berechnung

Am Kraftangriffspunkt beträgt der Fehler in der Ermittlung der Balkenverformung aufgrund der Annahme starrer Balkenquerschnitte 25%. Die numerischen Ergebnisse bestätigen die beiden Rechenmethoden jeweils sehr gut, zum einen für den Fall der aufgrund der Symmetriebedingungen tatsächlich angreifenden, reinen Wölbkrafttorsion, zum anderen für die Vernachlässigung der Wölbkrafttorsionseffekte durch Berücksichtigung einer reinen St. Venant'schen Torsion. Auf eine Darstellung des Verlaufes der induzierten Biegelinie wird verzichtet, da sich die resultierenden Verformungen in diesem Fall im Bereich von wenigen hundertstel Millimetern bewegen. Prinzipiell wird die induzierte Torsions-Biegekopplung mit der hergeleiteten analytischen Beziehung (5.48) aber korrekt beschrieben.

6.1.3 Einseitig eingespannte Doppelzelle unter Querkraftbiegung

Die bisher vorgeführten Beispiele zeigen die gute Übereinstimmung der analytischen Ergebnisse mit denen aus der numerischen Analyse. Dies beschränkt sich allerdings bisher auf die Biege- und Torsionsbeanspruchung von Balken mit offenen Profilquerschnitten. Im folgenden sollen daher parametrische Untersuchungen an Profilen mit geschlossenen Querschnitten am Beispiel der Doppelzelle durchgeführt werden. Deren anisotrope Gurte seien nun mit einer konstanten Faserorientierung symmetrisch geschichtet, so daß dort eine Zug-Schubkopplung vorliegt. Die Stege werden weiterhin als symmetrisch und orthotrop betrachtet.

Die Querschnittsdimensionen der 1m langen Doppelzelle sind denen des I-Profils ähnlich; jede Zelle für sich bildet ein Quadrat von 50x50mm. Als Wandstärke der Gurte und der außen liegenden Stege wurden wieder 2mm gewählt. Der mittlere Steg wurde bewußt mit 4mm doppelt so dick angenommen, um eine eventuelle Abhängigkeit von der unterschiedlichen Wandstärke der einzelnen Balkenabschnitte aufzeigen zu können. Der Wölbparameter der gewählten Doppelzelle liegt für alle vier untersuchten Faserverbundmaterialien bei Werten über 40. Der Einfluß der Wölbkrafttorsion wird im Falle der geschlossenen Querschnitte nicht untersucht, da er im Vergleich zu offenen Profilquerschnitten vernachlässigbar gering ist.

In den Diagrammen des folgenden Bildes 6.8 ist das Strukturverhalten der GFK-Doppelzelle in Abhängigkeit von der Faserorientierung in den anisotropen Gurten und den orthotropen Stegen dargestellt. Die analytischen Ergebnisse sind hierbei wieder den numerisch ermittelten gegenübergestellt. Auffällig ist hierbei die zum Teil erhebliche Abweichung von der Vorhersage des Strukturverhaltens auch mit der modifizierten Balkentheorie. Der wesentliche Unterschied gegenüber den Balken mit offenen Querschnitten liegt im veränderten Schubflußverlauf aufgrund St. Venant'scher Torsion sowie in der anisotropen Schichtung in den Gurten, die jetzt eine zusätzliche gekoppelte Schubverformung in ihnen zur Folge hat. Eine endgültige Klärung dieser Effekte wird erst erfolgen, wenn auch die experimentellen Ergebnisse herangezogen werden können.

Die analytische Lösung nach der modifizierten Balkentheorie und die nach *Chandra* und *Chopra* sind qualitativ nahezu identisch mit den Verläufen für das GFK-I-Profil unter Querkraftbiegung aus Bild 6.1. Obwohl eine gänzlich andere Geometrie vorhanden ist, eine andere anisotrope Schichtung in den

Gurten vorliegt und auch die Übertragung des Torsionsmoments entlang der Profilkonturlinie ganz anders funktioniert, scheint das Strukturverhalten anisotroper Balken von übergeordneten physikalischen Gesetzen bestimmt zu sein, die sich schon bei der Analyse des einfachsten Strukturelements, nämlich der anisotropen Einzelschicht, gezeigt haben. Für das CFK-T300 ergibt sich genau derselbe Zusammenhang, so daß auf eine Darstellung des Strukturverhaltens einer Doppelzelle aus diesem Material in Abhängigkeit von der Faserorientierung hier verzichtet werden kann.

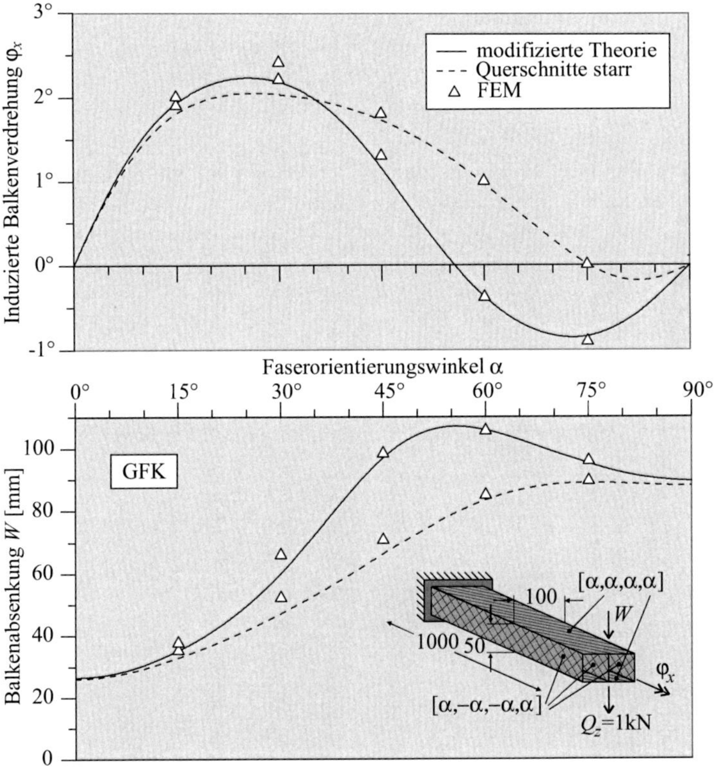

Bild 6.8: Strukturverhalten einer anisotropen GFK-Doppelzelle unter Querkraftbiegung. Vergleich analytische Lösung aus der modifizierten Balkentheorie mit Theorie nach *Chandra* und *Chopra* und FEM-Ergebnissen

Aus diesem Grund werden hier keine weiteren parametrischen Untersuchungen angeführt, sondern vielmehr die Konzentration auf die unzureichende Verformungsbeschreibung geschlossener Profile auch durch die modifizierte Balkentheorie und deren Gründe gelegt. Hierzu sollen auch die experimentellen Untersuchungen beitragen, deren Ergebnisse im folgenden Abschnitt präsentiert werden.

6.2 Experimentelle Untersuchungen

6.2.1 Auswahl und Fertigung der Experimentalträger

Im Rahmen der Untersuchungen des Strukturverhaltens anisotroper dünnwandiger Faserverbundbalken wurden am Lehrstuhl für Leichtbau der Technischen Universität München umfangreiche experimentelle Untersuchungen mit Balken verschiedener Profilquerschnitte und verschiedener Lagenaufbauten durchgeführt. Als Faserverbundmaterial wurde durchwegs ein GFK-Prepreg mit der Bezeichnung GUBD 3506 der Firma Krempel & Söhne, Vaihingen/Enz, verwendet. Aufgrund unterschiedlicher Prozeßparameter beim Herstellverfahren der Faserverbundbalken, die zu unterschiedlichen Faservolumengehalten geführt haben, aber auch aufgrund unterschiedlicher Chargenqualität, wie sich herausstellte, sind letztendlich zwei verschiedene Materialkennwertsätze für das GFK entstanden. Die Elastizitätsmoduln und die Querkontraktionszahl wurden anhand von statistisch ausgewerteten Zugversuchen an unidirektionalen, genormten Zugproben ermittelt. Der Schubmodul wurde auf gleiche Weise gemäß Norm mittels Zugversuchen an ±45°-Kreuzverbunden bestimmt. Die einzelnen Proben wurden zusammen mit den Balkensegmenten in einem Fertigungszyklus fabriziert. Die Materialkenndaten für die beiden Verbunde GFK1 und GFK2 sind in der Tabelle 6.1 aufgelistet.

Tabelle 6.1: Materialkennwerte für die Experimentalträger

	E_1 [GPa]	E_2 [GPa]	G_{12} [GPa]	ν_{12} [-]
GFK1	37,9	11,2	3,3	0,24
GFK2	32	8,2	3,3	0,24

Die günstigeren Kosten des Prepreg-Materials gegenüber CFK-Materialien waren nur ein ausschlaggebender Punkt für die Wahl des GFK. Die Faserverbundbalken eignen sich aufgrund der Durchsichtigkeit der Glasfasern sehr gut als Demonstrationsobjekte für anisotrope Balken, da der Lagenaufbau bei Verwendung von GFK anhand der entlang der Fasern orientierten winzigen Luftbläschen erkennbar ist, die aufgrund von Fertigungsungenauigkeiten nicht vermeidbar waren.

Mithilfe einer quaderförmigen Positivform aus Edelstahl von 1m Länge und der Querschnittsabmessung 54x54mm konnten beliebige U- oder winkelförmige Balken bzw. Balkensegmente in Autoklavtechnik gefertigt werden. Der notwendige Winkel an der Form zum Ausgleich des Springwinkels beim Entformen der gefertigten FV-Teile konnte nur empirisch durch Auswertung mehrerer Fertigungsvorversuche ermittelt werden. Nach Anfertigung der benötigten Einzelteile wurden diese mit Hilfe von eigens angefertigten Formen im Autoklaven miteinander zu den gewünschten Querschnitten verklebt.

Aufgrund der vorhandenen Fertigungsmöglichkeiten wurden als Querschnitte ein U-Profil, ein I-Profil sowie eine geschlossene Doppelzelle gewählt. Im Rahmen dieser Arbeit wurden bisher durchwegs nur doppelsymmetrische Querschnitte betrachtet. Die ersten experimentellen Untersuchungen fanden jedoch an einfachen U-Profilen statt, die ohne großen Aufwand in nur einem Fertigungsgang hergestellt werden konnten. Diese Untersuchungen wurden im Rahmen einer Diplomarbeit [68] durchgeführt und die Ergebnisse bereits veröffentlicht [49]. In einem der folgenden Abschnitte sollen daher die erzielten experimentellen Ergebnisse im Vergleich mit den analytischen und numerischen Ergebnissen dargestellt werden, da sie zur Klärung der Effekte ungenauer Strukturbeschreibungen durch die modifizierte Balkentheorie beitragen können.

Im folgenden Bild 6.9 sind die Aufbauten der unterschiedlichen Profilquerschnitte der Experimentalträger aus den einzelnen U- bzw. winkelförmigen und ebenen Segmenten dargestellt. Hierbei mußte gewährleistet sein, daß die geforderten anisotropen Schichtungen in den Gurten für eine Biege-Torsionskopplung des gesamten Balkens aus dem Zusammenfügen der einzelnen Balkenteile tatsächlich hervorgehen (siehe hierzu auch Bild 5.1). Aus diesem Grund konnte z.B. das I-Profil nicht aus zwei U-Profilen zusammengesetzt werden, sondern es mußte aus vier Winkeln aufgebaut werden. Die einzelnen Balkensegmente für das I-Profil und die Doppelzelle waren jeweils nur mit einer Faserorientierung versehen, so daß sich in den Stegen immer ein ausgeglichener Winkelverbund $\pm\alpha$ eingestellt hat. Diese durch Fertigungsgründe bedingte Schichtanordnung führt zu der bereits erwähnten Vereinfachung in der analytischen Berechnung, da viele Laminatsteifigkeiten der Gurte und des Steges dadurch identisch sind.

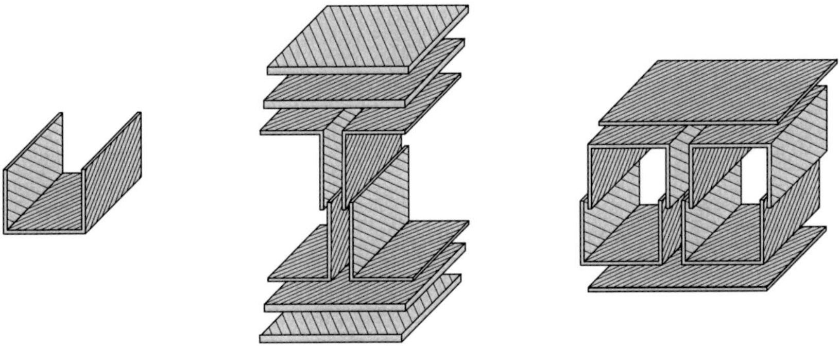

Bild 6.9: Aufbau der Experimentalträger mit Biege-Torsionskopplung aus den einzelnen Segmenten

Insgesamt wurden sieben Faserverbundbalken angefertigt, drei U-Profile und jeweils zwei I-Profile und Doppelzellen. Aufgrund des aufwendigen Herstellungsverfahrens in mehreren Schritten konnten die Querschnittsabmessungen der zusammengesetzten Profile nicht immer konstant gehalten werden. In Tabelle 6.2 sind diese gemäß der Definitionen in Bild 6.10 für die sieben Faserverbundbalken zusammengestellt.

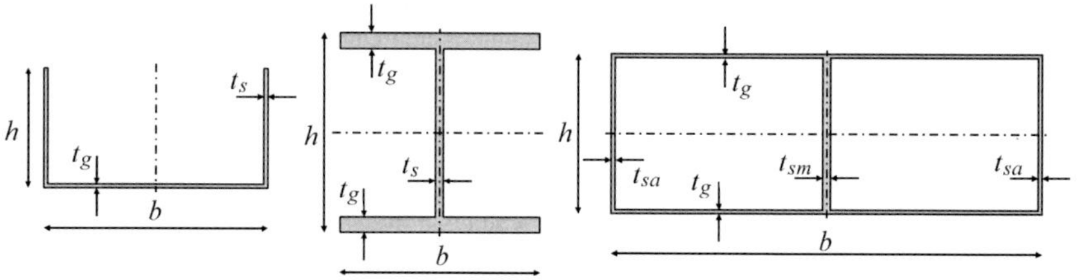

Bild 6.10: Definition der Querschnittsabmessungen der Experimentalträger

Hierbei werden die U-Profile mit U, die I-Profile mit I und die Doppelzelle mit dem Kürzel DZ bezeichnet. Die einzelnen Balkenlängen variieren auch für die unterschiedlichen Belastungsfälle und werden daher bei der Präsentation der jeweiligen experimentellen Ergebnisse explizit angegeben.

Tabelle 6.2: Querschnittsabmessungen und Lagenaufbauten der Experimentalträger

Bezeichnung:	U1	U2	U3	I1	I2	DZ1	DZ2
h [mm]	56	56	56	53,2	56,2	40	40
b [mm]	30	30	30	49,2	46,8	108	108
t_g [mm]	1,2	1,2	1,2	4,2	5,2	1,2	1,2
t_s, t_{sa} / t_{sm} [mm]	1,2	1,2	1,2	2,2	2,2	1,2 / 2,4	1,2 / 2,4
Material	GFK1	GFK1	GFK1	GFK1	GFK1	GFK2	GFK2
Gurtschichtung	$[+30,-30]_s$	$[+45,-45]_s$	[+45]	$[+30_6,-30_2]$	$[+45_5,-45_3]$	[+15]	[+25]
Stegschichtung	$[+30,-30]_s$	$[+45,-45]_s$	[+45]	$[+30,-30]_s$	$[+45,-45]_s$	$[+15,-15]_s$	$[+25,-25]_s$

Bei den I-Profilen richtete sich die Wahl der Lagenorientierungen nach den Ergebnissen anhand der parametrischen Modelle aus Bild 6.1 und 6.3. Während eine Orientierung von 30° eine hohe induzierte Balkenverdrehung mit sich bringt, ist bei 45° der größte Unterschied in der Balkenabsenkung im Vergleich der beiden Balkentheorien zu erwarten. Aus fertigungstechnischen Gründen konnte in den Gurten der I-Profile keine vollständige Antimetrie in der Schichtung realisiert werden. Da die Gurte selbst aber zueinander bezüglich der geometrischen Mittellinien des Balkens wiederum symmetrisch sind, ergeben sich keine zusätzlichen ungewollten elastischen Kopplungen. Für die U-Profile wurden die-selben Faserorientierungen gewählt. Im Falle von 45° wurde bewußt auch ein Prüfling mit nur

+45°-orientierten Lagen fabriziert, um die Auswirkung der elastischen Kopplungen im Vergleich zum Strukturverhalten des mit einem ausgeglichenen Winkelverbund gleicher Faserorientierung versehenen Balkens zu untersuchen.

Die Lagenorientierungen in den Doppelzellen lehnten sich einerseits an der zu erwartenden hohen induzierten Balkenverdrehung an und andererseits an der gemäß Bild 6.8 deutlichen Abweichung zwischen modifizierter Balkentheorie und numerischen Ergebnissen, die auch auf eine entsprechende Abweichung im Experiment schließen läßt. Bild 6.11 zeigt eine Aufnahme von drei der sieben Experimentalträger mit den verschiedenen Querschnittsformen.

Bild 6.11: Abbildung dreier der sieben Experimentalträger

6.2.2 Versuchsaufbauten

Zwei unterschiedliche Lagerungsbedingungen wurden in den Versuchsaufbauten berücksichtigt, zum einen eine feste Einspannung für alle Prüflinge sowie zum anderen eine Gabellagerung für die Balken mit offenem Profilquerschnitt. Die feste Einspannung wurde je nach Profilform mit unterschiedlichen Klemmechanismen realisiert, wobei die Doppelzelle aus Stabilitätsgründen in einem Endbereich ausgeschäumt werden mußte. Die Gabellagerungen wurden je nach Querschnittsform als individuell auf Spielfreiheit justierbare Schneidenlagerungen ausgeführt. Sämtliche Lasten wurden mittels geeichter Gewichte aufgebracht. Für eine Lasteinleitung durch eine Einzelkraft am freien Ende der Balken wurden die Stege bei den I-Profilen und den Doppelzellen durch Entfernen der Gurte zu einer Öse ausgeformt. Die Querschnittsverwölbung sollte in keinem der Fälle behindert werden. Eine Torsionsbelastung der U- und I-Profile wurde durch eine Klemmvorrichtung mit seitlich abstehenden Stangen aufgebracht, an deren Enden Gewichtskräfte angriffen, eine davon über eine Umlenkrolle nach oben wirkend. Der Versuchsaufbaus des Querkraftbiegeversuches ist in Bild 6.12 und zu sehen.

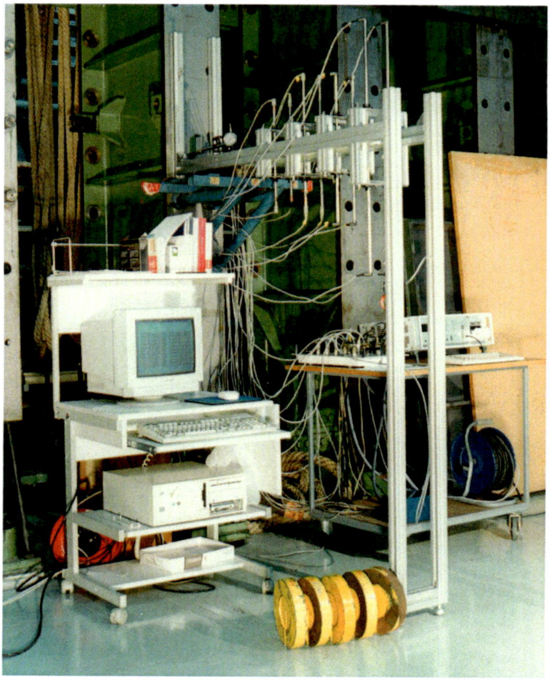

Bild 6.12: Versuchsaufbau für die Querkraftbiegung

Bild 6.13: Detailaufnahme des Querkraftbiegeversuchs

Die Verformungen wurden durch induktive Wegaufnehmer erfaßt, deren Meßfühler - zumindest im Falle der Querkraftbiegung - über einen separaten Rahmen an bis zu vier Sektionen des zu prüfenden Balkens Kontakt zu den Experimentalträgern hatten. Pro Sektion wurden dabei vier Wegaufnehmer jeweils paarweise auf der Ober- und Unterseite des Balkens verwendet, um auch die Balkenrotation erfassen zu können. Eine Detailaufnahme hierzu ist in Bild 6.13 zu sehen. Zwischen den Wegaufnehmern und einem entsprechend ausgestatteten PC, der die zeitgleiche Erfassung aller sechzehn Meßstationen erlaubte, war als Bindeglied ein Meßverstärker eingefügt. Die Balken wurden zum Teil mit Gewichten bis zu 50kg belastet. Um Setzeffekte auszuschließen, wurden die Prüflinge mehrmals belastet und entlastet, bis sich die Strukturverformung bei Maximallast nicht mehr änderte.

6.2.3 Experimente an anisotropen U-Profilen

Mit den in Kapitel 5 präsentierten analytischen Gleichungen kann das Strukturverhalten eines Balkens mit einfach-symmetrischem Querschnitt nicht berechnet werden, da zusätzliche elastische Kopplungen auftreten. Die Steifigkeitsmatrix $[K^*]$ ist dann mit mehr Koeffizienten besetzt als bei doppelsymmetrischen Querschnittsformen, und die resultierenden Differentialgleichungssysteme sind komplexer gestaltet und nicht mehr ohne weiteres analytisch zu lösen. Zur Lösung dieses analytisch/numerischen Problems sei auf die bereits erwähnte Veröffentlichung [49] verwiesen, die dieses Problem ausführlich behandelt.

In Tabelle 6.3 sind die Ergebnisse nach der analytisch/numerischen Berechnung gemäß den beiden Balkentheorien, aus der FEM-Berechnung und aus dem Experiment einander gegenübergestellt. Angegeben sind hierbei nur die Resultate an der Balkenspitze. Die einzelnen Diagramme der Biegelinien und der Verdrehung entlang der Balkenachse sind in [49] angegeben.

Die U-Profile wurden dabei zwei verschiedenen Lastfällen unterworfen, zum einen einer Querkraftbiegung am freien Ende bei einer festen Einspannung am entgegengesetzten Ende sowie zum anderen einer mittigen Wölbkrafttorsionsbeanspruchung. Die entsprechende Last ist ebenso in Tabelle 6.3 angegeben wie die Länge des Balkens beim jeweiligen Experiment. Zu beachten ist, daß bei den einzelnen Lastfällen keine signifikanten gekoppelten Verformungen auftreten, so daß nur die Ergebnisse der direkten Verformungen aufgelistet sind.

Beim Vergleich der Ergebnisse fällt auf, wie gut die experimentellen Ergebnisse hinsichtlich des Lastfalls 1 mit den analytischen Ergebnissen der modifizierten Balkentheorie und den entsprechenden FEM-Resultaten korrelieren. Die Abweichungen betragen maximal 10%, was hinsichtlich der experimentellen Ungenauigkeiten vertretbar ist. Ihre Ursache liegt vor allem in der nicht immer gewährleisteten Reproduzierbarkeit der Materialeigenschaften bei der Herstellung der einzelnen Prüflinge aufgrund der komplizierten Vorbereitung einer Autoklavfahrt. So kann der alles beeinflussende Faservolumengehalt im vorhinein nicht exakt nach Wunsch „eingestellt“ werden.

Tabelle 6.3: Zusammenstellung der Ergebnisse der Analyse der anisotropen U-Profile

Experimentalträger:	U1	U2	U3
Lastfall 1 / Balkenlänge:	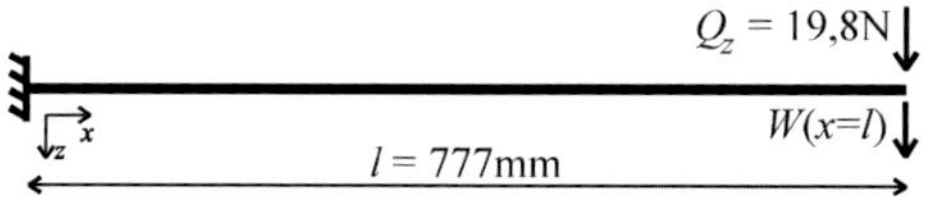		
W $(x=l)$ Experiment	12,60mm	19,50mm	23,30mm
W $(x=l)$ modifizierte Theorie	11,65mm	21,61mm	22,67mm
W $(x=l)$ FEM elastische Querschnitte	11,73mm	21,75mm	23,25mm
W $(x=l)$ Theorie starre Querschnitte	8,94mm	13,49mm	14,89mm
W $(x=l)$ FEM starre Querschnitte	8,80mm	13,15mm	14,35mm
Lastfall 2 / Balkenlänge:	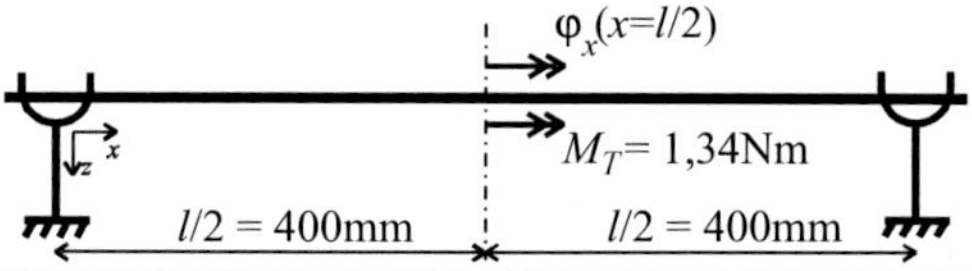		
$\varphi_x(x=l/2)$ Experiment	5,20°	6,20°	6,40°
$\varphi_x(x=l/2)$ modifizierte Theorie	4,45°	6,83°	7,18°
$\varphi_x(x=l/2)$ FEM elastische Querschnitte	4,50°	6,88°	7,43°
$\varphi_x(x=l/2)$ Theorie starre Querschnitte	3,57°	4,73°	4,73°
$\varphi_x(x=l/2)$ FEM starre Querschnitte	3,57°	4,72°	4,68°

Im Falle der Torsionsbeanspruchung beim Lastfall 2 schwankt der Fehler zwischen 10% und 15%. Diese größere Ungenauigkeit konnte nicht behoben werden und hat ihre Ursache neben den bereits erwähnten Gründen zusätzlich in der Bauteilgeometrie. Wegen der geringen Torsionssteifigkeit des Bauteils kann sein Torsionsverhalten durch kleine Störungen oder Ungenauigkeiten jedweder Art deutlich stärker beeinflußt werden, als dies bei der Balkenbiegung der Fall ist. Darüber hinaus können bei einer Torsionsbeanspruchung wegen der dünnen Wandstärke ungewollte zusätzliche nichtlineare lokale Verformungen auftreten, die weder durch die Theorie erfaßt werden können, noch in der linearen FE-Rechnung berücksichtigt wurden.

Die angegebenen Ergebnisse nach der Theorie von *Chandra* und *Chopra* zeigen wieder die hohe Ungenauigkeit bei der Verwendung der Annahme starrer Querschnitte. Die Abweichungen zu den Ergebnissen der modifizierten Theorie betragen bis zu 60%.

6.2.4 Experimente an anisotropen I-Profilen

Die Ergebnisse der Untersuchungen an den anisotropen I-Profilen sind bisher noch nicht veröffentlicht worden und werden daher hier ausführlicher behandelt. Die I-Profile sind unter denselben Lastfällen analysiert worden wie die U-Profile, nämlich Querkraftbiegung am freien Ende und mittig angreifende Wölb-krafttorsion.

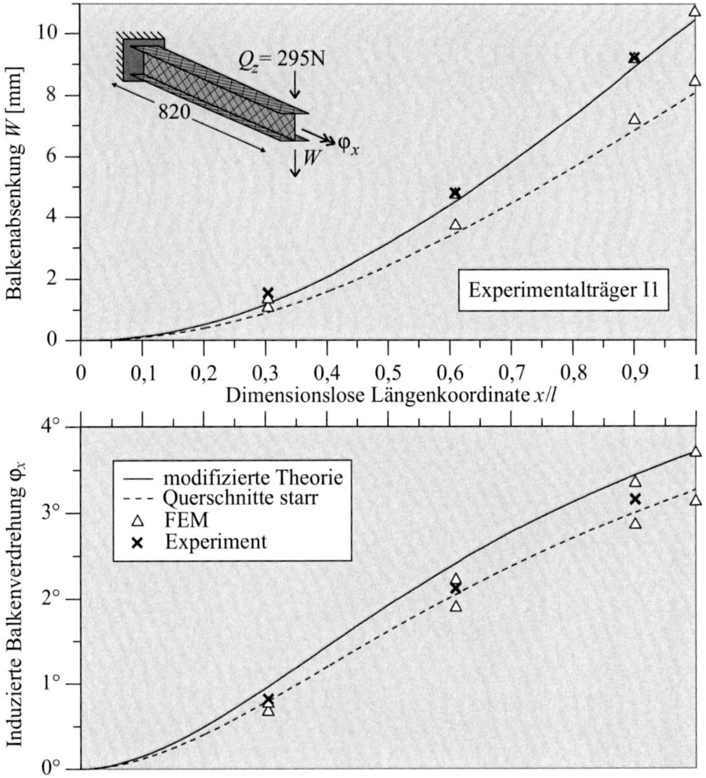

Bild 6.14: Vergleich der experimentellen, analytischen und numerischen Ergebnisse für den Experimentalträger I1 unter Querkraftbiegung

Zur Berechnung des Strukturverhaltens auf analytischem Weg wurden die Beziehungen aus Kapitel 5 benutzt. Im speziellen Fall der Querkraftbiegung mit freier Querschnittsverwölbung am belasteten freien Ende wird das Strukturverhalten durch die Gleichungen (5.25) und (5.27) beschrieben, wobei die Balkensteifigkeiten mit den Beziehungen (5.57) berechnet wurden. In den Bildern 6.14 und 6.15

sind die Diagramme für die Biegelinien sowie die induzierte Balkenverdrehung entlang der Achse für die beiden Prüflinge I1 und I2 unter Querkraftbiegung dargestellt. Neben den numerischen und analytischen Ergebnissen sind auch die Meßwerte an den entsprechenden Balkensektionen eingetragen. In beiden Fällen sind zusätzlich wieder die analytische Lösung nach der Theorie von *Chandra* und *Chopra* wie auch die korrespondierenden numerischen Ergebnisse unter der Randbedingung starrer Querschnitte angegeben. Beide Prüflinge haben eine Länge von 820mm und wurden an ihrem freien Ende mit einer Kraft von 295N belastet.

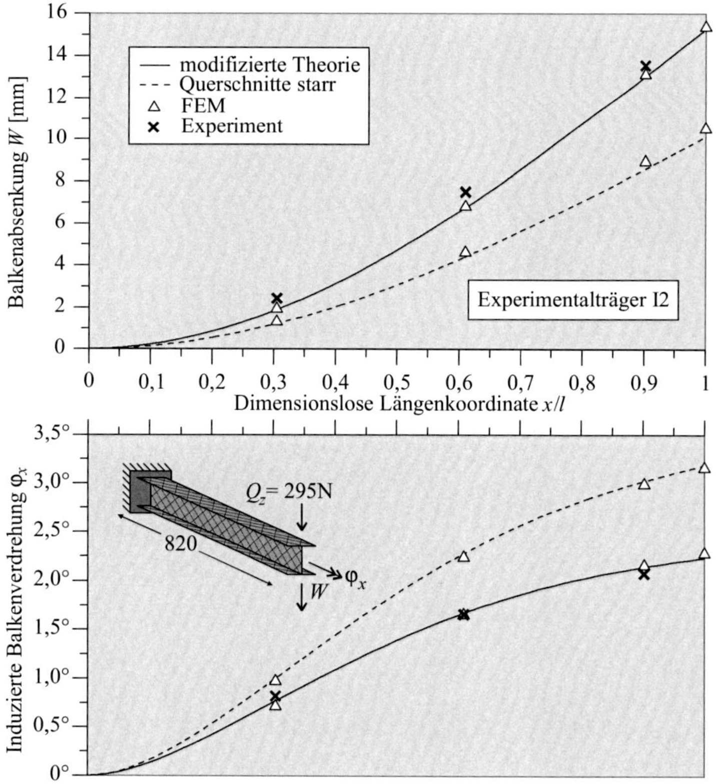

Bild 6.15: Vergleich der experimentellen, analytischen und numerischen Ergebnisse für den Experimentalträger I2 unter Querkraftbiegung

Die experimentellen Ergebnisse bezüglich der Balkenabsenkung stimmen sehr gut mit denen der modifizierten Balkentheorie und den entsprechenden FEM-Ergebnissen überein. Auch im Experiment wird deutlich, daß die Biegesteifigkeit tatsächlich niedriger ist, als nach den bisherigen Theorien berechnet. Bei der gekoppelten induzierten Balkenverdrehung fällt auf, daß bei Prüfling I1 die modifizierte Theorie eine höhere und bei Prüfling 2 eine deutlich niedrigere Verformung vorhersagt. Während die numerischen Ergebnisse dies bestätigen, stimmen nur im Falle des Trägers I2 die experimentellen Ergebnisse sehr gut mit denen der modifizierten Theorie überein. Beim Faserverbundbalken I1sind die Abweichungen deutlich höher, sie betragen hier bis zu 9%. Trotz mehrmaliger Versuchswiederholung konnten keine besseren Ergebnisse erzielt werden.

Dies muß als Hinweis dafür gesehen werden, daß der Balken wegen der geringen Torsionssteifigkeit sehr anfällig gegenüber Ungenauigkeiten bezüglich der Materialeigenschaften, der Schichtung und auch der geometrischen Abmessungen ist. Beim Zusammenfügen der einzelnen Balkensegmente ist nicht immer eine konstante Dicke gewährleistet. So geht die Gurtdicke kubisch in die Drillsteifigkeit und quadratisch in die Zug-Torsions-Koppelsteifigkeit der Gurte ein. Während Unsymmetrien in der Schichtung auf die Drillsteifigkeit keinen Einfluß haben, spielen sie eine umso größere Rolle bei der genannten Koppelsteifigkeit. Abweichungen der Faserorientierung in den einzelnen Lagen können in bestimmten Bereichen dieser Orientierung einen relevanten Einfluß auf die Schichtsteifigkeiten haben. Kann bei einem Autoklavzyklus nicht genau die erforderliche Menge an Harz abgesogen werden, so stellt sich ein anderer Faservolumengehalt ein. Gemäß der linearen Mischungsregel hat dies einen großen Einfluß auf den Elastizitätsmodul in Faserrichtung, während gemäß der inversen Mischungsregel dieser Einfluß auf den Elastizitätsmodul quer zur Faserrichtung und auf den Schubmodul wesentlich geringer ist.

Um diesen Effekten bezüglich der Balkenverdrehung noch etwas auf den Grund zu gehen, wurde mit einem der anisotropen I-Profile, dem Experimentalträger I1, ein Torsionsversuch durchgeführt. Wie bei den U-Profilen wurde der Balken an seinen Enden gabelgelagert und die Torsion in der Mitte des Balkens eingeleitet. Im Bild 6.16 sind die experimentellen Ergebnisse den analytischen aus den beiden Theorien und einigen numerischen Ergebnissen gegenübergestellt.

Die experimentellen Ergebnisse aus der direkten Torsion stimmen deutlich besser mit den analytischen und numerischen Ergebnissen überein, als die induzierte gekoppelte Torsion im Bild 6.14. Die obigen Aussagen hinsichtlich der Abweichungen der Ergebnisse aufgrund der genannten Ungenauigkeiten im Experimentalträger können somit auf den speziellen Fall der gekoppelten Verformung eingegrenzt werden. Die gekoppelten Verformungen reagieren deutlich sensibler auf diese Ungenauigkeiten. Wegen der höheren Wandstärke fallen die Abweichungen der experimentellen Ergebnisse nicht so hoch aus, wie im Falle der U-Profile. Die gekoppelte induzierte Balkenabsenkung war experimentell nicht exakt zu bestimmen, da sie sich, wie bereits erwähnt, nur im Bereich von wenigen zehntel Millimetern bewegt.

Zusammenfassend kann festgehalten werden, daß die Experimente an den GFK-I-Profilen eine gute Übereinstimmung mit der modifizierten Balkentheorie zeigen. Wichtig ist in diesem Zusammenhang, daß insbesondere die Biege-Torsionskopplung durch die Analytik gut wiedergegeben wird. Die geringeren experimentellen Fehler gegenüber den Ergebnissen bei den U-Profilen liegen in der deutlich höheren Wandstärke der Prüflinge begründet. Dennoch sind die Effekte der Querkontraktion und der elastischen Kopplungen vor allem in den Gurten trotz des vermeintlich steiferen Profilquerschnitts immer noch signifikant, wie der Vergleich der beiden Theorien zeigt.

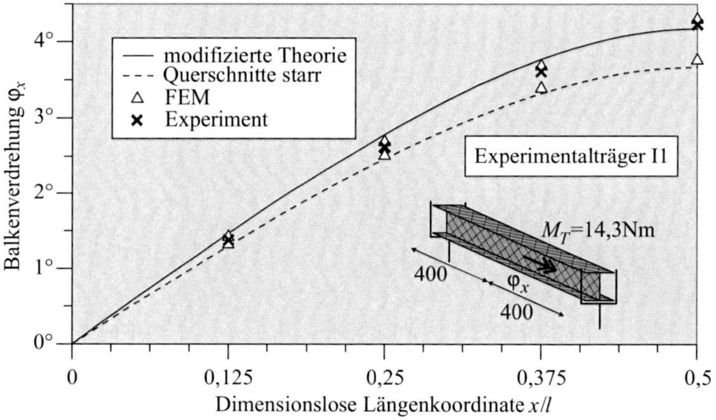

Bild 6.16: Vergleich der experimentellen, analytischen und numerischen Ergebnisse für den Experimentalträger I1 unter Torsion

6.2.5 Experimente an anisotropen Doppelzellen

Auch die experimentellen Untersuchungen an den anisotropen GFK-Doppelzellen wurden im Rahmen einer Diplomarbeit durchgeführt [69] und Ergebnisse zu einem anderen als dem hier diskutierten Lastfall bereits veröffentlicht [58]. Die Resultate sollen im Gegensatz zu denen für die U-Profile hier ausführlich dargestellt und analysiert werden.

Die Doppelzellen wurden nur auf Querkraftbiegung beansprucht. Eine Torsionsbeanspruchung wie bei den offenen Profilen wurde nicht untersucht, da, wie bereits erwähnt, bei geschlossenen Profilen der spezielle Effekt der Querschnittsverwölbung und sein Einfluß auf das Torsionsverhalten vernachlässigbar klein ist. Das Strukturverhalten der Doppelzelle beschreiben wieder die beiden Gleichungen (5.25) und (5.27), die Balkensteifigkeiten lassen sich aus den Beziehungen (5.63) und (5.64) ermitteln.

In den Diagrammen der Bilder 6.17 und 6.18 sind die verschiedenen Ergebnisse aus Analytik, Numerik und Experiment einander gegenübergestellt. Aufgrund der Querkraftbiegung erfahren die Balken eine Absenkung und eine gekoppelte Verdrehung. Die 830mm langen Experimentalträger DZ1 und DZ2 wurde jeweils mit einer Kraft von 502N an ihrem freien Ende belastet.

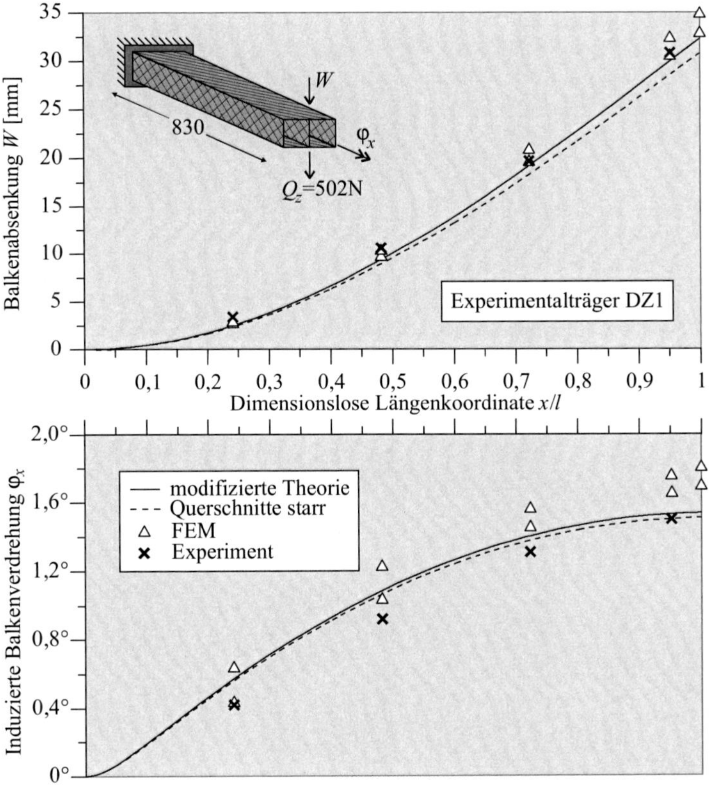

Bild 6.17: Vergleich der experimentellen, analytischen und numerischen Ergebnisse für den Experimentalträger DZ1

Die experimentellen Ergebnisse der Balkenabsenkung stimmen noch gut mit den analytischen und den numerischen überein. Wie schon aus Bild 6.8 bei der parametrischen Untersuchung der Doppelzelle zu erkennen war, liegen hier die numerischen Ergebnisse immer etwas über den jeweiligen analytischen Ergebnissen. Obwohl zwischen den beiden Theorien bei den hier gewählten Lagenanordnungen in den Experimentalträgern deutlich weniger Unterschied in den erhaltenen Ergebnissen vorhanden ist als dies bei den I-Profilen der Fall war, kann eine Korrelation der experimentellen Ergebnisse eindeutig mit der modifizierten Balkentheorie hergestellt werden. Dies belegt erneut, daß die modifizierte Balkentheorie den realen Gegebenheiten näher kommt.

Problematisch ist die Interpretation der Ergebnisse im Falle der induzierten Balkenverdrehung. Die experimentellen Ergebnisse liegen auch hier relativ nahe an den analytischen Ergebnissen. In beiden

Fällen ist nur ein kleiner Unterschied zwischen den zwei verschiedenen Balkentheorien auszumachen. Die gekoppelte Verformung scheint im Falle eines geschlossenen Querschnitts nur unwesentlich von der Berücksichtigung einer Querschnittsverformung abzuhängen. Die einzelnen Balkensegmente sind jeweils an ihren seitlichen Rändern mit anderen Segmenten verbunden, so daß sich im Gegensatz zu Profilen mit offenen Querschnitten die Verformungen der einzelnen Segmente in ihrer Ebene nicht frei einstellen können. Die experimentellen Ergebnisse bestätigen dies im wesentlichen, wobei angemerkt werden muß, daß aus den Ergebnissen an den I-Profilen tendenziell die gekoppelten Verformungen etwas zu niedrig ausfallen, die sehr gute Übereinstimmung demnach auch zufällig sein kann.

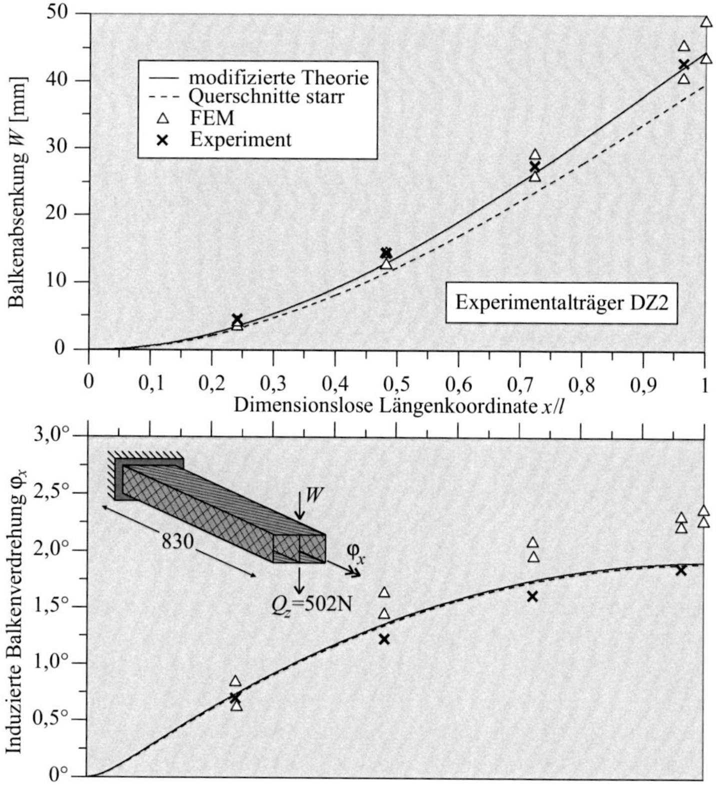

Bild 6.18: Vergleich der experimentellen, analytischen und numerischen Ergebnisse für den Experimentalträger DZ2

Die um bis zu 15% zu hohen numerischen Ergebnisse, die je nach Berücksichtigung der Randbedingung starrer oder elastischer Querschnitte auch unterschiedlicher ausfallen als in der Theorie, können schlecht in diese Interpretation eingeordnet werden. Die hohe Abweichung zwischen analytischen und numerischen Ergebnissen aus Bild 6.8 ließen schon auf eine nicht korrekte Beschreibung des Kopplungsverhaltens durch die Theorie schließen. Aufgrund der obigen Ergebnisse muß davon ausgegangen werden, daß ein zusätzlicher Effekt im Verformungsverhalten auftritt, der bisher nicht erfaßt wurde.

Eine solche Querschnittsverformung wird vermutlich durch die Schubflüsse in den Balkensegmenten verursacht, die nun sowohl aus der Querkraft als auch aus der gekoppelten Torsion herrühren. In Verbindung mit den anisotropen Laminataufbauten in den Gurten verursacht diese Kombination den unerwünschten Verformungseffekt, der in der Analytik nicht erfaßt werden kann. Hier stößt die modifizierte Balkentheorie aufgrund der immer noch eingeschränkten Berücksichtigung der Schubverformung in den Balkensegmenten an ihre Grenzen. Problematisch sind auch die im Gegensatz zu offenen Profilen nicht freien, seitlichen Ränder, an denen auftretende Biegemomente die Winkel zwischen zwei aufeinandertreffenden Balkensegmenten verändern können, was mit den Voraussetzungen der Balkentheorie nicht in Einklang gebracht werden kann.

In der Literatur findet sich bei *McCarthy* und *Chattopadhyay* [33] ein wichtiger Hinweis auf das unterschiedliche Torsionsverhalten einzelner Balkensegmente in geschlossenen anisotropen dünnwandigen Balken. Bereits in der Einleitung wurde erwähnt, daß in dieser Arbeit ein dreidimensionaler Spannungszustand in den einzelnen Gurten und Stegen ihrer betrachteten anisotropen Hohlzellen zu Grunde gelegt ist. Dies ermöglicht eine detaillierte Analyse des Verformungsverhaltens der Hohlzelle und zeigt in den Ergebnissen, daß es schwierig ist, aufgrund der unterschiedlichen induzierten Torsion in den einzelnen Segmenten eine korrekte Gesamtverdrehung des Querschnitts anzugeben.

6.2.6 Experimentelle Ergebnisse aus der Literatur

Bisher wurden kaum experimentelle Ergebnisse in der Literatur veröffentlicht, wie auch an anderer Stelle bestätigt wird [16]. Vor allem *Chandra* und *Chopra* haben Versuche an I-Profilen und geschlossenen Hohlprofilen durchgeführt. Dies hat vornehmlich seinen Grund in dem komplexen Herstellungsverfahren der Prüflinge, da es aufgrund der Anisotropie der Struktur bei einem Verfahren mit einem thermischen Zyklus leicht zu ungewollt verformten Strukturen im ausgehärteten Zustand kommt.

An dieser Stelle muß daher eingefügt werden, daß die oben aufgeführten Ergebnisse und Rückschlüsse hinsichtlich anderer experimenteller Ergebnisse relativiert werden müssen. *Chandra* und *Chopra* konnten nämlich ihre Theorie anhand von experimentellen Untersuchungen mit guter Übereinstimmung verifizieren. In ihren Experimentalträgern waren die einzelnen Balkengurte und -stege mit einem hohen Anteil von 0°- und 90°-Schichten versehen. Dies führt zu einer hohen Steifigkeit der Querschnitte gegen eine Verformung in ihrer Ebene. So wurde ihre Annahme eines starren Querschnitts dadurch erfüllt, daß eine entsprechende Laminatschichtung gewählt wurde, die diese Annahme nachhaltig unterstützte. Vergleichsrechnungen mit der modifizierten Theorie zeigen, daß in diesen Fällen so gut wie kein Unterschied zwischen den Theorien vorhanden ist, somit aufgrund der experimentellen Ergebnisse auch kein Bedarf einer Korrektur der Theorie ersichtlich war.

6.3 Zusammenfassender Vergleich der Ergebnisse und Grenzen der Theorie

In den vorangegangenen Abschnitten wurden numerische und vor allem experimentell gewonnene Ergebnisse mit auf analytischem Weg berechneten verglichen und bereits an den entsprechenden Stellen bewertet. Dieser Abschnitt soll mit einer kurzen Zusammenfassung dieses Vergleichs das Kapitel abschließen.

- Bei der Bewertung der Resultate muß eine Unterscheidung nach der Querschnittsform getroffen werden. Im Falle von anisotropen dünnwandigen Balken mit offenem Profilquerschnitt korrelieren sämtliche analytischen Ergebnisse für die untersuchten Lastfälle Biegung und Torsion bei hoher Übereinstimmung mit den numerisch ermittelten. Dies betrifft nicht nur die direkten sondern auch die gekoppelten Verformungen der Balken. Darüber hinaus werden vor allem die Effekte der Wölbkrafttorsion durch die Analytik korrekt wiedergegeben, was die Untersuchungen mit unterschiedlichen Randbedingungen bezüglich der Behinderung von Querschnittsverwölbungen bei offenen Querschnitten zeigen.

- Die experimentellen Ergebnisse hinsichtlich der direkten Balkenverformungen decken sich sehr gut mit den analytischen und numerischen. Bei den gekoppelten Verformungen treten in seltenen Fällen Abweichungen von nicht mehr als 10% auf, was immer noch als gut bewertet werden kann.

- Bei den geschlossenen Profilen ist die Übereinstimmung zwischen analytischen und numerischen sowie experimentellen Ergebnissen nicht ganz so gut. Abweichungen von wenigen Prozent bei den direkten Verformungen und bis zu 15% bei den gekoppelten Verformungen treten speziell bei der induzierten Balkenverdrehung durch die Biege-Torsionskopplung eines querkraftbeanspruchten Balkens auf. Hier stößt auch die modifizierte Balkentheorie an gewisse Grenzen, die in der nicht korrekten Berücksichtigung von zusätzlichen Querschnittsverformungseffekten begründet liegt.

- Dieses Problem im Falle geschlossener Querschnitte ist auch bei isotropen dünnwandigen Balken bekannt [2], da nur eine vereinfachte Annahme in der Balkentheorie bezüglich der Berücksichtigung der Schubverformung in den Balkensegmenten getroffen wird. Damit überhaupt kinematische Grundbeziehungen an der verformten Querschnittskontur getroffen werden können, wird auch in der Theorie dünnwandiger anisotroper Balken mit der Voraussetzung des starren Querschnitts gearbeitet. Die Umformulierung des Elastizitätsgesetzes der geschichteten Platte bedient sich dabei einer geschickten Transformation der Dehnungen und Krümmungen sowie aktorischer Ersatzkraft und -moment in Querrichtung in die Elastizitätsgleichungen zwischen den übrigen Kräften bzw. Momenten und Dehnungen bzw. Krümmungen. Somit kann nur der Eigenverformungseffekt der einzelnen Balkensegmente berücksichtigt werden und nicht Querschnittsverformungseffekte die durch den Aufbau des gesamten Querschnitts verursacht werden. Daher rührt auch die gute Übereinstimmung der Ergebnisse bei den Profilen mit offenen Querschnitten.

- Gerade die experimentellen Untersuchungen an den hochgradig anisotropen I-Profilen aber auch die parametrischen Untersuchungen mit den I-Profilen und den Doppelzellen zeigen die zum Teil völlig falsche Vorhersage des Strukturverhaltens durch die bisherige Theorie nach *Chandra* und *Chopra*. Hier kommt die Bedeutung der modifizierten Theorie mit ihrer Berücksichtigung des Verformungsverhaltens des Querschnitts in seiner Ebene aufgrund Querkontraktions- und Querkrümmungseffekten und der elastischen Kopplungen klar zum Vorschein.

- Die ausführlichen Parameterstudien zeigen den hohen Einfluß der Querschnittsverwölbung und deren Behinderung auf das Torsionsverhalten dünnwandiger Faserverbundbalken. Die Definition eines Wölbparameters $\lambda\, l$ hilft bei der Abschätzung dieses Einflusses, da in ihm sowohl sämtliche Geometrieparameter wie auch die Werkstoffkenngrößen in Form von Balkensteifigkeiten beinhaltet sind. Die Faserorientierung und letztlich auch die elastische Kopplung hat hier einen wesentlichen Einfluß auf das Strukturverhalten im Falle von Wölbkrafttorsion. Die modifizierte Balkentheorie gibt auch diesen sogenannten nicht-klassischen Effekt sehr gut wieder, was sowohl die numerischen als auch die experimentellen Ergebnisse bestätigen.

7 Aktive anisotrope dünnwandige Balken

Im vorangegangenen Kapitel konnte anhand parametrischer Untersuchungen und dem Vergleich von experimentellen, numerischen und analytischen Ergebnissen die Bedeutung der modifizierten Balkentheorie herausgestellt werden. Die Modifizierung der Balkentheorie ist streng genommen nur dann notwendig, wenn der Querschnitt des Balkens eine zu niedrige Steifigkeit gegenüber einer Verformung in seiner Ebene aufweist. Werden entsprechende Schichtungen vorgesehen oder die Querschnitte durch zusätzliche Maßnahmen ausgesteift, kann weiterhin mit den konventionellen Balkentheorien wie auch der nach *Chandra* und *Chopra* gerechnet werden.

Sind in den anisotropen dünnwandigen Balken flächige Aktoren integriert, kann das Strukturverhalten auf keinen Fall mehr mit den herkömmlichen analytischen Methoden behandelt werden. Eine flächige Aktuation in einem Balkensegment gleich welcher Art bedeutet stets auch eine Aktuation in Querschnittskonturrichtung mit entsprechenden Konsequenzen auf das Verformungsverhalten des aktiven Balkens. In einem solchen Fall muß diese Aktuation in Konturrichtung in die Balkentheorie integriert sein.

Wie bereits bei der Herleitung der Theorie in Kapitel 4 ausführlich dargelegt, geht die modifizierte Balkentheorie weiterhin von der klassischen Annahme starrer Balkenquerschnitte aus. Mithilfe der Annahme, daß keine mechanischen Plattenkräfte n_y und -momente m_y an den jeweiligen Rändern wirken, wurde das Elastizitätsgesetz der geschichteten Platte und somit jedes einzelnen Balkensegments umgeformt. Neben den erhaltenen modifizierten Laminatsteifigkeiten ergeben sich nun auch modifizierte aktorische Ersatzkräfte und -momente n_{px}^*, n_{pxs}^*, m_{px}^* und m_{pxs}^*, wie sie in den Beziehungen (4.21k-n) beschrieben sind. In diesen Beziehungen sind nun die aktorische Ersatzkraft n_{py} und das Ersatzmoment m_{py} enthalten und beschreiben so den Einfluß der Aktuation in Konturrichtung auf die anderen aktorischen Ersatzgrößen und somit auf das Verformungsverhalten der gesamten Struktur.

In den folgenden Abschnitten werden verschiedene Aktuationskonzepte mit dünnwandigen anisotropen Balken basierend auf den Ergebnissen zu den aktiven Laminaten in Kapitel 3 vorgestellt. Hierbei geht es um den Einfluß der Querschnittsgeometrie (offen und geschlossen), der Laminatschichtung und der äußeren mechanischen Belastungen, der Wahl des Aktorentyps aber auch um Fragen der Skalierung auf größere Strukturen. Als Trägermaterialien werden die vier Faserverbundmaterialien GFK, CFK-T300, CFK-M40 und CFK-75S mit ihren Materialeigenschaften aus Tabelle 2.1 herangezogen.

Im Mittelpunkt steht hierbei stets eine größtmögliche Aktuation einer Balkenverdrehung über eine isotrope Aktuation und die elastische Zug-Torsionskopplung der anisotropen Struktur oder auch durch direkte Torsionsinduzierung mittels gerichteter orthotroper Aktoren in den jeweiligen Balkensegmenten. Andere Balkenverformungen wie eine Biegung werden nicht betrachtet, da sie relativ einfach zu bewerkstelligen sind und nicht direkt zum Themengebiet der elastischen Kopplungen gehören. Mit der vorgestellten modifizierten Balkentheorie können aber auch solche „einfachen“ Aktuationen analytisch behandelt werden.

7.1 Aktuation einer Torsion mit aktiven Balken

Während im vorangegangenen Kapitel ausschließlich die Biege-Torsionskopplung behandelt wurde, steht in den folgenden Abschnitten die Zug-Torsionskopplung im Zentrum der Untersuchungen. Auch kann bezüglich dieser elastischen Kopplung eine Verifikation der modifizierten Balkentheorie durch den Vergleich mit numerischen Ergebnissen durchgeführt werden.

Das Strukturverhalten zug-torsionsgekoppelter Balken wird durch die Beziehungen des Abschnitts 5.3 beschrieben. Für die Torsion muß stets unterschieden werden, welche Bedingungen bezüglich der Querschnittsverwölbung an den Rändern gelten. Die hier interessierende Balkenverdrehung eines aktiven Balkens über seine gesamte Länge bei einseitig fester Einspannung mit freier Verwölbung am freien Ende lautet demnach gemäß Beziehung (5.8) in etwas anderer Schreibweise:

$$\varphi_x(l) = \frac{\left(M_T + M_{pT}\right)K_{11}^{*} - \left(N + N_p\right)K_{15}^{*}}{K_{11}^{*}\,K_{55}^{*} - K_{15}^{*2}}\; l\left(1 - \frac{\tanh\lambda l}{\lambda\, l}\right) \tag{7.1}$$

Hierbei wurde berücksichtigt, daß Schnittgrößen aufgrund einer äußeren mechanischen Belastung auftreten (N und M_T) sowie durch die integrierten aktiven Schichten (N_p und M_{pT}). Im Falle einer Verwölbungsbehinderung am freien Ende ergibt sich für die Balkenverdrehung gemäß (5.14):

$$\varphi_x(l) = \frac{\left(M_T + M_{pT}\right)K_{11}^{*} - \left(N + N_p\right)K_{15}^{*}}{K_{11}^{*}\,K_{55}^{*} - K_{15}^{*2}}\; l\left(1 - 2\,\frac{\cosh\lambda l - 1}{\lambda\, l\sinh\lambda l}\right) \tag{7.2}$$

Kann sich an beiden Enden der Querschnitt frei verwölben, vereinfacht sich die Beziehung für $\varphi_x(l)$ aus den Beziehungen (7.1) und (7.2) jeweils durch Setzen des hinteren Klammerausdrucks zu 1:

$$\varphi_x(l) = \frac{\left(M_T + M_{pT}\right)K_{11}^{*} - \left(N + N_p\right)K_{15}^{*}}{K_{11}^{*}\,K_{55}^{*} - K_{15}^{*2}}\; l \tag{7.3}$$

Die Balkenschnittgrößen ergeben sich aus den Beziehungen (4.25a,g) und (4.29) bzw. (4.34a,d,e). Hierbei sei daran erinnert, daß sich das allgemeine Torsionsmoment über die Beziehung

$$M_T = M_{STV} - B_T^{/} \quad \text{bzw.} \quad M_{pT} = M_{pSTV} - B_{pT}^{/} \tag{7.4}$$

aus der St. Venant'schen Torsion und der Wölbkrafttorsion zusammensetzt. Gemäß den Voraussetzungen wird davon ausgegangen, daß die Schnittgrößenverläufe entlang der Balkenachse aufgrund der konstanten Aktuation auch konstant sind. Aus diesem Grund wird im folgenden die vereinfachte

Annahme getroffen, daß die resultierende und konstante aktive Schnittgröße M_{pT} auch allein durch die aktive Schnittgröße M_{pSTV} beschrieben werden kann. Wenn man entsprechend lange Balken betrachtet, sind die Wölbkrafttorsionsstörungen auf lokale Bereiche beschränkt, und es spielt demnach keine Rolle, an welcher Stelle entlang der Balkenachse das konstante aktive Torsionsmoment bestimmt wird. Für die Schnittgröße M_{pT} gelte demnach die Beziehung:

$$M_{pT} = \oint \left(n^*_{pxs}(x,s) \frac{G_s(s)}{Gt} - 2\, m^*_{pxs}(x,s) \right) ds \tag{7.5}$$

Durch die Aktuation der integrierten aktiven Schichten wird im aktiven Balken ein konstanter Torsions- und Normalkraftverlauf freigesetzt, der zu einer resultierenden Balkenverdrehung führt. Bringt man diese Normalkraft sowie das Torsionsmoment als äußere Last auf, so erhält man die gleiche Balkenverdrehung. Diese Balkenverdrehung kann auch einfach durch ein am Ende angreifendes Torsionsmoment hervorgerufen werden. Im Zusammenhang mit der induzierten Balkenverformung ist auch die Frage nach dieser äquivalenten äußeren mechanischen Beanspruchung interessant, um abschätzen zu können, gegen welche Kräfte und Momente der aktive Balken wirken kann. Aus allen drei Gleichungen (7.1), (7.2) und (7.3) erhält man den einfachen Zusammenhang zwischen den aktorischen Schnittlasten und einem äußeren äquivalenten mechanischen Torsionsmoment:

$$M_T = M_{pT} - N_p \frac{K^*_{15}}{K^*_{11}} \tag{7.6}$$

Die zur Berechnung des Strukturverhaltens benötigten Balkensteifigkeiten lassen sich aus den Zusammenhängen (4.36a,e) und (4.40) bestimmen bzw. aus (5.57a,b,f) und (5.61a) sowie (5.60a,d) für die nachfolgend betrachteten Querschnitte I-Profil und einfache Hohlzelle.

7.1.1 Aktives I-Profil

In Kapitel 3 wurde bereits ausführlich über die optimale Schichtung aktiver Laminate mit unterschiedlichen Aktoren berichtet. Bei der Ermittlung der Lösung der Differentialgleichung für den biegetorsionsgekoppelten Balken im Abschnitt 5.4 wurde festgehalten, daß das Strukturverhalten von Balken mit offenen Profilquerschnitten aus der Summe der Verformungen der einzelnen Balkensegmente hervorgeht. Somit können in einem ersten Schritt für die Gurte und den Steg je nach verwendetem Faserverbundmaterial und je nach Art der Aktuation die in Kapitel 3 ermittelten optimalen Laminatschichtungen auch als optimal für den Balken mit offenem Profilquerschnitt angenommen werden. Im folgenden werden nicht wieder sämtliche Kombinationsmöglichkeiten von Lagenanordnung und Aktorenart betrachtet; es sollen vielmehr aus den bereits gewonnenen Ergebnissen des Kapitels 3 die optimalen Kombinationen für isotrope und orthotrope Aktuation verwendet werden.

Als erstes Beispiel wird ein aktives I-Profil aus CFK-T300 mit integrierten isotropen Schichtaktoren entlang des gesamten Balkens und einer optimierten Laminatschichtung für größtmögliche Zug-

Torsionskopplung in den aktiven Gurten und dem aktiven Steg betrachtet. Die Ausgangsgeometrie des I-Profils richtet sich nach der, die bereits im Kapitel 6 für die parametrischen Untersuchungen gewählt wurde. Die Querschnittsabmessungen betragen $b = h = 50$mm, die Balkenlänge wird wieder zu $l = 1$m festgesetzt. Die Wandstärke t richtet sich nun nach den untersuchten aktiven Laminaten aus Kapitel 3 und beträgt demnach für alle nachfolgend betrachteten aktiven dünnwandigen Balken 2,5mm.

Die optimale Schichtung für ein zehnschichtiges Laminat mit integrierten Schichten bei CFK-T300 als Trägermaterial kann aus der Tabelle 3.2 entnommen werden. Im vorliegenden Fall handelt es sich um die antimetrische Schichtreihenfolge $[75,20,30,45,p]_a$. Das Symbol p steht hierbei wieder als Platzhalter für die aktive isotrope Schicht. Durch die optimierte Lagenanordnung kann wie bei den aktiven Laminaten die aktive induzierte Verformung - hier die Balkenverdrehung - um bis zu 10% gegenüber einer antimetrischen Schichtung nur mit 45°-Lagen gesteigert werden.

Im Diagramm von Bild 7.1 sind die aktive Balkenverdrehung über der gesamten Balkenlänge sowie die oben erwähnten aktorischen Schnittgrößen N_p und M_{pT} und das äquivalente mechanische Torsionsmoment M_T in Abhängigkeit von der Querschnittsgeometrie dargestellt, die nun nicht nur Einfluß auf die Balkensteifigkeiten hat, sondern auch auf die Höhe der aktiven Lasten.

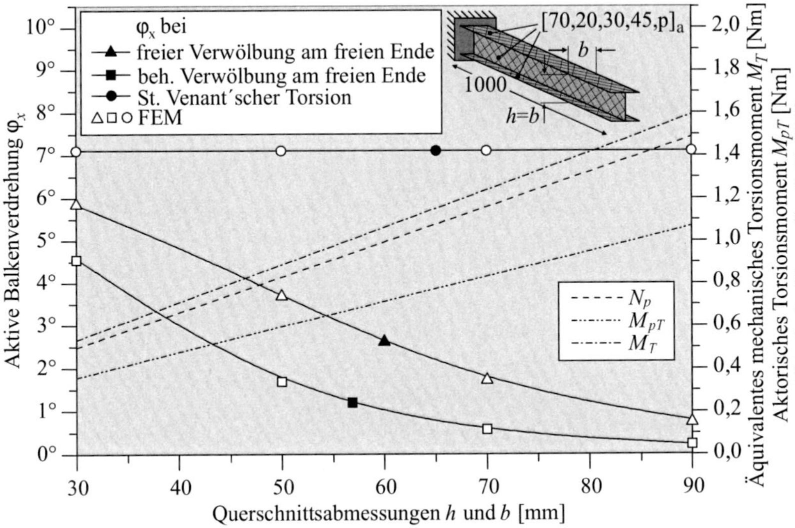

Bild 7.1: Balkenverdrehung eines aktiven CFK-T300-I-Profils mit integrierten isotropen Schichtaktoren sowie aktorische und äquivalente mechanische Schnittgrößen in Abhängigkeit von der Querschnittsgröße

Im Gegensatz zu den relativ kleinen Verformungen, die im Kapitel 3 bei den aktiven Laminaten resultierten, ist die Balkenverdrehung im obigen Beispiel von einer konkret vorstellbaren Dimension. Kann das Profil sich an seinen Enden frei verwölben, verdreht sich der Balken um 7,11° beim Anlegen einer Spannung von jeweils 200V an die zwei aktiven Schichten von 0,25mm Dicke in den Gurten und dem Steg. Diese Verdrehung wird durch Verwölbungsbehinderungen an den Endquerschnitten merklich beeinträchtigt. Sie bleibt im Falle reiner St. Venant'scher Torsion unabhängig von den Profilabmessungen, da sowohl die Steifigkeiten als auch die aktorischen Schnittgrößen linear mit den Querschnittsabmessungen ansteigen.

Die geometrischen Randbedingungen bezüglich Verwölbungsbehinderungen der Endquerschnitte beeinflussen die aktorischen Lasten natürlich nicht. Die Verläufe von N_p, M_{pT} und M_T sind allerdings linear abhängig von der Querschnittsgeometrie. Die Balkenverdrehungen werden je nach Querschnittsgeometrie folglich auch durch Anlegen eines Torsionsmomentes M_{pT} <u>und</u> einer Normalkraft N_p erreicht, die zusätzlich über die Zug-Torsionskopplung des anisotropen Balkens für eine Verdrehung sorgt, oder nur durch Aufbringen eines Torsionsmoments M_T. Eine andere Interpretation ist, daß eine Balkenverdrehung aufgrund eines angreifenden Torsionsmoments bis zur Höhe des Betrages von M_T durch die integrierte Aktorik im Balken kompensiert werden kann.

Die Vergleichsrechnungen mit der FE-Methode zeigen eine sehr gute Übereinstimmung mit den Ergebnissen aus der Analytik. Auch im FE-Modell wurden die aktiven Schichten mit dem Thermalanalogiemodell behandelt. Daß diese Analogie Gültigkeit besitzt, wurde schon im Kapitel 3 bestätigt und wird an dieser Stelle nicht erneut diskutiert.

Für die drei anderen Faserverbundmaterialien GFK, CFK-M40 und CFK-75S ergeben sich bezüglich des Einflusses der Querschnittsgeometrie qualitativ gleiche Verläufe für die Balkenverdrehung und die Schnittgrößen. In Tabelle 7.1 sind deshalb nur die Ergebnisse für einen Querschnitt der Dimension 50x50mm aufgelistet, um einen Vergleich zwischen den unterschiedlichen Trägermaterialien durchführen zu können. Hierbei wurde jeweils für die Lagenanordnung die dem Material zugeordnete optimale Laminatschichtung gemäß Tabelle 3.2 vorausgesetzt.

Die vier Faserverbundmaterialien sind von links nach rechts mit steigendem Anisotropiegrad aufgereiht. Durch diese Zuordnung erkennt man die mit dem Anisotropiegrad steigende aktive Balkenverdrehung. Der Einfluß der Behinderung der Querschnittsverwölbung nimmt ebenso zu. Die aktorischen Schnittgrößen spiegeln das Aktuationsgeschehen im Balken recht gut wider. Allerdings kann eine eindeutige Abhängigkeit dieser Größen vom Anisotropiegrad nicht gefolgert werden.

Für ein I-Profil mit jeweils identischen aktiven antimetrischen Gurten und Steg können die aktorischen Schnittgrößen aus (4.34a) und (7.5) unter Verwendung von (4.21k,n) bestimmt werden zu:

$$N_p = \left(n_{px} - n_{ps} \frac{A_{12}}{A_{22}} \right) (2b + h) \quad ; \quad M_{pT} = 2 n_{ps} \frac{B_{23}}{A_{22}} (2b + h) \tag{7.7}$$

Zu beachten ist, daß in dieser Schreibweise nicht die modifizierten Laminatsteifigkeiten verwendet werden, sondern die tatsächlichen - deswegen auch kein hochgestelltes $*$ als Index.

Tabelle 7.1: Balkenverdrehung und Schnittgrößen aktiver, einseitig eingespannter I-Profile der Querschnittsabmessung 50x50mm und Länge 1m mit integrierten isotropen Schichtaktoren

Faserverbundmaterial / Laminatanordnung in den Gurten und dem Steg	GFK [75,25, 40,45,p]$_a$	CFK-T300 [75,20, 35,45,p]$_a$	CFK-M40 [75,15, 60,40,p]$_a$	CFK-75S [80,15, 20,50,p]$_a$
φ_x bei reiner St. Venant'schen Torsion	4,58°	7,11°	8,30°	11,2°
φ_x bei freier Verwölbung am freien Ende	2,74°	3,70°	3,85°	3,06°
φ_x bei behinderter Verw. am freien Ende	1,44°	1,71°	1,64°	1,02°
aktorische Normalkraft N_p [kN]	0,884	0,826	0,925	0,926
aktorisches Torsionsmoment M_{pT} [Nm]	0,266	0,594	0,72	0,565
äquiv. mech. Torsionsmoment M_T [Nm]	0,407	0,884	0,989	0,901

Mit (7.7) wird der oben beschriebene Effekt etwas verständlicher. Wegen der Isotropie der aktiven Schicht und der antimetrischen Lagenanordnung ergeben sich in den aktiven Balkensegmenten nur die aktorischen Ersatzkräfte n_{px} und n_{ps}. Sie sind per Definition nur von der Eigensteifigkeit der aktiven Schicht und nicht von den Materialeigenschaften des umgebenden Faserverbundmaterials abhängig. Die aktorische Normalkraft N_p nimmt also wegen des zunehmenden Einflusses des Querkontraktionsverhaltens über A_{12} mit steigendem Anisotropiegrad des Faserverbundmaterials nur leicht zu. Demgegenüber steigt das aktorische Torsionsmoment, das durch die Aktuation in Querrichtung in Verbindung mit der elastischen Kopplung B_{23} erzeugt wird, mit dem Anstieg dieser Kopplung B_{23}. Dies zeigt den starken Einfluß der Aktuation in Konturrichtung mit steigendem Anisotropiegrad.

Bei den oben tabellarisch zusammengefaßten Ergebnissen wurde vorausgesetzt, daß jeweils für ein Faserverbundmaterial stets die gleiche Schichtung verwendet wurde, unabhängig von den geometrischen Randbedingungen bezüglich der Verwölbungsbehinderung an den Endquerschnitten. Dies diente vor allem der Vergleichbarkeit und Übersichtlichkeit der Ergebnisse untereinander. Tatsächlich aber kann in Abhängigkeit von den genannten Randbedingungen die Schichtanordnung weiter optimiert werden. Da dies aber sowohl vom verwendeten Faserverbundmaterial als auch von den geometrischen Abmessungen beeinflußt wird, und eine Darstellung somit eine Fülle von unübersehbaren Ergebnissen produzieren würde, werden die entsprechenden Ergebnisse nur für das Material CFK-T300 weiter unten beim Vergleich mit der orthotropen Aktuation dargestellt.

In Kapitel 3 wurde als zusätzlicher Parameter bei den orthotropen Schichtaktoren der Anisotropiegrad der aktiven Schicht selbst eingeführt. Hierbei zeigte sich, daß das Aktuationspotential steigen kann, wenn dieser Anisotropiegrad möglichst hoch ist. Im folgenden werden daher als orthotrope Schichtaktoren nur die DAP-Streifen mit einem Anisotropiegrad von 50 betrachtet. Hierdurch ist eine Übertragung der Effekte auf große aktive Strukturen möglich, da die in solchen Strukturen verwendeten Stellelemente auch nur eindimensional wirken werden, und diese in der Richtung senkrecht zur Aktuationsrichtung die Struktur weder aktorisch noch durch irgendwelche Eigensteifigkeiten beeinflussen. Als bestmögliche Schichtung für die Zug-Torsionskopplung hatte sich gemäß den Ergebnissen aus Tabelle 3.4 eine Schichtung aus reinen 0°-Schichten im Trägerlaminat mit auf der Ober- und Unterseite des Laminats antimetrisch orientierten DAP-Streifen herausgestellt.

Wie auch bei der Verwendung isotroper Schichtaktoren nimmt der Einfluß der Verwölbungsbehinderungen an den Endquerschnitten mit abnehmendem Verhältnis von Balkenlänge zu Querschnittsabmessungen stark zu. Ebenso sind die Verläufe sämtlicher Schnittgrößen wiederum linear abhängig von den Querschnittsabmessungen. Da sich an der Geometrieform nichts geändert hat, sondern lediglich am inneren Aufbau des I-Profils, sind diese Zusammenhänge leicht nachzuvollziehen. Aus diesem Grund wird auf eine graphische Darstellung wie oben verzichtet. Vielmehr sollen die Ergebnisse aus der orthotropen Aktuation mit denen aus der isotropen Aktuation verglichen werden. Im folgenden Balkendiagramm des Bilds 7.2 sind die aktiven Verdrehungen durch die beiden Aktuationsprinzipien für die drei verschiedenen Randbedingungen bezüglich Querschnittsverwölbung an den Balkenenden am Beispiel des CFK-T300-I-Profils dargestellt. Hierbei ist nun für jeden einzelnen Fall die zugehörige optimale Schichtanordnung und die entsprechende Lösung aus der numerischen Berechnung angegeben. Im Falle orthotroper Aktuation bedeutet der Platzhalter pβ in der Angabe der Lagenanordnung, daß die aktive orthotrope Schicht die Orientierung β gegenüber der übergeordneten x-Achse besitzt.

Das wichtigste Ergebnis dieses Vergleichs ist die Tatsache, daß nur im Falle einer reinen St. Venant'schen Torsion die orthotrope Aktuation mit ihrer direkten Torsionsinduzierung der isotropen Aktuation in Verbindung mit den elastischen Kopplungen überlegen ist. Treten an den Rändern Behinderungen der Querschnittsverwölbung auf, bewirkt die indirekte Aktuation über die Zug-Torsionskopplung höhere Balkenverdrehungen als eine orthotrope Aktuation. Der direkten Torsionsinduzierung über die orthotrope Aktuation mittels der gerichteten DAP-Streifen werden in diesen Fällen höhere Widerstände entgegengesetzt.

Durch eine weitere Optimierung der Schichtanordnung bei der isotropen Aktuation kann die aktive Balkenverdrehung im Falle eines einseitig eingespannten I-Profils mit freier Querschnittsverwölbung am freien Ende nochmals um fast 20% von den ursprünglich 3,7° auf 4,4° gesteigert werden. Sind beide Querschnitte in ihrer Verwölbung behindert, steigert sich die Verdrehung sogar um 70%. Bei der orthotropen Aktuation müssen sich die gerichteten DAP-Streifen für eine größtmögliche Balkenverdrehung mit zunehmender Behinderung der Endquerschnitte gegen ihre Verwölbung von der Balkenlängsachse wegdrehen. Sämtliche Ergebnisse im Diagramm 7.2 werden durch numerische Ergebnisse mittels einer FEM-Analyse mit sehr guter Übereinstimmung bestätigt.

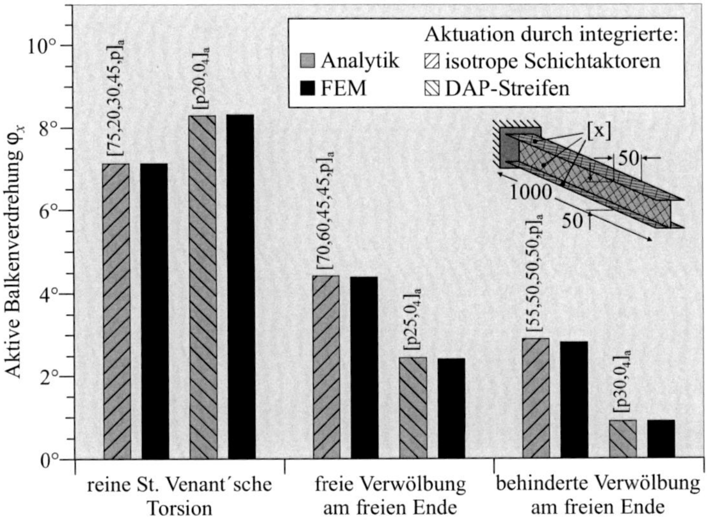

Bild 7.2: Balkenverdrehung aktiver CFK-T300-I-Profils mit integrierten isotropen und orthotropen Schichtaktoren mit jeweils optimierter Schichtanordnung in Abhängigkeit der geometrischen Randbedingungen

Die Ergebnisse der betrachteten I-Profile mit integrierten DAP-Streifen für alle vier genannten Faserverbundmaterialien sind in Tabelle 7.2 zusammengefaßt.

Vergleicht man die Ergebnisse mit denen aus Tabelle 7.1, so fällt auf, daß nun auch die resultierende aktive Balkenverdrehung nicht mehr direkt mit dem Anisotropiegrad des Trägerlaminats zusammenhängt. Bis auf das I-Profil aus CFK-75S verdrehen sich sämtliche Balken um ca. 8,5°. Darüber hinaus ist das äquivalente mechanische Torsionsmoment M_T nun in allen Fällen geringer als das aktorische Torsionsmoment M_{pT}. Dies bestätigt die bereits in Abschnitt 3.3.4 getroffene Schlußfolgerung, daß im Falle einer direkten Torsionsinduzierung über gerichtete orthotrope Aktoren zusätzliche, nun störende Zug-Torsionskopplungen auftreten, die durch die aktorische Ersatzkraft N_p verursacht werden und der Verdrehung entgegenwirken.

Tabelle 7.2: Balkenverdrehung und Schnittgrößen aktiver, einseitig eingespannter I-Profile der Querschnittsabmessung 50x50mm und Länge 1m mit integrierten orthotropen Schichtaktoren (DAP-Streifen)

Faserverbundmaterial	GFK	CFK-T300	CFK-M40	CFK-75S
φ_x bei reiner St. Venant'schen Torsion Laminatanordnung in Gurten und Steg	8,70° $[p20,0_4]_a$	8,29° $[p20,0_4]_a$	8,65° $[p15,0_4]_a$	10,1° $[p15,0_4]_a$
aktorische Normalkraft N_p [kN]	0,831	0,822	0,897	0,878
aktorisches Torsionsmoment M_{pT} [Nm]	0,686	0,683	0,539	0,533
äquiv. mech. Torsionsmoment M_T [Nm]	0,523	0,628	0,508	0,51
φ_x bei freier Verwölbung am freien Ende Laminatanordnung in Gurten und Steg	4,42° $[p35,0_4]_a$	2,43° $[p25,0_4]_a$	1,82° $[p30,0_4]_a$	1,39° $[p30,0_4]_a$
aktorische Normalkraft N_p [kN]	0,514	0,725	0,601	0,519
aktorisches Torsionsmoment M_{pT} [Nm]	0,883	0,788	0,827	0,737
äquiv. mech. Torsionsmoment M_T [Nm]	0,778	0,736	0,802	0,723
φ_x bei behinderter Verw. am freien Ende Laminatanordnung in Gurten und Steg	2,25° $[p40,0_4]_a$	0,91° $[p30,0_4]_a$	0,58° $[p35,0_4]_a$	0,41° $[p30,0_4]_a$
aktorische Normalkraft N_p [kN]	0,397	0,61	0,476	0,519
aktorisches Torsionsmoment M_{pT} [Nm]	0,858	0,847	0,825	0,737
äquiv. mech. Torsionsmoment M_T [Nm]	0,79	0,805	0,79	0,723

Durch die antimetrische Anordnung der DAP-Streifen auf der Ober- und Unterseite jedes Balkensegments wird primär jeweils ein aktorisches Ersatztorsionsmoment m_{pxs} im aktiven Laminat aus den jeweils entgegengesetzt orientierten aktorischen Schubkräften n_{pxs} erzeugt. Aus dieser Anordnung ergeben sich dann noch zusätzlich die aktorischen Ersatzkräfte n_{px} und n_{ps}. Die Winkelabhängigkeit der aktorischen Ersatzkräfte einer gerichteten aktiven orthotropen Einzelschicht wurde ausführlich in Abschnitt 3.1.4 behandelt. Die Beziehungen für die aktorischen Schnittgrößen lauten gemäß (4.34a) und (7.5) unter Verwendung von (4.21k,n):

$$N_p = \left(n_{px} - n_{ps} \frac{A_{12}}{A_{22}} \right) (2\,b + h) \quad ; \quad M_{pT} = -2 \left(m_{pxs} - n_{ps} \frac{B_{23}}{A_{22}} \right) (2\,b + h) \tag{7.8}$$

Ein ebenso wichtiges Ergebnis ist die Bestätigung der Vermutung aus Abschnitt 3.3.4, daß bei hochgradig anisotropen Trägerlaminaten wie hier beim CFK-75S eine Aktuation über die elastische Kopplung mittels isotroper Aktuation unter Umständen höhere Verformungen induziert als eine direkte mit DAP-Schichten. Der aktive Balken aus CFK-75S mit integrierten isotropen Schichtaktoren erzeugt mit 11,2° eine um über 10% höhere Balkenverdrehung als der mit integrierten orthotropen Aktoren aufgrund des hohen Anisotropiegrads und somit Kopplungspotentials dieses CFK-Materials. Der entscheidende Vorteil einer isotropen Aktuation über die elastische Kopplung liegt allerdings im mit über 75% deutlich höheren äquivalenten mechanischen Torsionsmoment. Durch den für die elastische Kopplung notwendigen ausgeglicheneren Winkelverbund vermag somit der aktive Balken mit integrierten isotropen Schichtaktoren höheren äußeren mechanischen Lasten entgegenzuwirken als der mit orthotropen Aktoren. Dieser Zusammenhang gilt für alle oben betrachteten Fälle.

7.1.2 Aktives Hohlprofil

Im Gegensatz zu Balken mit offenen Profilquerschnitten ergibt sich bei geschlossenen Querschnitten das Strukturverhalten des Balkens nicht einfach aus der Summe des Verhaltens seiner einzelnen Segmente. Durch die geschlossenen Profilzüge wird vornehmlich das Torsionsverhalten wesentlich beeinflußt, und die Effekte der Wölbkrafttorsion nehmen deutlich ab. Für den im weiteren Verlauf betrachteten Fall eines quadratischen Profilquerschnitts wird die Wölbbimomentsteifigkeit K_{44}^{*} gemäß Beziehung (5.61c) wegen der Bedingung $b = h$ nur noch aus den Eigenwölbwiderständen der einzelnen Balkensegmente gebildet, und kann demnach unabhängig von sonstigen geometrischen Verhältnissen von Querschnittsabmessungen und Balkenlänge endgültig vernachlässigt werden.

Die Vorgehensweise bei der Analyse von aktiven Balken mit geschlossenem Profilquerschnitt am Beispiel der quadratischen und somit doppelsymmetrischen Hohlzelle entspricht prinzipiell der des vorangegangenen Abschnitts. Es wird angenommen, daß die Gurte und Stege jeweils die selben Lagenanordnungen besitzen, und somit alle Balkensegmente zur Aktuation beitragen. Die geometrischen Abmessungen orientieren sich an denen der aktiven I-Profile. Die aktiven Hohlzellen sind 1m lang und haben die Breite und Höhe von 50mm. Als Wandstärke werden wieder 2,5mm festgelegt.

Eine induzierte Balkenverdrehung ergibt sich bei geschlossenem Profilquerschnitt nun durch Zug-Schubkopplungen in den einzelnen Stegen und Gurten, die in einer Gesamttorsion des Balkens resultieren. Zuerst soll ein aktives Hohlprofil aus CFK-T300 mit integrierten isotropen Schichtaktoren betrachtet werden. Aus den Untersuchungen in Kapitel 3 kann in diesem Fall als optimale Schichtung für eine größtmögliche Zug-Schubkopplung in den Balkensegmenten eine symmetrische Lagenanordnung rein aus 45°-orientierten Faserverbundschichten übernommen werden. Im Diagramm des Bilds 7.3 werden die Querschnittsabmessungen wieder parametrisiert und die resultierende Balkenverdrehung sowie die korrespondierenden aktorischen und äquivalenten mechanischen Schnittgrößen dargestellt. Damit auch wieder eine bezüglich des Koordinatensystems positive Balkenverdrehung entsteht, müssen die Faserverbund-Einzelschichten die Orientierung -45° aufweisen.

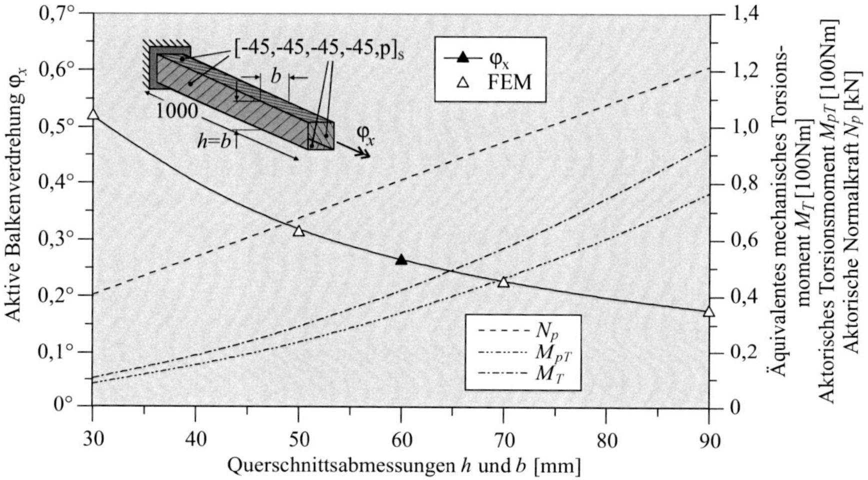

Bild 7.3: Balkenverdrehung einer aktiven CFK-T300-Hohlzelle mit integrierten isotropen Schichtaktoren sowie aktorische und äquivalente mechanische Schnittgrößen in Abhängigkeit von der Querschnittsgröße

Die resultierende Balkenverdrehung ist nun um eine Größenordnung niedriger als bei aktiven Balken mit offenen Profilquerschnitten. Darüber hinaus ist sie nun abhängig von der Querschnittsgeometrie. Je größer der Querschnitt ist, desto kleiner ist die aktive Balkenverdrehung. Dies liegt in der im Vergleich zum I-Profil anderen Berechnung der Torsionssteifigkeit begründet, die nun wesentlich von der Querschnittsfunktion $G_S(s)$ bestimmt wird. Aus diesem Grund haben auch die Verläufe des aktorischen Ersatzmoments und des äquivalenten mechanischen Torsionsmoments im Gegensatz zu dem der aktorischen Normalkraft keinen linearen Verlauf mehr. Das Strukturverhalten der aktiven Hohlzelle ist somit deutlich komplexer als das des aktiven I-Profils.

Auch im Falle der geschlossenen Hohlzelle stehen die analytisch gewonnenen Ergebnisse mit denen aus der FEM-Berechnung in einem sehr guten Einklang. Auf die daraus folgende Konsequenz hinsichtlich der Richtigkeit der analytischen Berechnung der Zug-Torsionskopplung von anisotropen dünnwandigen Balken mit geschlossenem Profilquerschnitt wird weiter unten nochmals explizit eingegangen.

In Tabelle 7.3 sind die Ergebnisse am Beispiel des quadratischen Hohlprofils der Querschnittsabmessung 50x50mm für alle vier Faserverbundmaterialien zusammengestellt.

Tabelle 7.3: Balkenverdrehung und Schnittgrößen aktiver einseitig eingespannter Hohlprofile der Querschnittsabmessung 50x50mm und Länge 1m mit integrierten isotropen Piezoaktoren

Faserverbundmaterial	GFK	CFK-T300	CFK-M40	CFK-75S
φ_x	0,18°	0,32°	0,37°	0,44°
aktorische Normalkraft N_p [kN]	1,01	0,676	0,479	0,357
aktorisches Torsionsmoment M_{pT} [Nm]	8,79	23,6	30,3	34,3
äquiv. mech. Torsionsmoment M_T [Nm]	12,2	29	34,9	38,1

Sowohl aus der Tabelle als auch aus dem vorangegangenen Diagramm wird deutlich, daß neben der Reduzierung der Balkenverdrehung die Torsionsmomente M_{pT} und M_T um nahezu zwei Größenordnungen höher liegen als beim aktiven I-Profil. Dafür lassen sich sämtliche Größen in eine direkte Abhängigkeit vom Anisotropiegrad des verwendeten Faserverbundmaterials bringen. Daß dies im Falle des Hohlprofils möglich ist, liegt an der Art der elastischen Kopplung. Die Zug-Schubkopplung in den einzelnen Segmenten als elastische Kopplung der Scheibe wird durch die Schichtreihenfolge im Laminat nicht beeinflußt, sondern nur von den Materialeigenschaften und somit direkt vom Anisotropiegrad. Dieser Zusammenhang wird abermals deutlich bei einem Blick auf die Beziehungen für die aktorischen Schnittgrößen einer quadratischen Hohlzelle mit identischen Gurten und Stegen, die aus (4.34a) und (7.5) unter Verwendung von (4.21k,l) bestimmt werden zu:

$$N_p = \left(n_{px} - n_{ps} \frac{A_{12}}{A_{22}} \right) (2\,b + 2\,h) \quad ; \quad M_{pT} = -2\,n_{ps} \frac{A_{23}}{A_{22}}\,b\,h \tag{7.9}$$

Die Beziehung für M_{pT} in (7.9) entspricht dabei im Grunde genommen der bekannten Bredt'schen Formel für den Zusammenhang zwischen Torsionsmoment und Schubfluß über die doppelte umschlossene Fläche bei einem geschlossenen Querschnitt. Der Schubfluß entsteht hierbei aus der Aktuation in Konturrichtung über die elastische Kopplung A_{23}.

Eine Aktuation in der Hohlzelle mit orthotropen Schichtaktoren verspricht wie auch beim I-Profil grundsätzlich höhere Balkenverformungen. Da die geometrische Randbedingung einer Behinderung der Querschnittsverwölbung nicht beachtet werden muß, werden die Ergebnisse für quadratische Hohlprofile bestehend aus den vier Faserverbundmaterialien und integrierten DAP-Streifen nur in tabellarischer Form zusammengefaßt:

Tabelle 7.4: Balkenverdrehung und Schnittgrößen aktiver, einseitig eingespannter Hohlprofile der Querschnittsabmessung 50x50mm und Länge 1m mit integrierten orthotropen Schichtaktoren (DAP-Streifen)

Faserverbundmaterial	GFK	CFK-T300	CFK-M40	CFK-75S
φ_x Laminatanordnung in Gurten und Steg	1,16° $[p25,0_4]_a$	0,79° $[p30,0_4]_a$	0,81° $[p25,0_4]_a$	0,94° $[p25,0_4]_a$
aktorische Normalkraft N_p [kN]	0,739	0,61	0,719	0,658
aktorisches Torsionsmoment M_{pT} [Nm]	23,6	25,1	23	21,6
äquiv. mech. Torsionsmoment M_T [Nm]	20	24,2	22,4	21,1

Das aktive Hohlprofil aus GFK mit den in 25°-Richtung antimetrisch applizierten DAP-Streifen erzeugt nun die größte Balkenverdrehung. Hier wird deutlich, daß letztendlich ein minimaler Schubmodul der Schichtanordnung und möglichst niedrige störende elastische Kopplungen den Ausschlag für die größtmögliche Balkenverdrehung geben. Das CFK-75S besitzt zwar einen etwas niedrigeren Schubmodul als das GFK, hat hingegen einen deutlich höheren Anisotropiegrad. Sämtliche Schnittgrößen bewegen sich wie schon beim aktiven I-Profil mit integrierten DAP-Streifen auf etwa gleichem Niveau. Auch das äquivalente mechanische Torsionsmoment ist wieder niedriger als das aktorische Torsionsmoment. Der Vollständigkeit halber werden die Beziehungen für die aktorischen Schnittgrößen auch für den hier betrachteten Fall explizit dargestellt:

$$N_p = \left(n_{px} - n_{ps} \frac{A_{12}}{A_{22}} \right) (2\,b + 2\,h) \quad ; \quad M_{pT} = 2 \left(n_{pxs} - n_{ps} \frac{A_{23}}{A_{22}} \right) b\,h \tag{7.10}$$

7.1.3 Ausdehnung aktiver Balken entlang der Balkenachse

Es bleibt noch, die Frage nach der Höhe der Balkenlängung in den vorstehend behandelten Fällen zu klären. Auf diese gleichzeitig auftretende Balkenverformung wurde bisher nicht eingegangen. Dies hat seinen Grund in den extrem niedrigen Werten, die sich für die Balkendehnungen ergeben. Schon im Falle der Torsions-Biegekopplung eines gabelgelagerten anisotropen dünnwandigen Balkens unter Torsion in der Balkenmitte im Abschnitt 6.1.2 hat sich gezeigt, daß die gekoppelte Balkenabsenkung in äußerst niedrigen Bereichen von wenigen zehntel Millimetern bewegt.

Die hier vorgestellten aktiven Balken induzieren in erster Linie eine Torsion durch entsprechende Kopplungen oder direkt über eine gerichtete Aktuation, die sich in dem aktorischen Torsionsmoment äußert. Die Dehnsteifigkeit der Balken selbst ist darüber hinaus sehr hoch, so daß aus diesen Gründen die Balkendehnungen bei den gezeigten Beispielen Werte unter 1‰ annehmen.

Es hängt nun von der Art der Aktuation in den aktiven Balken ab, wie sich eine Behinderung dieser Balkenlängung auf die aktive Balkenverdrehung auswirkt. Es ist leicht nachvollziehbar, daß dort, wo die aktorische Normalkraft N_p zur aktiven Balkenverdrehung über die elastischen Kopplungen beiträgt, eine Behinderung der Balkenlängung zu einer kleineren Balkenverformung führt. Dies ist der Fall bei den aktiven Balken mit integrierten isotropen Schichtaktoren. Für das aktive CFK-T300-I-Profil mit integrierten isotropen Schichtaktoren aus Bild 7.2 ergibt sich zum Beispiel nur noch eine Verdrehung von 4,45° anstelle der 7,11° für den Fall der reinen St. Venant'schen Torsion, wenn die Balkenlänge konstant bleiben soll; dies bedeutet eine Reduzierung um gut 40%. Somit ist für diese Klasse von aktiven Balken eine Behinderung der Balkenlängung konstruktiv unbedingt zu vermeiden, um die aktive Balkenverdrehung nicht zu beeinflussen.

Hat die aktorische Normalkraft N_p einen störenden Einfluß auf die Balkenverdrehung aufgrund entgegenwirkender elastischer Kopplungen, wird sich durch die Behinderung der Balkenlängung die Balkenverdrehung erhöhen. Dies trifft auf die aktiven Balken mit integrierten orthotropen Schichtaktoren zu, die eine direkte Torsion induzieren. Für das aktive CFK-T300-I-Profil mit integrierten orthotropen Schichtaktoren aus Bild 7.2 steigt die Balkenverdrehung von 8,29° auf 8,46°. Die Erhöhung fällt also mit wenigen Prozent lange nicht so hoch aus wie die Minderung im vorigen Fall. Dies war auch aufgrund des betragsmäßig deutlich geringeren Unterschieds von aktorischem Torsionsmoment zu äquivalentem mechanischem Torsionsmoment bei Verwendung orthotroper Aktoren gegenüber dem entsprechenden Verhältnis beim aktiven Balken mit isotropen Aktoren zu erwarten.

7.2 Vergleich der analytischen und numerischen Ergebnisse

Bei den einzelnen Diagrammen in den vorangegangenen Abschnitten wurden bereits die hohen Korrelationen zwischen numerischer und analytischer Berechnung kommentiert. Diese sehr guten Übereinstimmungen sind nicht nur ein Hinweis auf die korrekte analytische Behandlung dünnwandiger anisotroper Balken mit integrierten Schichtaktoren auf Basis des Thermalanalogiemodells, sondern auch eine Bestätigung der korrekten Berechnung des Strukturverhaltens dünnwandiger anisotroper Balken sowohl mit offenem als auch geschlossenem Profilquerschnitt unter Normalkraft- und Torsionsbeanspruchung. Die Effekte der induzierten elastischen Kopplungen und auch der Wölbkrafttorsion werden durch die Analytik richtig erfaßt.

Aus diesen Ergebnissen läßt sich der Schluß ziehen, daß die etwas zu hohen Abweichungen bei der Ermittlung des Strukturverhaltens anisotroper dünnwandiger Balken mit geschlossenem Querschnitt unter Querkraft- bzw. Biegebeanspruchung sich auf eben diesen Lastfall beschränken. Damit wird auch die Vermutung unterstützt, daß es sich in dem speziellen Fall der Querkraftbiegung um eine besondere zusätzliche Art der induzierten Querschnittsverformung handeln muß, die mit der Analytik nicht erfaßt wird. Die Gründe hierfür wurden in Kapitel 6 genannt.

7.3 Anwendungsmöglichkeiten aktiver dünnwandiger Balken

7.3.1 Allgemeines

Die auf den letzten Seiten durchgeführten Untersuchungen beschränkten sich aus den bereits genannten Gründen auf Profile mit eher handlichen Querschnitts- und Längenabmessungen. Die erzielten Balkenverdrehungen und äquivalenten mechanischen Torsionsmomente inspirieren jedoch durchaus zu konkreten Anwendungsmöglichkeiten. Zu beachten ist hierbei, daß auf jeden Fall eine Behinderung der Verwölbung an den Endquerschnitten vermieden werden sollte. Dies ist im Falle des I-Profils zum Beispiel möglich durch eine Anbindung des aktiven Balkens an eine Struktur nur über den Steg, so daß die Gurte unbehindert bezüglich Verwölbung bleiben.

Die hohen Balkenverdrehungen der aktiven I- Profile können durch entsprechend längere Balken auf einfache Weise gesteigert werden. Hierdurch wird das kompensierbare Torsionsmoment nicht gesteigert, sondern bleibt konstant. Werden die Breite und Höhe des Profilquerschnitts vergrößert, steigert sich dieses Torsionsmoment, wohingegen die aktive Balkenverdrehung konstant bleibt. Auf beides haben letztendlich der Laminataufbau und die Dicke der einzelnen Balkensegmente Einfluß. Da hier eine Fülle von weiteren Parametern existiert, wird auf eine Ergebnisdarstellung in Abhängigkeit von diesen verzichtet. Diesbezüglich sei auf die Ergebnisse des Kapitels 3 verwiesen.

Aktive Balken mit geschlossenem Profilquerschnitt können zwar hohe angreifende Torsionsmomente kompensieren, verdrehen sich allerdings auch in einem sehr geringen Maß. Ihr Vorteil kommt erst bei entsprechend deutlich größeren Balkenlängen zum Tragen.

Generell muß festgehalten werden, daß die vorgestellten aktiven Balken im allgemeinen ein für aktive Strukturen typisches Verhalten aufweisen. Das Ziel, möglichst hohe Verformungen und gleichzeitig hohe Kräfte und Momente aufnehmen zu können, kann nicht mit den vorgestellten Konzepten verwirklicht werden. Hohe äquivalente mechanische Lasten korrespondieren stets mit niedrigen Balkenverdrehungen (wie bei den geschlossenen Profilen), und hohe Balkenverdrehungen stets mit niedrigen äquivalenten mechanischen Lasten (wie bei den offenen Profilen). Dies zeigte sich auch bei der Optimierung der einzelnen Lagenanordnungen für eine größtmögliche Balkenverformung bei den einzelnen aktiven Balken. Mit Lagenanordnungen, die höhere Balkenverdrehungen verursachen, nehmen die aktorischen Schnittlasten ab. Der umgekehrte Effekt ist genauso zu identifizieren.

Für die vorgestellten Aktuationskonzepte sind in allen Fällen Anwendungen der aktiven, lagerlosen und exakt einstellbaren Drehbewegung bzw. kontrollierbaren Torsionsmomentenaufnahme denkbar. Anwendungsbereiche sind hier die Robotik und Meßtechnik aber auch viele andere Bereiche des Maschinenbaus. Durch die zahlreichen Variationsmöglichkeiten im Design der aktiven Balken sind die Höhe der Balkenverdrehung, das kompensierbare Moment und auch die Steifigkeit des Balkens gegenüber weiteren äußeren Belastungen in gewissen Grenzen mit den vorgestellten Konzepten realisierbar.

Die Designaufgabe für eine aktive Struktur stellt sich im wesentlichen erst im konkreten Anwendungsfall. Aus diesem Grund sollen in dem folgenden Abschnitt ein aktiver Balken für eine bestimmte Aktuationsaufgabe hinsichtlich der geforderten Randbedingungen bezüglich maximaler Verformung, maximal kompensierbarem Moment und sonstigen geometrischen Randbedingungen in bezug auf ihren Aufbau einer Vorauslegung unterzogen werden.

7.3.2 Beispiel einer Nasenklappensteuerung

Als Beispiel wird die Steuerung einer Klappe an einer aerodynamischen Fläche gewählt. Solche Klappen finden sich mit jeweils unterschiedlichen Wirkungsweisen sowohl an den Tragflügeln von Flugzeugen als auch in Rotorblättern von Hubschraubern. Bei profilierten aerodynamischen Flächen unterscheidet man zwischen Nasenklappen und Hinterkantenklappen. Beim Rotorblatt sitzen sie relativ weit außen in der Nähe der Rotorblattspitze und dienen der dynamischen Beeinflussung des aerodynamischen Verhaltens des Rotorblatts bei seiner Umdrehung. Die Ansteuerung solcher Funktionsflächen erfolgt in der Regel am Ort der Klappe selbst. Im Falle des Starrflüglers spielt es dabei eine vergleichsweise geringe Rolle, wo der Klappenantrieb sich befindet. Beim Drehflügler ist dies von außerordentlicher Bedeutung, da jedes zusätzliche Gewicht an der Rotorblattspitze aufgrund der hohen Zentrifugalbeschleunigungen im Rotorblatt zu enormen zusätzlichen Lasten führt.

Es sind bereits Ideen entwickelt worden, eine solche Struktur durch integrierte adaptive Stellelemente auf Basis piezoelektrischer Werkstoffe anzusteuern. Das hohe Gewicht der Stellelemente beeinflußt das dynamische Verhalten des Rotorblattes jedoch massiv. *Chandra* und *Chopra* haben in der bereits erwähnten Veröffentlichung [36] eine Ansteuerung mittels einer aktiven Stange vorgeschlagen, die als ein anisotropes dünnwandiges Rohr mit lokal integrierten Stellern ausgeführt ist, die eine Normalkraft in dem Balken und somit über die Zug-Torsionskopplung des Balkens eine Verdrehung erzeugen. Der entscheidende Vorteil ist die Verlagerung des Gesamtschwerpunkts des Antriebs weit weg von der Blattspitze. Ein solches Stellelement soll nun mit den in dieser Arbeit vorgestellten Konzepten basierend auf einem anisotropen dünnwandigen Balken mit integrierten flächigen Schichtaktoren entworfen werden. Eine Prinzipskizze solcher Stellelemente für die beiden genannten Klappen am Rotorblatt ist in Bild 7.4 dargestellt.

Durch diese Beispielauslegung soll nur prinzipiell die Möglichkeit des Einsatzes solcher aktiven Strukturen aufgezeigt werden. Auf weitergehende spezielle Fragen der Integration einer solchen Steuerstange in das Rotorblatt, die Energieversorgung sowie die Regelung und die weiteren Effekte eines solchen, eigentlich hochdynamischen Problems wird nicht näher eingegangen.

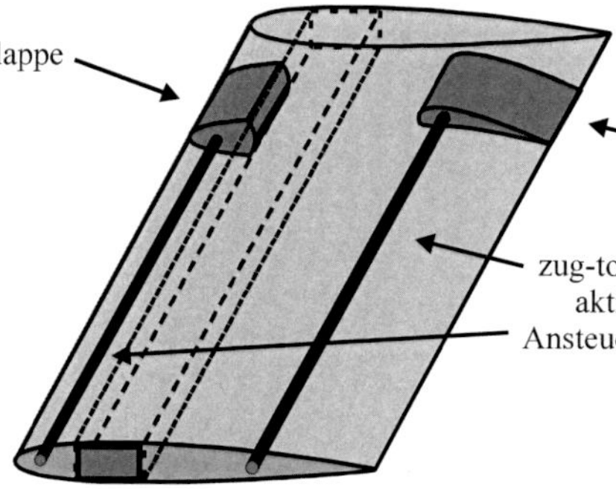

Bild 7.4: Prinzipskizze einer Steuerstange zur Aktuation der Hinterkanten- und Nasenklappe eines Hubschrauber-Rotorblatts

Im Rahmen einer Diplomarbeit wurde eine solche adaptive aerodynamische Fläche konstruktiv entworfen [70]. Aus dieser Arbeit werden die Verformungs- und Lastrandbedingungen für eine solche Klappe dem Rotorblatt einer EC135 entnommen. Als Schwenkbereich der Klappe werden ±5° angegeben. Bezogen auf die Lagerung der Klappe muß ein Torsionsmoment von maximal 1,54Nm aufgenommen werden. Dieses Moment wurde anhand der maximal wirkenden resultierenden aerodynamischen Ersatzkraft im betrachteten Einsatzspektrum ermittelt. Diese beiden Bedingungen hinsichtlich Verformung und Last werden als statische Randbedingungen des zu lösenden Auslegungsproblems betrachtet.

Als verfügbare Bauraumlänge werden bis zu 3m für das betrachtete, deutlich längere Rotorblatt festgelegt. Die Querschnittsabmessungen werden aufgrund der geringen Profildicke zu maximal 20x20mm festgelegt. Da das Gewicht eine entscheidende Rolle spielt, und ein hohes Torsionsmoment aufgenommen werden muß, wird ein aktiver Balken aus dem Trägermaterial CFK-75S mit integrierten isotropen Schichtaktoren gewählt. Wegen des geringen verfügbaren Bauraumes wird auf ein geschlossenes Profil zurückgegriffen.

Durch einfache Parameteruntersuchungen gelangt man schnell zu einer quadratischen Hohlzelle mit Außenabmessungen von 12,5mm. Wegen der hohen geforderten Balkenverdrehung sind in den Gurten und Stegen zwei aktive Schichten von jeweils 0,25mm Dicke vorgesehen. Die zwei Schichtaktoren sind in insgesamt zehn CFK-75S-Schichten von jeweils 0,125mm eingebettet. Die Orientierung aller Faserverbundschichten beträgt 45°. Die Gurte und Stege weisen folglich eine Wandstärke von 1,5mm auf und haben die Schichtung $[45_3,p,45_2,p,45_3]$. Im folgenden Bild ist eine Skizze des aktiven Balkens dargestellt:

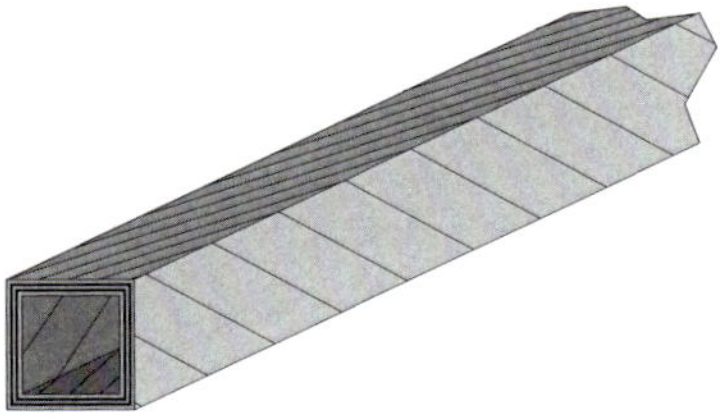

Bild 7.5: Skizze der aktiven Steuerstange

Für den gewählten Querschnittsaufbau lassen sich nach (7.9) die aktorischen Schnittgrößen und mit ihnen das äquivalente mechanische Torsionsmoment nach (7.6) ermitteln. Mit diesen Ergebnissen berechnet sich die aktive Balkenverdrehung nach Beziehung (7.3). Sämtliche Resultate für diese aktive Steuerstange sind in Tabelle 7.5 zusammengefaßt:

Tabelle 7.5: Zusammenfassung der Daten und Ergebnisse für die aktive Steuerstange

Faserverbundmaterial	CFK-75S
geometrische Außenabmessungen [mm]	12,5 x 12,5
Wandstärke [mm]	1,5
Lagenaufbau	$[45_3, p, 45_2, p, 45_3]$
an Schichtaktoren anliegende elektrische Spannung [V]	±200
aktorische Normalkraft N_p [kN]	0,111
aktorisches Torsionsmoment M_{pT} [Nm]	1,404
äquiv. mech. Torsionsmoment M_T [Nm]	1,607
erreichbare Balkenverdrehung pro Längeneinheit [°/m]	1,97
benötigte Balkenlänge für ±5° Verdrehung [m]	2,54
Gewicht des aktiven Balkens ohne Verkabelung [g]	<600

Mit diesem Auslegungsbeispiel sollte prinzipiell die Einsatzmöglichkeit solcher Strukturen dargelegt werden. Für den tatsächlichen Einsatz dieser Steuerstange sind, wie bereits erwähnt, noch viele weitere Aspekte zu berücksichtigen, auf die hier nicht näher eingegangen werden kann. Entscheidend ist, daß die vorgestellte aktive Steuerstange eine diskutable Alternative zu den bisher vorgeschlagenen Konzepten darstellt, die als wichtigste Eigenschaft das deutlich reduzierte Gewicht bei wesentlich verbesserter Schwerpunktlage besitzt.

8 Zusammenfassung und Ausblick

Faserverbundstrukturen mit unsymmetrischem Lagenaufbau und/oder unsymmetrischen Lagenorientierungen weisen ein anisotropes Verhalten auf, das zu elastischen Kopplungen verschiedener Verformungsgrößen untereinander führen kann - wie zum Beispiel zwischen Biegung und Torsion oder Zug und Torsion -, die von Strukturen aus isotropen Materialien nicht bekannt sind. Im Falle von dünnwandigen anisotropen Balken kann das komplexe Strukturverhalten auf das anisotrope Verhalten seiner einzelnen plattenförmigen Segmente zurückgeführt werden. Dieses anisotrope Verhalten beinhaltet nicht nur die elastischen Kopplungen, sondern auch deutlich höhere Querkontraktions- und Querkrümmungseffekte als bei isotropen Platten. Geht man einen Schritt weiter und berücksichtigt in den geschichteten anisotropen Strukturen integrierte piezoelektrische Schichtaktoren, können durch die Anregung der Aktoren fast beliebige Verformungseffekte in der Struktur erzeugt werden.

Die vorliegende Arbeit konzentriert sich auf die Behandlung aktiver und passiver dünnwandiger Balken bestehend aus geraden Profilabschnitten, die als geschichtete anisotrope Platten betrachtet werden und piezoelektrische Schichtaktoren enthalten können. Hervorgehoben werden hierbei die Einflüsse des anisotropen Materialverhaltens und der integrierten Aktorik auf das statische Verformungsverhalten der Balken.

Nach einer qualitativen Untersuchung der wesentlichen Phänomene der Zug-Schubkopplung in der beliebig gerichteten, unidirektionalen Einzelschicht als strukturmechanischem Grundelement von geschichteten Faserverbundbauteilen werden die elastischen Kopplungen von geschichteten Laminaten behandelt. Als wesentliche Parameter werden der Anisotropiegrad verschiedener Faserverbundwerkstoffe sowie der Einfluß der Laminatschichtung berücksichtigt. Es zeigt sich, daß das vermeintlich hohe Kopplungspotential hochgradig anisotroper Faserverbundmaterialien im Verbund mit unterschiedlichen Lagenorientierungen stark nachläßt, und die eigentlich bestimmende Größe für die elastischen Kopplungen das Verhältnis der Ingenieurkonstanten Elastizitätsmodul und Schubmodul des Verbunds zueinander ist. Ein besonderes Augenmerk wird auf den Unterschied zwischen Berücksichtigung und Vernachlässigung der Verformungen in Querrichtung geworfen. Die Ergebnisse zu diesem dadurch stark veränderten Strukturverhalten liefern wichtige Hinweise auf das später aufzustellende Elastizitätsgesetz für anisotrope dünnwandige Balken.

Zur Aktuation größtmöglicher Schub- und Drillverformungen in aktiven Laminaten durch integrierte Piezoaktoren werden Überlegungen zu ihrer Positionierung im Laminat und zur Art der Aktuation selbst angestellt. Die zwei grundsätzlichen Aktuationstypen sind hierbei eine isotrope und eine gerichtete orthotrope flächige Aktuation. Diese zusätzlichen Parameter erzeugen einen großen Spielraum an Parameterkombinationen. Durch die Resultate aus der Betrachtung passiver Laminate und mit Hilfe gezielter Überlegungen und Untersuchungen werden einfache Auslegungshinweise zur optimalen Gestaltung aktiver Laminate hinsichtlich der größtmöglichen Ausnutzung der elastischen

Kopplungen gegeben. Speziell im Falle der Zug-Torsionskopplung kann durch eine gezielte Orientierung der einzelnen Lagen die induzierte Verdrillung gesteigert werden. Ein kleines experimentelles Beispiel und numerische Vergleichsrechnungen bestätigen diesen Sachverhalt. Als orthotrope Aktoren werden hauptsächlich die bereits etablierten DAP-Streifen betrachtet, deren hoher Anisotropiegrad ihre Eigensteifigkeit und Aktuation stark beeinflußt. Durch eine schräge Applizierung dieser aktiven Streifen ist es möglich, direkt eine Torsion im Laminat zu induzieren anstelle der Ausnutzung der elastischen Kopplungen. Hier zeigt sich, daß in Abhängigkeit vom verwendeten Faserverbundwerkstoff im Trägerlaminat eine optimale Orientierung dieser Streifen nur in seltenen Fällen die in der Literatur propagierten 45° hat. Sekundäre, nun störende elastische Kopplungen greifen hierbei in das Strukturverhalten mit ein. Auch diese Ergebnisse aus den Betrachtungen an aktiven Laminaten fließen in die Aufstellung des Elastizitätsgesetzes für anisotrope dünnwandige Balken ein.

Auf dieser Grundlage entsteht ein modifiziertes Elastizitätsgesetz der geschichteten Platte, das die zur Behandlung der dünnwandigen anisotropen Balken notwendige Randbedingung - die Vernachlässigung der Scheibenkraft n_y und des Plattenmoments m_y - in den einzelnen Balkensegmenten beinhaltet. Durch eine Umformulierung gelangt man zu modifizierten Laminatsteifigkeiten, die nun den Einfluß der Verformungen in y- und somit Querrichtung auf die übrigen Verformungen aufgrund der elastischen Kopplungen, der Querkontraktion und Querkrümmung aber auch der Aktuation in dieser Richtung berücksichtigen. Auf diese Weise entsteht ein quasi „eindimensionales“ Elastizitätsgesetz, das in der Balkentheorie zur Beschreibung des Verhaltens der geschichteten Balkensegmente unter Berücksichtigung der Quereffekte herangezogen wird.

Bei der Herleitung der Balkentheorie wird auf die bewährte Theorie nach *Chandra* und *Chopra* zurückgegriffen, die nun unter Verwendung der modifizierten Laminattheorie eine wesentliche Erweiterung erfährt. Die Effekte von Verformungen der einzelnen Balkensegmente und somit der Querschnitte in ihrer Ebene und die Erfassung der vollständigen Aktuation dünnwandiger Balken durch integrierte flächige Piezoaktoren können nun berücksichtigt werden. Darüber hinaus sind in der Balkentheorie bereits andere nicht-klassische Effekte wie Querschnittsverwölbung und Schubverformung enthalten. Umfangreiche analytische Lösungen des entstehenden Differentialgleichungssystems für doppelsymmetrische Profilquerschnitte bilden das Fundament zur Berechnung des Strukturverhaltens aktiver und passiver dünnwandiger anisotroper Balken. Die Kopplungen zwischen den einzelnen Verformungen des Balkens werden mit Steifigkeiten beschrieben, die für verschiedene Querschnittsformen explizit hergeleitet werden.

Numerische Berechnungen an anisotropen I-Profilen und Doppelzellen aus CFK und GFK sowie experimentelle Ergebnisse mit anisotropen U- und I-Profilen sowie Doppelzellen aus GFK unter verschiedenen Lastbedingungen zeigen die gute bis sehr gute Übereinstimmung mit der Beschreibung des Strukturverhaltens durch die modifizierte Balkentheorie. Hier wird speziell die Biege-Torsionskopplung ins Auge gefaßt, die zum Beispiel die Grundlage für die Effekte des Aeroelastic Tailoring bildet. Ausführlich wird bei den Profilen mit offenem Querschnitt auf den Einfluß der Querschnittsverwölbungen und ihrer Behinderung an den Balkenenden auf das Strukturverhalten eingegangen.

Durch die bewußt hochgradig anisotrop gewählten Schichtungen in den Prüflingen und die daraus folgenden direkten Verformungen aufgrund der Belastung und der indirekten Verformungen durch die elastischen Kopplungen wird die Notwendigkeit der Erfassung der Querverformungseffekte in den einzelnen Balkensegmenten verdeutlicht. Die Abweichungen von den Ergebnissen aus der Theorie nach *Chandra* und *Chopra* sind dabei zum Teil erheblich. Dieser Unterschied wird auch durch numerische Analysen der anisotropen dünnwandigen Balken unter besonderer Berücksichtigung des Einflusses der Querschnittsverformung auf das Strukturverhalten durch entsprechende Wahl der Randbedingungen im FE-Modell gezeigt. Eine der wesentlichen Erkenntnisse ist hierbei die Tatsache, daß trotz der Komplexität der anisotropen Struktur das generelle Kopplungsverhalten auf das einfach geschichteter Laminate zurückgeführt werden kann.

Die Grenzen der modifizierten Balkentheorie werden bei der Behandlung anisotroper dünnwandiger Balken mit geschlossenen Querschnitten unter Querkraftbiegung aufgezeigt. Die analytischen und numerischen Ergebnisse der direkten und vor allem der indirekten, gekoppelten Verformungen zeigen hierbei eine schlechtere Korrelation als bei den Profilen mit offenem Querschnitt. Die experimentellen Ergebnisse liefern dabei nicht unbedingt Klarheit über den vorliegenden Effekt, der zu dieser Abweichung führt. Hier zeigt sich, daß die Annahmen der Balkentheorie nicht mehr unbedingt mit der Realität übereinstimmen. Gerade im Falle der Querkraftbiegung anisotroper Balken und der dadurch induzierten Biege-Torsionskopplung werden im Profilquerschnitt Schubflüsse durch die Querkraft und die gekoppelte Torsion erzeugt, die zu einer Querschnittsverformung führen, die nicht mehr durch Verformungen der einzelnen Balkensegmente erklärt werden können, sondern durch die Profilgeometrie selbst bedingt sein müssen.

Die Effekte der Zug-Torsionskopplung werden im Zusammenhang mit der Behandlung aktiver dünnwandiger anisotroper Balken untersucht. Diese sind so ausgelegt, daß sie durch Induzierung einer Normalkraft und einer Torsion größtmögliche Balkenverdrehungen erzeugen. Es werden Vergleiche zwischen unterschiedlichen aktiven dünnwandigen Balken mit offenen und geschlossenen doppelsymmetrischen Querschnittsformen aus verschiedenen Faserverbundmaterialien und einer Aktuation der Balken mit integrierten isotropen und orthotropen Schichtaktoren durchgeführt. In der analytischen Behandlung dieser aktiven Strukturen werden aktorische Schnittlasten in Form einer Normalkraft und eines Torsionsmoments eingeführt, die einen Einblick in das Aktuationsgeschehen im Balken gestatten. Mit einem offenen Querschnitt der Abmessung 50x50mm in Form eines I-Profils können relativ hohe Verdrehungen von über 10° pro Meter unter Berücksichtigung der gewonnenen Auslegungshinweise an aktiven Laminaten erzeugt werden. Auf der anderen Seite stehen hohe kompensierbare Torsionsmomente bei aktiven Balken mit geschlossenen Profilquerschnitten. Dies eröffnet völlig neue Anwendungsmöglichkeiten für gelenklose und kontrollierbare Drehbewegungen, die bisher in der Literatur mangels analytischer Rechenmethoden nur angedacht wurden.

Die auf analytischem Weg ermittelten Balkenverdrehungen und Torsionssteifigkeiten zur Kompensation äquivalenter mechanischer Torsionsmomente werden durch numerische Berechnungen mit sehr hoher Genauigkeit bestätigt. Dies bedeutet auch eine korrekte Beschreibung des Strukturverhaltens zug-torsionsgekoppelter dünnwandiger Balken unter Normalkraft- und Torsionsbeanspruchung inklusive der Wölbkrafttorsionseffekte nicht nur bei offenen Profilen sondern auch im Falle einer geschlossenen Querschnittsform des Balkens. Mit Hilfe des vorgestellten einfachen Rechenverfahrens ist folglich auch eine analytische Behandlung aktiver dünnwandiger Balken möglich, die eine gezielte Untersuchung der wesentlichen Effekte und schnelle parametrische Vergleichsstudien gestatten.

In dieser Arbeit wird vorrangig das statische Verformungsverhalten passiver und aktiver dünnwandiger anisotroper Balken betrachtet. Eine Berechnung der Spannungsverteilung ist nicht möglich. Dies wäre ein Thema für weitergehende Arbeiten auf diesem Gebiet, da die komplexen Kopplungserscheinungen in anisotropen Balken auch zu komplexen Spannungszuständen in den einzelnen Balkenabschnitten führen können, die eventuell festigkeitskritische Werte erreichen. Ebenso sollten Überlegungen angestellt werden, wie die aufgezeigten Ungenauigkeiten in der Vorhersage des Strukturverhaltens durch eine Weiterentwicklung der vorgestellten Balkentheorie ausgeräumt werden können.

Bei der Behandlung aktiver Strukturen hat das experimentelle Beispiel der aktiven Platte die gravierenden Störeffekte der in realen Strukturen vorkommenden Ränder entlang der integrierten piezoelektrischen Schichten auf die Ausbildung der vollständigen Aktuation gezeigt. Solche lokalen Effekte sind in dieser Arbeit nicht weiter behandelt worden, sind aber von großer Wichtigkeit bei der Auslegung aktiver Strukturen.

Gerade im Zusammenhang mit dem Aeroelastic Tailoring von aerodynamischen Flächen interessieren neben den möglichen gekoppelten statischen Verformungen im wesentlichen auch Fragen nach dem Einfluß des Kopplungsverhaltens anisotroper Strukturen auf ihr dynamisches Verhalten. Dieses weite Themengebiet muß weiteren Arbeiten vorbehalten bleiben.

9 Literaturverzeichnis

[1] *Wlassow, W.S.*: Dünnwandige elastische Stäbe, Bd. I & II, Berlin: VEB Verlag für Bauwesen 1964

[2] *Gjelsvik, A.*: The Theory of Thin-Walled Bars, New York: J. Wiley & Sons 1981

[3] *Murray, N.M.*: Introduction to the Theory of Thin-Walled Structures, Oxford: Clarendon Press 1984

[4] *Lekhnitskii, S.G.*: Theory of Elasticity of an Anisotropic Elastic Body, San Francisco: Holden-Day Inc. 1963

[5] *Reddy, J.N.*: Mechanics of Composite Materials - Selected Works of Nicholas J. Pagano, Dordrecht: Kluwer Academic Publishers 1994

[6] *Librescu, L.*: Elastostatics and kinetics of anisotropic and heterogenous shell-like structures, Leyden: Noordhoff International Publishing 1975

[7] *Berkowitz, H.M.*: A Theory of Simple Beams and Columns for Anisotropic Materials, Journal of Composite Materials 3 (1969) 1, S. 196-200

[8] *Johnson, A.F.*: Bending and Torsion of Anisotropic Beams, International Journal of Solids and Structures 9 (1973), S. 527 - 551

[9] *Jones, R.F.*: Mechanics of Composite Materials, Washington: Scripta Book Company 1975

[10] *Tsai, S.W., Hahn, H.T.*: Introduction to Composite Materials, Westport: Technomic Publishing, 1980

[11] *N.N.*: Sherpa takes the Air, Flight and Aircraft Engineer 64 (1953) 2334, S. 535

[12] *Shirk, M.H., Hertz, T.J., Weisshaar, T.A.*: Aeroelastic Tailoring - Theory, Practise, and Promise, Journal of Aircraft 23 (1986) 1, S. 6 - 18

[13] *Weisshaar, T.A.*: Aeroelastic Tailoring - Creative Uses of Unusual Materials, Proceedings of the 28th AIAA/ASME/ASCE/AHS Structures, Structural Dynamics and Materials Conference, Monterey, 6. - 8. April 1987

[14] *Yamane, T., Friedmann, P.P.*: Aeroelastic Tailoring Analysis for Preliminary Design of Advanced Propellers with Composite Blades, Journal of Aircraft 30 (1993) 1, S. 119 - 126

[15] *Serra, M.F.G., van Schnoor, M.C.*: Aeroelastic Tailoring of a Horizontal Axis Wind Turbine, Wind Engineering 19 (1995) 4, S. 193 - 206

[16] *Dugas, M., Rasch, A., Ohst, O., Voit-Nitschmann, R., Kelm, R., Grabietz, M.*: Möglichkeiten zur Beeinflussung des Verformungsverhaltens von Tragflügeln am Beispiel einfacher Kastenträger, Jahrbuch Band I der DGLR Jahrestagung 1998, Bremen, 5. - 8. Oktober 1998, S. 763 - 770

[17] *Piening, M.*: Die statische Aeroelastizität des anisotropen Flügels, in: Entwicklung und Anwendung von CFK-Strukturen, DGLR-Bericht 84-02

[18] *Mehn, R.*: Ein Beitrag zur Theorie von anisotropen dünnwandigen Stäben, Düsseldorf: VDI-Verlag 1986

[19] *Bank, L.C., Bednarczyk, P.J.*: A Beam Theory for Thin-Walled Composite Beams, Journal of Composites Science and Technology 32 (1988), S. 265 - 277

[20] *Libove, Ch.*: Stresses and Rate of Twist in Single-Cell Thin-Walled Beams with Anisotropic Walls, AIAA Journal 26 (1988) 9, S. 1107 - 1118

[21] *Bauld, N.R., Tzeng, L.*: A Vlasov Theory for Fiber-Reinforced Beams with Thin-Walled Open Cross Sections, Int. Journal of Solids and Structures 20 (1984) 3, S. 277-297

[22] *Bachau, O.A.*: A Beam Theory for Anisotropic Materials, Journal of Applied Mechanics 52 (1985) 2, S. 416 - 422

[23] *Giavotto, V., Borri, M. Mantegazza, P., Chiringelli, G., Caramashi, V., Maffioli, G., Mussi, F.*: Anisotropic Beam Theory and Applications, Computers and Structures 16 (1983) 1-4, S. 403-413

[24] *Mansfield, E.H., Sobey, A.J.*: The Fibre Composite Helicopter Blade, Part I: Stiffness Properties, Part 2: Prospects for Aeroelastic Tailoring, Aeronautical Quarterly May 1979, S. 413 - 449

[25] *Kosmatka, J.B.*: A Refined Beam Theory for Advanced Composite Rotor Blade Analysis, Proceedings of the National Technical Specialist´s Meeting on Advanced Rotorcraft Structures of the American Helicopter Society, 1988

[26] *Barbero, E.J., Lopez-Anido, R., Davalos, J.F.*: On the Mechanics of Thin-Walled Laminated Composite Beams, Journal of Composite Materials 27 (1993) 8, S. 806 - 829

[27] *Chandra, R., Stemple, A.D., Chopra, I.*: Thin-Walled Composite Beams under Bending, Torsional, and Extensional Loads, Journal of Aircraft 27 (1990) 7, S. 619-626

[28] *Chandra, R., Chopra, I.*: Experimental and Theoretical Analysis of Composite I-Beams with Elastic Couplings, AIAA Journal 29 (1991) 12, S. 2197-2206

[29] *Chandra, R., Chopra, I.*: Structural Behavior of Two-Cell Composite Rotor Blades with Elastic Couplings, AIAA Journal 30 (1992) 12, S. 2914-2921

[30] *Wu, X., Sun, C.T.*: Simplified Theory for Composite Thin-Walled Beams, AIAA Journal 30 (1992) 12, S. 2945 - 2951

[31] *Rapp, H.*: Inhomogene Balken unter Temperatur-, Zug- und reiner Biegebeanspruchung, Dissertation TU München 1988

[32] *Hauschild, B.*: Zur Formulierung eines einfachen Elastizitätsgesetzes für inhomogene Balken aus anisotropen Werkstoffen, Aachen: Shaker 1992

[33] *McCarthy, T.R., Chattopadhyay, A.*: A refined higher-order composite box beam theory, Composites 28B (1997) , S. 523 - 534

[34] *Rand, O.*: Similarities Between Solid and Thin-Walled Composite Beams by Analytical Approach, Journal of Aircraft 35 (1998) 4, S. 604 - 615

[35] *Chandra, R., Chopra, I.*: Structural Modeling of Composite Beams with Induced-Strain Actuators, AIAA Journal 31 (1993) 9, S. 1692-1701

[36] *Bothwell, Ch.M., Chandra, R., Chopra, I.*: Torsional Actuation with Extension-Torsion Composite Coupling and a Magnetostrictive Actuator, AIAA Journal Bd. 33 (1995) Nr. 4, S. 723-729

[37] *Crawley, E., de Luis, J.*: Use of Piezoelectric Actuators as Elements of Intelligent Structures, AIAA Journal 25 (1987) 10, S. 1373 - 1385

[38] *Crawley, E., Lazarus, K.B.*: Induced Strain Actuation of Isotropic and Anisotropic Plates, AIAA Journal 29 (1991) 6, S. 944 - 951

[39] *Barrett, Ron.*: Active Plate and Missile Wing Development Using Directionally Attached Piezoelectric Elements, AIAA Journal 32 (1994) 3, S. 601 - 609

[40] *Yu, J.Y., Kang, W.Y., Kim, S.J.*: Elastic Tailoring of Laminated Composite Plate by Anisotropic Piezoelectric Polymers - Theory, Computation and Experiment, Journal of Composite Materials 29 (1995) 9, S. 1201 - 1221

[41] *Hong, Ch., Chopra, I.*: Modeling and Validation of Induced Strain Actuation of Composite Coupled Plates, Proceedings of the 38th AIAA/ASME/ASCE/AHS Structures, Structural Dynamics and Materials Conference, and Adaptive Structures Forum, Kissimmee, 9. - 10. April 1997

[42] *Chattopadhyay, A., Seeley, Ch.E.*: A higher order theory for modelling composite laminates with induced strain actuators, Composites 28B (1997), S. 243 - 252

[43] *Varadarajan, S., Chandrashekhara, K., Agarwal, S.*: Adaptive Shape Control of Laminated Composite Plates Using Piezoelectric Materials, AIAA Journal 36 (1998) 9, S. 1694 - 1698

[44] *Mertens, J.*: Aerodynamische Ziele des adaptiven Flügels (ADIF), Jahrbuch Band I der DGLR Jahrestagung 1998, Bremen, 5. - 8. Oktober 1998, S. 47 - 52

[45] *Martin, W., Jänker, P., Lorkowski, T., Neumann, H., Hübner, M.*: Leitkonzept Adaptive Rotorsysteme - Neue Technologien zur adaptiven Blatt-Geometrie und Sensorik, Jahrbuch Band I der DGLR Jahrestagung 1998, Bremen, 5. - 8. Oktober 1998, S. 211 - 215

[47] *Herakovich, C.T.*: Mechanics of Fibrous Composites, New York: John Wiley & Sons 1998

[48] *Meyer-Jens, R.J.*: Berechnung von Faserverbundstrukturen, Vorlesungsskript, Lehrstuhl für Leichtbau, TU München, 1995

[49] *Kaiser, C., Francescatti, D.*: Theoretical and Experimental Analysis of Composite Beams with Elastic Couplings, Proceedings of the 20th ICAS-Congress, 8. - 13. September 1996, Sorrent, S. 968-978

[50] *Kaiser, C., Francescatti, D.*: Grundsätzliche Überlegungen zu elastischen Kopplungen allgemein anisotroper Balken, Tagungsband des Symposiums „Berechnung von Faserverbundstrukturen unter Verwendung numersicher Verfahren" am Lehrstuhl für Leichtbau der TU München, 13. und 14. März 1996

[51] *Hull, D., Clyne, T.W.*: An Introduction to Composite Materials, 2nd Edition, Cambridge: Cambridge University Press 1996

[52] *Rohwer, K.*: Modelle und Methoden zur Berechnung von Laminaten aus unidirektionalen Faserverbunden, Düsseldorf: VDI-Verlag 1996

[53] *Meyer-Jens, R.J.*: Flugzeugbau I und II, Vorlesungsskript, Lehrstuhl für Leichtbau, TU München, 1993

[54] *Kaiser, C., Rößler, N.*: Aeroelastic Tailoring am CFK-Tragflügel eines Verkehrsflugzeuges, Tagungsband des 16. CAD-FEM USERS' MEETING, 7. - 9. Oktober 1998, Bad Neuenahr - Ahrweiler

[55] *Piening, M.*: Ein Strukturkonzept für Tragflügel in Faserverbundbauweise mit Verformungskopplungen, Tagungsband Aeroelastik-Tagung der DGLR, 29. und 30. Juni 1998, Göttingen, S. 147-156

[56] *Rößler, N.*: Potential eines anisotropen Strukturkonzepts für einen CFK-Tragflügel eines Verkehrsflugzeuges bezüglich der lastabhängigen Anstellwinkelveränderung, Diplomarbeit am Lehrstuhl für Leichtbau, TU München, 1998

[57] *Baier, H., Kaiser, C., Locatelli, G.*: Aeroelastic Tailoring of Anisotropic Structures for Passive and Active Displacement Control, Tagungsband Aeroelastik-Tagung der DGLR, 29. und 30. Juni 1998, Göttingen, S. 157-167

[58] *Kaiser, C., Baier, H.*: Design of Smart Composite Laminates and Thin-Walled Beams, Proceedings of the ICCM-12, 5. - 9. Juli 1999, Paris

[59] *Rapp, H.*: Konzepte für piezogetriebene aktive Strukturen, Jahrbuch Band I der DGLR Jahrestagung 1997, München, 14. - 17. Oktober 1997, S. 371 - 379

[60] *Bent, A.A., Hagood, N.W.*: Active Fiber Composites for Structural Actuation, Report Nr. AMSL # 97-1, Massachusetts Institute of Technology, Cambridge, 1997

[61] *Sporn, D.*: Smart Composites with Integrated Tiny Piezoelectric Fibres, Proceedings of the ICCM-12, 5. - 9. Juli 1999, Paris

[62] *Barrett, R.*: persönliche Mitteilung, 1998

[63] *Elspass*, W.J.: Aktive Funktionsbauweisen, Berlin: Springer Verlag 1998

[64] *Rapp, H.*: Faserverbundwerkstoffe und Piezokeramiken - eine Materialkombination der Zukunft, Tagungsband des DGLR-Symposiums Faserverbundwerkstoffe und -bauweisen in der Luft- und Raumfahrt, 27. und 28. November 1996, Ottobrunn, S. 229 - 238

[65] *Pühlhofer, T.*: Adaptive Strukturen aus FKV mit elastischen Kopplungene, Diplomarbeit am Lehrstuhl für Leichtbau, TU München, 1997

[66] *www.acx.com*

[67] *Kaiser, C., Paracchini, P.V., Francescatti, D.*: Analysis of Composite Thin-Walled Multi-Celled Beams with Elastic Couplings, Proceedings of the ECCM-8 Vol. 1, 3. - 6. Juni 1998, Neapel, S. 173-180

[68] *Francescatti, D.*: Theoretical and Experimental Analysis of Thin-Walled Beams Composed of Composite Materials and Containing Elastic Couplings, Diplomarbeit am Lehrstuhl für Leichtbau, TU München, 1995

[69] *Paracchini, P.V.*: Theoretical and Experimental Analysis of Thin-Walled Composite Beams Including Elastic Couplings, Diplomarbeit am Lehrstuhl für Leichtbau, TU München, 1996

[70] *Stangl, M.*: Entwicklung einer Nasenklappe für ein adaptives Hubschrauber-Rotorsystem, Diplomarbeit am Lehrstuhl für Leichtbau, TU München, 1999

FSC
www.fsc.org
MIX
Papier | Fördert
gute Waldnutzung
FSC® C083411

Kolibri 360 GmbH
Ferdinand-Jühlke-Straße 7
99095 Erfurt, Deutschland
produktsicherheit@kolibri360.de